高等学校教材

接 触 网

董昭德　主编
王祖峰　主审

中国铁道出版社有限公司

2022年·北京

内 容 简 介

本书包括接触网概述、接触网的设备结构和零件、接触网基础计算、弓网相互作用特性、接触网的设计施工与运营等内容。

本书可作为高等学校电气工程及其自动化专业教学用书,也可作为高等职业院校铁道供电技术专业教学用书,还可作为从事牵引供电专业工作的基层技术人员的自学用书或技术培训用书。

图书在版编目(CIP)数据

接触网/董昭德主编. —2 版. —北京:中国铁道出版社有限公司,2022.8

高等学校教材

ISBN 978-7-113-28396-4

Ⅰ.①接…　Ⅱ.①董…　Ⅲ.①接触网-高等学校-教材

Ⅳ.①TM922.5

中国版本图书馆 CIP 数据核字(2021)第 189242 号

书　　名:	接触网
作　　者:	董昭德

责任编辑:	阚济存　尹　娜　　　电话:(010)51873206　　　电子邮箱:624154369@qq.com
封面设计:	崔丽芳
封面摄影:	王明柱
责任校对:	苗　丹
责任印制:	高春晓

出版发行:	中国铁道出版社有限公司(100054,北京市西城区右安门西街 8 号)
网　　址:	http://www.tdpress.com
印　　刷:	三河市宏盛印务有限公司
版　　次:	2010 年 8 月第 1 版　2022 年 8 月第 2 版　2022 年 8 月第 1 次印刷
开　　本:	787 mm×1 092 mm 1/16　印张:16.25　插页:1　字数:397 千
书　　号:	ISBN 978-7-113-28396-4
定　　价:	48.00 元

第二版前言

本教材自 2010 年 8 月出版以来,受到相关院校和广大读者的欢迎、肯定和好评,先后进行了 5 次印刷。感谢广大读者、用书院校、老师和同学的厚爱。

学习接触网知识,最为重要的是掌握"名、构、性、算、艺"五项内容,即准确理解术语、精细结构组成、精研设备特性、熟记参数算法、熟练技术工艺。因此,再版依然保持了第一版"简洁、明了、实用"的特点,努力做到理论与实践相结合,尽力为接触网教学和施工运维工作服务。

较第一版,再版对内容进行了归并调整,使知识结构更成体系。同时,依据近十来年接触网理论和工程技术的发展,增补"接触网的工程接口""张力补偿装置及接触悬挂张力配置""刚性接触网的主要设备和结构""接触网零件""接触网施工计算""弓网系统的评价""接触网检测和监测技术""接触网鸟害的综合治理"等内容。

本书由西南交通大学董昭德任主编,王祖峰主审。参与本次再版工作的有西南交通大学电气工程学院方岩(第三章第九节)、韩峰(第四章第一、二节)、关金发(第四章第五、六节),以及中国铁路郑州局集团有限公司安阳综合段丁再超(第五章第五节)、中国铁路上海局集团有限公司胡志洪(第五章第四节),其他章节由董昭德完成并统稿。

本次再版工作还得到了西南交通大学吴积钦教授、中国铁路郑州局集团有限公司张宝奇教授级高工、中国铁路上海局集团有限公司赵朝蓬教授级高工等专家的大力支持,特此致谢!

由于编者的水平及所掌握资料的局限性,书中漏项、不妥、甚至失误之处仍可能存在,诚请专家、同仁和读者批评、指正,敬请把您的宝贵意见和建议留言 dongzhaode@126.com 邮箱。十分感谢!

编 者

2022 年 6 月 28 日于西南交通大学卡布里城

第一版前言

本书是普通高等教育铁道部规划教材,是由铁道部教材开发领导小组组织编写,并经铁道部相关业务部门审定,适用于高等院校铁路特色专业教学以及铁路专业技术人员使用。本书为铁道牵引供电系列教材之一。

本书共五章,第一章简要介绍接触网的定义与分类、基本要求、供电方式、弓网受流系统的基本问题;第二章详细介绍电气化铁路接触网的典型结构和主要设备;第三章介绍接触网机械计算的主要内容和计算方法;第四章介绍弓网相互作用的静动态特性;第五章介绍接触网设计内容与方法、接触网施工与管理、接触网运营与管理等相关知识。

编者根据多年教学实践和教学要求,相对传统教材在结构上进行了一些调整,使其更符合教师的教学需求及学生的学习心理;根据专业发展和需要,增加了整体吊弦长度计算、弓网相互作用的材料匹配、载流量、滑板与接触线的动态接触、施工技术与管理等新内容,舍弃了部分较繁琐的理论推导过程。

本书由西南交通大学董昭德高级工程师主编,铁道部运输局王祖峰主审,铁道第三勘察设计院集团蒋先国、刘永红参加审定工作。其中第四章由西南交通大学吴积钦教授编写,其余章节由董昭德编写。全书由董昭德统稿。

本书在编写过程中得到了西南交通大学教务处和电气工程学院、各铁道设计院电化处、中铁建电气化局集团北方公司、郑州铁路局和上海铁路局机务处等单位的有关人士的大力支持,在此表示诚挚感谢!

由于编者水平有限,错误在所难免,如果您在阅读过程中发现有错误或表达不够准确的地方,请不吝赐教! 及时发送电子邮件至:dongzhaode@126.com,以便我们及时纠正。

编 者

2010 年 3 月于成都

目　　录

第一章　接触网概述

接触网是沿电力牵引单元运行路径架设、为电力牵引单元提供牵引电能、为电力牵引单元的集电装置提供机械滑道的机电系统。

第一节　接触网的工程形态和特点

一、接触网的工程形态

接触网的工程形态有接触轨、刚性悬挂和柔性悬挂。

接触轨具有占用净空少、维修工作量少的优点,在早期城市轨道交通中得到广泛应用。接触轨与安装在电气列车走行部的集电靴组成"靴—轨"集电系统,其接触方式有上接触、下接触和侧接触三类,如图 1-1-1 所示。

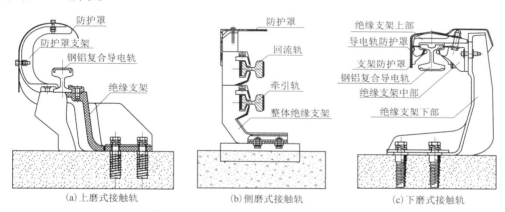

(a)上磨式接触轨　　　(b)侧磨式接触轨　　　(c)下磨式接触轨

图 1-1-1　接触轨及与集电靴的接触方式

架空接触网有柔性接触网(图 1-1-2)和刚性接触网两类。架空刚性接触网有"π形汇流排＋接触线"(图 1-1-3)和"T形汇流排＋接触线"(图 1-1-4)两种结构。π形汇流排通过自身弹性夹持接触线,零件较少、结构紧凑、应用较广;T形汇流排须用汇流排线夹夹持接触线,零件多、施工和运维工作量相对大一些。

图 1-1-2　架空柔性接触网

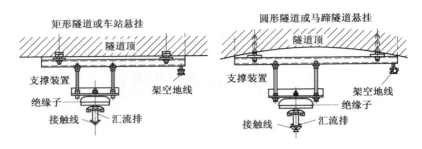

图 1-1-3　架空刚性 π 形汇流排接触网

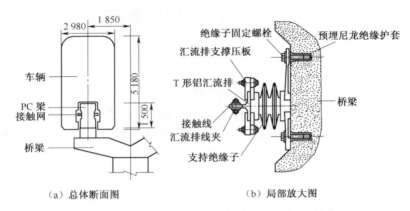

（a）总体断面图　　　　　（b）局部放大图

图 1-1-4　架空刚性 T 形汇流排接触网（重庆轻轨）（单位：mm）

与柔性接触网相比，刚性接触网具有结构紧凑、占用净空小、接触线无须施加补偿张力、不存在断线之忧。但刚性接触网跨距小（10 m 左右），只适用于隧道内和安装净空狭小的结构物下。

柔性接触网跨距大，具有较好的弹性，在干线电气化铁路和城市轨道交通中均有广泛应用。

二、接触网的基本特点

接触网是一种特殊的电力架空线，除具有一般电力架空线的全部属性外，还具有其特殊性，这些特殊性主要表现在环境、备用、机电、负荷、接口等方面。

接触网具有环境复杂特性，其在空间环境、气候环境、电磁环境以及运营环境四个方面都有其特殊性。接触网沿轨道线路敷设，其空间位置（几何参数）是由线路空间位置、受电弓几何形状与尺寸、受电弓安装位置、受电弓动态包络线、车辆限界、列车及其装运货物限界等因素共同决定的，可调节范围非常有限。接触网与其四周一定空间内的各种建筑物（如电力输配电线、通信电缆、桥涵隧道、车站建筑、地下设施等）在空间位置上常发生矛盾和冲突，必须协调相互之间的空间关系，以满足建筑限界、电气安全和弓网几何关系三方面的要求。

除此以外，接触网与铁路沿线树木和飞鸟存在和谐共生关系，应采取一定技术措施防止飞鸟及其他动物造成接触网短路，但所用技术措施不得对动物造成伤害。

接触网是露天设备，大气环境的温度、湿度，冰、雪、风、霜、污染、雷电、辐射等会直接影响接触网的技术状态和安全性能，如接触网线索的张力、弛度、强度、接触悬挂弹性、空间姿态、载流能力、绝缘能力、接触线与受电弓滑板间的机电磨耗等技术参数都会受到气象因素的影响。

接触网没有备用,弓网的特殊耦合形式决定了接触网无法像其他电气设备(如变电所中的主变压器、断路器等)一样配置备用设备。无备用决定了接触网的唯一性和重要性。没有备用的接触网一旦出现故障就会影响铁路运输的运输组织和效率,影响旅客的工作和生活,这一点在高速铁路的运营工作中更为突出。

牵引供电系统最大的特点是钢轨回流,其供电回路属于典型的非对称性高压供电回路,所产生的不平衡电磁场对处于其影响范围内的电子设备、金属导线和人体会产生相应的电磁作用。为减少甚至消除不平衡电磁场的不良作用,保护人员和设备安全,应充分研究接触网四周的电磁分布及变化规律,采取合理有效的技术措施,将接触网的电磁影响控制在允许范围之内,确保在设计条件下不会对人员和设备造成伤害。

接触网承担的电力牵引负荷是高速移动的、不稳定的、随机的、波动的,电力牵引负荷的这些特性使牵引供电设备及接触网长期处于电气过渡状态。与一般电力输配电线相比,接触网发生短路的概率更高、负荷波动性更大,因此,接触网系统应具有比一般电力输配电线更强的系统短路容量和过负荷能力。

除此以外,接触网还要承受自身重力、补偿张力、冰雪与风产生的附加力,以及受电弓动态负载作用,接触网的线索、设备和零件都必须具备相应的机械性能,以满足拉、压、剪、切、扭等综合性机械作用,确保在使用寿命期限内的机械安全。

接触网是为高速移动的电气列车服务的,列车集电装置与接触网间存在复杂的动态耦合关系,而这些耦合还受到线路(含桥隧)、轨道、车辆、受电弓、接触网、大气环境等众多因素的影响和制约,因此,接触网的工程设计、施工和运维必然会与相关专业产生关联,这导致接触网工程接口众多(表1-6-1),因此,弓网集电的理论研究和工程实践没有单一性,而是复合的和交叉的。

第二节　接触网的基本组成

接触网一般包括支柱与基础、支持与定位装置、接触悬挂以及为保障接触网安全和供电安全而增加的电气辅助设施四大部分。

1. 支柱与基础

支柱与基础是接触网的重要承力设备,承受接触网的全部机械负荷并传递给大地。支柱与基础必须稳定可靠,除不可抗拒因素外,不得出现裂纹、倾斜或移位现象。

2. 支持与定位装置

支持与定位装置是接触悬挂的支撑与定位结构,将接触悬挂的全部机械负荷传递给支柱和基础,其结构形式有腕臂式、软横跨式、硬横跨式。腕臂式支撑结构在接触网中应用最广,如图1-2-1所示。

(1)支持装置

①拉杆—斜腕臂式支撑结构由水平拉杆底座、悬式绝缘子串、水平拉杆、多孔调节板、钩头鞍子、斜腕臂、棒式绝缘子、腕臂底座等零部件组成,如图1-2-1(a)所示,现已较少使用。

②平腕臂—斜腕臂支撑结构由上下腕臂底座、棒式绝缘子、平腕臂、承力索底座、斜腕臂等零部件组成,如图1-2-1(b)所示。平腕臂—斜腕臂支撑结构更为简洁、零件数更少、稳定性更

高,在新建接触网和高速接触网中得到广泛的应用。

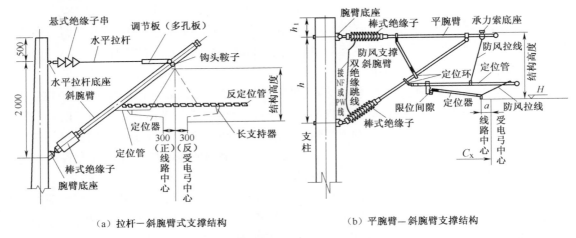

（a）拉杆—斜腕臂式支撑结构　　（b）平腕臂—斜腕臂支撑结构

图 1-2-1　架空柔性接触网的腕臂式支撑结构（单位：mm）

（2）定位装置

定位装置由定位管和定位器组成,完成接触线的空间（高度和拉出值）定位。定位装置的弹性、质量、稳定性对弓网运营安全和受流质量有决定性影响,应结构简洁和稳定、零件少、质量轻、耐腐蚀,且便于装配和调整。

导高、拉出值、定位器坡度、结构高度是与支持和定位装置密切相关的技术参数。结构高度是指定位点处承力索中心与接触线工作面间的垂直距离,合理的结构高度应使接触网动态特性与工程造价相互兼顾。

3. 接触悬挂

接触悬挂是安设于支持和定位装置之上的由接触线及其他线索组成的各类结构的总称。接触悬挂是牵引电流的电气通道和受电弓的机械滑道,其机电性能是影响弓网系统运行安全及受流质量的主要因素之一,应具有良好的导电性,能承受牵引电流、过负荷电流和瞬时短路电流,并具有可靠的安全裕度;应具有良好的机械强度,能承受接触网固有负荷以及冰、雪、风、霜等附加负荷,并具有可靠的安全裕度;应具有良好的动态特性,能适应运营速度要求,并具有一定的技术裕度。

4. 电气辅助设施

电气辅助设施包括附加导线、防雷与接地、标识及保安等设备和设施,主要作用是提高接触网的电气安全和供电的灵活性。

接触网附加导线是指为接触网提供电能、减小牵引网阻抗、降低牵引网电磁干扰、提高供电质量和供电安全架设的导线,主要有供电线、回流线、吸上线、加强线、并联线、负馈线、保护线、保护用接轨线、架空地线、避雷线、捷接线等,如图 1-2-2 所示。

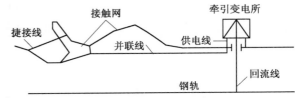

图 1-2-2　接触网附加导线示意图

（1）供电线

供电线又称馈电线，是牵引变电所、分区所、开闭所与接触网之间的电气连接线，安设在牵引变电所或开闭所馈线出口至接触网电分相两侧，将牵引电能由牵引变电所馈送到接触网上。供电线应能承受最大牵引电流的长期作用和牵引变电所近端短路电流的瞬时作用。一般选用 300 mm² 左右的铜绞线作为供电线。

（2）回流线

在 DRR 供电方式中，接触网均会同杆架设回流线作为牵引回流的回流路径。在牵引变电所附近，连接钢轨和牵引变电所接地网，将牵引电流引回牵引变电所的导线也称作回流线。回流线的电压等级按 1～3 kV 考虑，一般采用 185 mm²、240 mm² 钢芯铝绞线。

（3）吸上线

连接"钢轨"与回流线的铜芯或铝芯电力电缆称作吸上线。吸上线中流过的是牵引回流，因此，牵引变电所和分区所附近的吸上线的截面应比其他地点的吸上线的截面大些。

吸上线是不能直接与钢轨连接的，应根据铁路信号系统的要求，采取不同的连接方式。目前，电气化铁路均采用双轨回流，全自动闭塞，吸上线应接至扼流变压器中性板上，如图 1-2-3 所示。

（4）加强线和并联线

为改善接触网的电压水平或载流能力，同接触线并联架设以增加接触线载流截面积的架空导线称为加强线；为减少线路阻抗、提高供电臂末端电压，在供电臂较长或坡度较大的线路上，与接触网同杆架设的架空导线称为并联线。

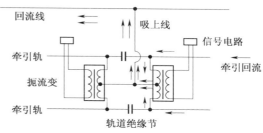

图 1-2-3 吸上线与扼流变压器中性点的连接

一般采用 185 mm²、240 mm²、300 mm² 钢芯铝绞线作为加强线和并联线。加强线和并联线的电压与接触线相同。

（5）负馈线

在 AT 供电方式中，有一条与接触悬挂同杆架设电压为 −27.5 kV 的架空导线称为负馈（AF）线，一般采用 185 mm²、240 mm²、300 mm² 的钢芯铝绞线。

（6）保护线

在 AT 供电方式中，与双重绝缘跳线、保护用接轨线、支柱等支持设备和零部件相连，起保护作用的一条架空导线称作保护（PW）线。

保护线经双重绝缘跳线与绝缘子的接地端相连，在 AT 所经 CPW 线连接至自耦变压器中点。当绝缘子发生闪络或击穿时，保护线为短路电流提供一个良好的电气通路，使变电所继电保护装置迅速动作，达到及时排除故障的目的。

保护线很重要，它一方面起架空地线和避雷线的作用，另一方面，当负馈线绝缘击穿或闪络时，如果没有保护线，支持绝缘子将承受 55 kV 以上的高电压，一旦击穿，将导致牵引变压器 55 kV 侧对地短路，烧损主变压器和其他电气设备。

正常情况下，保护线的电压一般为 200～300 V，发生短路故障时电压可达 3 000 V 左右，因此，PW 线的电压等级按 1～3 kV 考虑。一般采用 70 mm²、95 mm²、120 mm² 钢芯铝绞线。

对于采用 AT 供电方式的牵引网,应充分考虑负馈线、保护跳线、保护线、接触悬挂等导线之间的绝缘距离,在线索处于最大弛度和最大允许风偏时,各线间最小空气绝缘间隙应满足相应技术要求。否则,各导线间易发生放电击穿或短路事故,烧断负馈线和其他导线。

(7)保护用接轨线

连接保护线、钢轨和 AT 所自耦变压器中性点的导线称作保护用接轨(CPW)线。

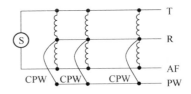

图 1-2-4　PW 线和 CPW 线的连接

CPW 线一般采用铜芯或铝芯电缆,变电所和分区所附近的 CPW 线要流过牵引电流,截面应较其他地点的大些。因信号断轨检测需要,每隔一个闭塞分区应设置一处 CPW 线,PW 线和 CPW 线的连接如图 1-2-4 所示。

在 AT 供电方式中,还有一条从自耦变压器绕组中点引出的导线,该导线为自耦变压器中线(N 线)。N 线电压等级按 1~3 kV 考虑,一般采用 240 mm²、300 mm² 钢芯铝绞线。

(8)架空地线

架空地线(GW 线)一般用于车站成排支柱的工作接地和安全接地,为站台钢柱设置双重保护,增强站台支柱的电气安全。架空地线安设在车站支柱顶部,顺线路方向架设,不设绝缘,直接固定在支柱支架上并与钢柱相连,延长至站台两端下锚并与专门接地装置相连。另外,在雷电比较活跃的地区,距牵引变电所 2 000 m 范围内的接触网也可架设架空地线作为避雷线。

(9)捷接线

捷接线主要用于线路弯曲和坡度较大以及运输繁重的线路上,减小接触网电压损失。为提高供电臂末端电压,在线路迂回弯折的最近处架设的一条架空导线称作捷接线。

附加导线的材质、数量、截面是依据牵引供电计算确定的。附加导线的张力、弛度、导线间距和对地距离、接头数量和机械强度等技术参数应符合相关技术规范。

第三节　受电弓及弓网系统概述

接触网的服务对象是列车集电装置,其中以安装于列车车顶的受电弓为最常见设备。因此,学习接触网之前,应对受电弓有所了解和掌握。

一、受 电 弓

受电弓是安装于电气列车车顶上的列车专用集电设备,升起后与接触线滑动接触取得电气列车运行所需的电能。

受电弓式样繁多,中国干线电气化铁路使用的主流受电弓有:DSA 系列受电弓、TSG 系列受电弓,以上诸型号的受电弓均为单臂受电弓。单臂受电弓如图 1-3-1 所示。中国干线电气化铁路受电弓弓头的几何尺寸如图 1-3-2 所示,其中弓头长度 1 950 mm,有效工作长度 1 450 mm,最佳工作长度 1 030 mm。城市轨道交通用受电弓的弓头尺寸比较多,主要有弓头长度为 1 550 mm 和 1 700 mm 两类。

接触网的几何参数和零部件安装位置与受电弓弓头几何尺寸和受电弓的动态特性密切相关,在受电弓动态包络线内不可存在任何影响受电弓安全运行的物件。运行中的受电弓弓头外部轮廓中的任一点均随弓头上下、左右运动,每一点的最大运行轨迹表现为一条曲线,弓头上所有点的运动轨迹构成曲线簇,与曲线簇的每条线至少有一点相切的那条曲线被称为受电弓动态包络线,如图 1-3-3 所示。

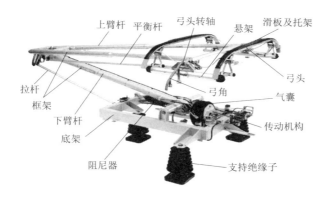

图 1-3-1　单臂受电弓

图 1-3-2　中国受电弓弓头尺寸(单位:mm)

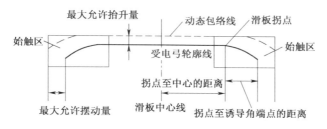

图 1-3-3　受电弓动态包络线示意图

二、弓网系统

受电弓是附属于电气列车的受流设备,随电气列车高速移动;接触网是固定在地面的供电设备,一方面是牵引电流的承载者,另一方面又是受电弓滑行的"轨道"。受电弓和接触网作为一个整体,有一个功能:完成牵引电能的传输。只有当弓网在几何、电气、机械、材料等方面相互匹配时,弓网才能形成一个有机的整体,牵引电流才能顺利流过暴露在空气中的弓网滑动电接触点。由于受电弓和接触网组成的二元电能传输系统是目前高速电气列车取得电能的唯一方式,因此,弓网接触质量是制约和影响电气列车高速运行的核心要素之一。

在受电弓和接触网组成的二元能量传输系统中,受电弓和接触网彼此约束、相互依存,它们是动与静、刚与柔的矛盾统一体。在弓网的几何、机械、电气、材料耦合之中,合理的几何耦合是弓网安全受流的基础;和谐的机械耦合是弓网稳定受流的关键;良好的电气耦合是弓网稳定受流的核心;适当的材料耦合是弓网稳定受流的保障。

就弓网二元系统中的接触网和受电弓本身而言,结构都不算复杂,但要让它们耦合在一起形成一个高速有效的电能传输系统时,问题就变得非常复杂了。

(1)影响接触网机电性能和技术状态的因素众多,任何一种因素都足以引起接触网的技术参数和机电状态的改变,这种改变又会明显影响弓网相互作用特性。

(2)接触网承担的电气负荷具有很大的波动性,接触网几乎完全处于电气过渡状态。

(3)弓网之间的耦合关系是动态变化的,但弓网耦合要求这种变化越小越好,因为任何微小的超出技术允许的变化在大电流条件下都会成为弓网系统致命的缺陷。

(4)受电弓滑板和接触线良好接触是电气列车高速运行的前提,但速度越高,弓网离线的概率就会越大,弓网良好接触就会越困难,因此,速度与良好接触是一对很难调和的矛盾,影响因素复杂,涉及电接触、固体接触力学、空气流体力学、弹性力学、结构力学、机械振动和波动等诸多学科的相关知识。

(5)高速受流要求受电弓具有良好的跟随特性、稳定的气动特性、合理的升降弓特性,做到上下走直线,左右不摇摆。良好的跟随特性要求受电弓必须轻巧灵活,要实现这一要求就必须减轻受电弓质量,减少构成受电弓的杆件数量和几何尺寸;稳定的气动特性和升降弓特性要求受电弓必须具有足够的机械强度和稳定性,要实现这一要求就必须加强受电弓的杆件结构。这些要求本身充满矛盾,如何在保证受电弓刚度和稳定性的同时减轻质量、提高跟随特性是设计和制造高速受电弓面临的主要困难之一。

通过以上分析可以看出,设计一套具有良好匹配特性的弓网高速受流系统是困难的,涉及面广,研究内容十分庞杂。

通过以上分析还可以看出,弓网受流理论是典型的多学科交叉的工程技术理论,它并非一个公式或一个定理所能解决,有其特殊性和系统性。

第四节　供电制式和供电方式

在牵引供电的发展过程中,出现过直流、三相交流、单相低频交流、单相工频交流等多种供电制式。目前仍在采用的主要供电制式有:单相工频 AC 25 kV;单相低频 AC 15 kV;直流 3 kV 和直流 1.5 kV。

中国干线电气化铁路采用的是单相工频交流 25 kV 供电制式,城市轨道交通采用的是直流 1.5 kV,也有部分线路采用工频交流 25 kV,该供电制式的优点在于:

(1)可直接从国家电力网获得牵引电能,无须为电气化铁路单独建造发电厂。

(2)牵引变电所无须整流和变频设备,牵引变电所的设备简化,投资降低。

(3)牵引变电所的间距大,能有效降低建设投资和运营费用。

(4)能以较高电压向电气列车供电,便于实现高速和重载运输。

(5)与直流供电相比,载流所需的导线截面积明显减小。

供电制式不同,牵引供电系统的组成也就不同,但均包括电能的产生、馈出和传输三大部分。

一、单相工频交流 25 kV 牵引供电系统

单相工频交流 25 kV 牵引供电系统如图 1-4-1 所示,由牵引变电所和牵引网两大部分组

成。牵引变电所出口电压标称值为 27.5 kV,接触网电压的标称值为 25 kV。

牵引变电所由牵引变压器、高压断路器等一次设备和用于测控、保护一次设备的二次设备组成,主要完成三相 AC 220(或 110)kV-单相 AC 27.5 kV 的变换并馈送到接触网上。电气化铁路为一级电力负荷,每个牵引变电所都必须由两路独立的三相电源供电,且两路电源互为热备用。

牵引网是构成牵引电流通路的电气网络,该网络包括馈电线、接触网、轨道和大地、附加导线等。牵引电流从牵引变压器二次(侧)流出,经高压开关、馈电线、接触网受电弓供给电气列车后,再经接地电缆、接地碳刷、列车轮对、钢轨、大地、回流线(AT 供电为负馈线)流回牵引变电所。如图 1-4-2 所示。

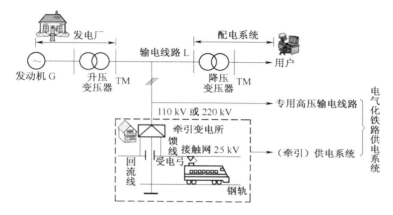

图 1-4-1　电气化铁路供电系统示意图

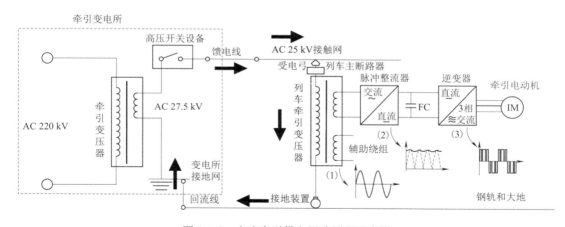

图 1-4-2　交流牵引供电回路原理示意图

由图 1-4-2 可知,牵引供电子系统是以大地(钢轨)作为反向导体的,是一典型的非对称性电气网络,接触网所产生的电磁场会对处于其影响范围内的金属体及生物体产生相应的电磁影响。为降低牵引网的电磁影响,减少牵引网阻抗,降低牵引网电能损失,降低钢轨电位,可在牵引网中增设回流线、AT 变压器等,由此形成交流牵引供电系统的不同供电方式。

1. 直接(DR)供电方式

牵引回流经钢轨和大地流回牵引变电所的供电方式为直接供电方式,如图 1-4-3 所示。

牵引变电所和接触网结构简单、造价低,但电磁影响大、轨电位较高,适用于远离城镇且对电磁防护要求不高的电气化铁路。

2. 带回流线的直接(DRR)供电方式

带回流线的直接供电方式是在直接供电方式的基础上,在接触网田野侧(与接触网同支柱)增设一条回流线的供电方式,如图 1-4-4 所示。每隔一定距离用吸上线将回流线和钢轨并联,牵引回流由回流线、钢轨和大地流回牵引变电所。由于回流线中的电流与接触线中的电流方向相反,二者产生的交变电磁场可部分抵消,从而降低了电磁干扰。由于轨回流减少,因此,钢轨对地电位也得到了降低。该种供电方式的供电回路简单,比直接供电具有更低的线路阻抗和钢轨电位。

图 1-4-3   直接供电原理示意图

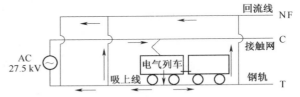

图 1-4-4   带回流线的直接供电方式原理示意图

3. 自耦变压器(AT)供电方式

AT 供电的牵引网由接触网、钢轨、负馈线(AF)、保护线(PW)、自耦变压器、保护用接轨线(CPW)等组成,如图 1-4-5 所示。AF 线亦被称作正馈线,考虑到 AF 线中流过的是牵引回流,电流方向与接触线中的电流方向相反,根据电路基本原理:"电流流出为正,电流流入为负",本教材将其改称为负馈线,以免初学者将其和馈电线相混淆。

在 AT 供电方式中,自耦变压器的一端连接负馈线,另一端连接接触悬挂中心抽头经 N 线与钢轨连接。接触悬挂、负馈线对地(钢轨)电位分别为 $+27.5$ kV 和 -27.5 kV,接触线和负馈线中的电流大小相等、方向相反,从而有效降低了牵引网的电磁影响。

图 1-4-5   AT 供电接触网

为改善牵引网电压水平,增强防电磁影响的效果,每隔 $10\sim15$ km 需设置一座 AT 所,AT 所的主要设备是自耦变压器及其保护装置。

由于 AT 供电方式提高了供电电压,在牵引功率一定的情况下,供电臂长度比直接供电方式增大一倍,从而能节省投资,减少接触网电分相数量,减少对通信的干扰,减少电能损失,降低运营成本,因此,高速和重载电气化铁路一般采用 AT 供电。

4. 同轴电缆(CC)供电方式

CC 供电是利用同轴电缆内外导体间互感系数很大的特点来降低电磁干扰的。同轴电缆内导体与接触线并联,同轴电缆外导体与钢轨并联,由于内外导体相距只有 13 mm,耦合系数接近 1,电磁耦合效果是其他几种供电方式无法比拟的。因同轴电缆价格昂贵,使用受到限制,仅应用于电磁防护要求较高的特殊区域。

二、直流 1.5 kV 牵引供电系统

直流 1.5 kV 牵引供电系统包括主变电所、中压环网、牵引供电系统(牵引变电所和牵引网)、供配电系统。主变电所是城轨交通直流供电专用变电所,一般沿线路靠近车站位置设置,以便电缆引入,只有采用集中供电时才设置主变电所,当采用分散式供电时,城轨供电直接从城市电网引入,不设主变电所;中压环网是联系主变电所或城市电网、牵引变电所、降压变电所的供电网络,电压一般为 3~35 kV。牵引变电所由牵引整流机组、直流正负极母线及馈线开关等设备构成。牵引整流机组正极通过直流快速断路器、直流正母线、直流快速断路器、电动隔离开关和接触网向列车供电,经走行钢轨及均流线、回流电缆至牵引变电所负极柜、牵引整流机组负极。

牵引变电所 35 kV 侧采用单母线分段接线方式,并设置母线分段断路器。两套 12 脉波牵引整流机组一次侧分别通过断路器接在同一段 35 kV 母线,并联运行构成等效 24 脉波整流。DC 1 500 V 侧采用单母线接线方式。

DC 1 500 V 供制式的供电设备主要包括:外部电源、变电所、牵引网。

主变电所是将来自电网的区域变电所或者降压变电所的高压电源经过主变压器降压后以中压供电网为中间环节向直流牵引变电所等集中供电,如图 1-4-6 所示,牵引变电所主接线图如图 1-4-7 所示。

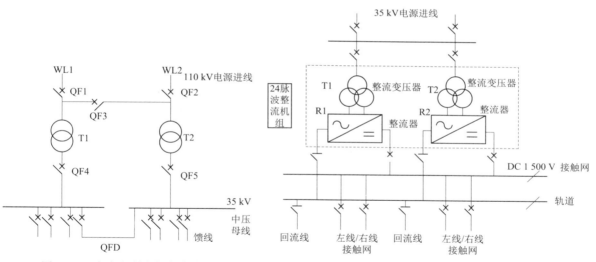

图 1-4-6　主变电所电气主接线图　　　　图 1-4-7　DC 1 500 V 牵引变电所主接线

为保证旅客和工作人员的人身安全,每座车站设置 1 台钢轨电位限制装置;车辆段范围内根据实际情况确定钢轨电位限制装置的设置位置和数量。

为尽量平衡上下行钢轨中的电流,降低回流回路电阻和钢轨对地电位,在车站两端及区间的适当位置设置上下行均流线;在设置牵引变电所的车站,有负回流电缆的一端不再设置均流线。

接触网供电分段在满足正线正常运行时双边供电、任意一座牵引变电所解列时越区供电需要的同时,还应考虑接触网的检修要求,接触网电分段设置一般有下列原则:有牵引变电所的车站,在靠近牵引变电所端设置电分段;正线间的联络线设置电分段;辅助配线与正线间设置电分段;车辆段线路与正线线路间设置电分段;车辆段各供电分区之间设置电分段;车辆段

各库线入口处设置电分段。

三、接触网的供电方式

在交流牵引供电系统中,三相电源的 U、V、W 相是交替接入接触网的,在不同相序的接触网之间必须加入一定设备实现接触网电分相,如图 1-4-8 所示。

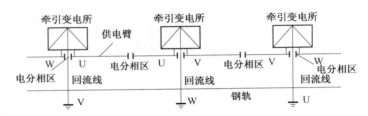

图 1-4-8   供电臂和供电分相示意图

从牵引变电所馈电线出口处到两牵引变电所之间电分相处的接触网称作牵引变电所的供电臂。根据牵引变电所对供电臂的供电情况、线路情况(单、复线)、上下行接触网间的电气连接情况,牵引变电所对接触网的供电方式分为单线单边供电、单线双边供电、单线越区供电、复线单边分开供电、复线单边并联供电、复线双边纽结供电、复线越区供电等。以上各供电方式就其原理而言只有三种,即单边供电、双边供电和越区供电。

一个供电臂只能从一个牵引变电所得到电能的供电方式称为单边供电。单边供电是目前应用最多的供电方式。

若两相邻供电臂通过开关设备在电路上连通,一条供电臂可从两个牵引变电所获得电能的供电方式称为双边供电。

双边供电的前提是两条供电臂同相。双边供电可有效提高供电臂末端电压,降低网上能耗,但其馈线及分区所的保护及开关设备复杂,投资增大,倒闸操作复杂,而且还存在穿越电流和穿越功率的问题,造成额外的电能损失,因此较少使用。

当某牵引变电所出现故障不能向其负担的供电臂供电时,由其相邻变电所越过分区亭或开闭所向故障变电所供电臂供电的供电方式称为越区供电,如图 1-4-9 所示。

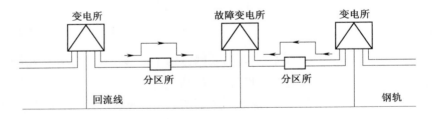

图 1-4-9   越区供电示意图

越区供电属于非正常供电,仅作为避免中断运输的临时性措施。承担越区供电任务的牵引变电所的主变压器处于超负荷运行状态,需对线路上运行的列车数量和速度进行限制。一般只在两种情况下才会实施越区供电:牵引变电所内两套供电设备均不能正常供电,电气列车中途停于接触网电分相的无电区且电气列车不能从网上受电移出分相区时。

第五节　牵引供电对接触网的基本要求

为满足铁路运输需求，接触网应全天候不间断供电，且供电质量应符合电力牵引的运营要求。这些要求概括起来有以下几点：

（1）在任何条件下，接触网均不应对人员和设备构成安全威胁，接触网带电体与非带电体之间必须有充分的电气绝缘间隙，并具有能有效防止人员触电的措施和方法。

（2）与一般架空电力输电线相比，接触网的电负荷具有很大的波动性，接触网系统发生短路的情况更为常见，因此，接触网系统应有充足的过负荷能力和承载短路电流的能力。

（3）接触网的电压和电能损失必须控制在技术允许的范围内，馈线上网点电压和供电臂末端电压不应超出系统所允许的最高电压值和最低电压值。

（4）接触网线索和设备均要承受一定的机械负荷，在接触网寿命期内，线索和设备在设计条件下均应处于安全状态。

（5）接触网应与四周的环境相协调，对动物、植物以及自然环境和文化环境应有必要且合理的防护和保护措施。

（6）接触网是无备用设备，组成接触网的线索、设备零部件以及接触网整体必须具备良好的可靠性、可用性和安全性。

（7）接触网的几何参数是以轨道线路中心线和轨面构成的直角坐标系为基准的，轨道线路的位置、曲线半径、外轨超高、竖曲线半径、线路坡度及其变化率、钢轨不平顺度等参数对弓网相互作用有重大影响。线路参数和接触网参数的调整必须协调一致，同步进行。接触网所有设备的安装位置均应满足铁路限界和绝缘安全要求。

（8）接触网和受电弓之间有严格的机电匹配关系，不同型号的弓网配合会表现出不同的相互作用特性，在进行弓网系统设计时，应考虑弓网间彼此相适应的结构形式和机电特性。当选定受电弓后，接触网就应有与该型号受电弓相适应的结构形式和机电特性；与之相对应，当接触网设计施工完成后，就应由与之相适应的受电弓来运行，受电弓的静态特性、有效工作范围、弓头几何尺寸、滑板特性、运营方式均应与已有接触网相适应。

接触网是露天供电设施，气候对接触网的技术性能有决定性影响，接触网必须能适应气候的变化，在设计条件下，温度、湿度、雪雨风霜、冰雾雷电均不应造成接触网设备的损坏，也不应影响接触网功能的正常发挥。

第六节　接触网的工程接口

接口是指系统中各子系统之间、系统与外部环境之间的衔接关系。系统是指由相互关联、相互制约的各部分组成的具有一定功能的整体。组成整体的各部分称为子系统。

接口内容包括设计、制造（施工）、运维等在内的工作界面上的搭接关系以及为实现系统既定性能指标而在子系统的设施、设备之间的参数、结构和功能的配合关系。

电气化轨道交通系统包括工务、供电、电务、动车、运调、客服、防灾安全、检测检修八个子系统，接触网是牵引供电子系统的重要子系统，供电子系统与动车（机务）子系统、线路（工务）子系统、通信信号（电务）子系统等电气化轨道交通子系统存在各种工程接口，如图1-6-1所示。

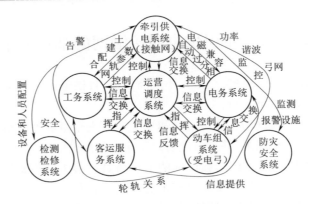

图 1-6-1   电气化轨道交通各子系统工程接口示意图

工务子系统包括路基、桥梁、隧道、轨道等多个专业子系统。接触网的导线高度、导线坡度、定位器坡度、接触线拉出值、结构高度等几何参数的测量基准是轨道中心线和轨面,线路参数的变动将直接改变接触网的几何参数,直接影响弓网的几何匹配关系和运行安全,接触网的设计、施工和运维均与线路参数直接相关,线路平面(直线、曲线、缓和曲线)参数会影响接触悬挂的张力差、跨距、拉出值、线岔等技术参数;线路纵断面(平道、坡道、竖曲线)参数会影响接触线坡度、导高、吊弦长度等技术参数;接触网支柱基础及若干线缆的布置与路基、隧道、桥梁等存在接口,隧道横断面和净空与接触网结构和动态特性密切相关,桥梁振动特性与接触悬挂振动密切相关。

信号系统与牵引供电系统共用两根钢轨作为电流通路,二者之间存在电磁兼容接口。牵引供电部门应向通信和信号提供接触网电分相和接地的详细设计资料,信号部门予以确认;车载断电自动过分相装置所需的地面感应器的预埋设计、施工及维护由电务系统的信号部门进行;信号部门向牵引供电部门提供轨道电路闭塞分区的详细设计,牵引供电部门确认扼流变压器或空心线圈的位置,进行上下行横连线、吸上线、CPW 线、综合接地等电位连接线的设计,并由信号部门予以确认。

对于由标准长度(长度 25 m 或 12.5 m)组成的轨道线路,各闭塞分区之间的钢轨是相互绝缘的,牵引回流需要通过扼流变压器线圈越过轨道绝缘节,如图 1-6-2 所示。

接触网的吸上线或者 CPW 线只能接在扼流变压器线圈的中性端子上。理论上,两钢轨中的牵引电流大小相等,扼流变压器的上下部线圈匝数相同,牵引电流在上

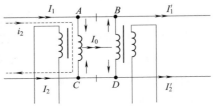

图 1-6-2   扼流变压器工作原理图

下部线圈中产生的磁通量大小相等、方向相反,总磁通量为零,对信号设备不会产生影响。实际工程中,各种原因会引起两轨中的牵引电流存在差值,当差值达到一定值后,就会对信号设备产生影响,必须采取技术措施使两轨中的电流差小于一定值,主要技术措施有:调节双轨阻抗、加大钢轨接续线载流面积、采用等阻抗引接线等。

对于无缝轨道线路,钢轨没有机械断点,信号设备采用基于电路谐振原理的 ZPW-2000 系列电气绝缘轨道电路,如图 1-6-3 所示。

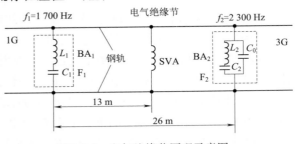

图 1-6-3   电气绝缘节原理示意图

图 1-6-3 中,SVA 是由直径 1.53 mm 的 19 股电磁线绕制而成的截面为 35 mm² 的空芯线圈,用于平衡两轨间的不平衡电流,参与轨道电路调谐工作,保障维修安全;补偿两轨道间的电容,消除钢轨容性,保证轨道电路的传输距离。除此以外,SVA 还可用作扼流线圈或上下行轨道的横向连接,如图 1-6-4 所示。

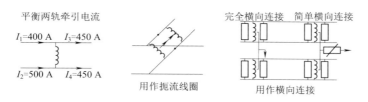

图 1-6-4 SVA 的基本用途示意图

SVA 设有中心线,每半个线圈可通过 100 A 电流。在 100 A 不平衡电流或中点流出 200 A 牵引电流情况下可以长期工作。在 500 A 4 min 的不平衡电流下(或中心点通过 1 000 A 平衡电流下),SVA 均可正常工作。接触网的吸上线或者 CPW 线只能接在 SVA 的中心线上。

关于接触网工程与其他工程的接口关系,还有许多内容,如表 1-6-1 所示,这里不再赘述。

表 1-6-1 接触网工程与其他专业的接口关系

专业	供电系统	变电所	接触网	综合工区	SCADA
经调	☆				
行车	☆		☆		☆
线路	☆	☆	☆	☆	☆
地质		☆	☆	☆	
基础		☆	☆		
轨道	☆		☆		
桥梁			☆		
隧道			☆		
动车	☆		☆	☆	
站场	☆	☆	☆	☆	☆
通信	☆	☆	☆		☆
信号	☆		☆		☆
电力		☆	☆	☆	☆
给排水		☆	☆	☆	
动车段	☆		☆	☆	☆
综合维修	☆	☆	☆	☆	☆
环保		☆	☆	☆	
信息化		☆	☆		☆
旅客服务	☆		☆		☆
运营调度	☆	☆	☆	☆	☆
防灾报警		☆	☆		☆
房建		☆	☆	☆	☆
暖通		☆		☆	☆

续上表

专业	供电系统	变电所	接触网	综合工区	SCADA
综合接地		☆	☆		☆
限界			☆		
当地政府	☆	☆	☆	☆	
外接电源	☆	☆	☆		

注:表中"☆"表示存在接口关系,接触网共有 25 个接口。

复习思考题

1. 简述接触网的定义,并说明柔性悬挂与刚性悬挂各自的优缺点。

2. 单相工频交流牵引供电有何特点? 它对电力系统有哪些不利影响?

3. 什么是牵引网? 请简述各供电方式牵引网的组成及其工作原理。

4. 受电弓由哪几部分组成?

5. 什么是受电弓动态包络线? 该概念有何工程意义?

6. 牵引供电系统由哪几部分组成? 各部分的基本功能是什么?

7. 简述牵引供电对接触网的基本要求。

8. 架空柔性接触网由哪几部分组成? 各自有何功能?

9. 请说明 AT 供电的优缺点?

10. 如何理解"合理的结构高度应使得接触网的动态特性与工程造价相互兼顾"这句话?

11. 与一般电力架空输电线相比较,接触网有哪些特殊性?

12. 弓网系统设计需遵循哪些基本原则?

第二章 接触网的设备结构和零件

第一节 支柱与基础

一、支　　柱

支柱是接触网的支撑设备,应具有安全合理的机械强度和良好的耐腐能力,质量轻、结构简单、材料经济合理、便于施工和运营维护。

支柱按制造材料可分为预应力混凝土支柱和钢支柱两大类。

预应力混凝土支柱按外形分有矩形横腹杆式和环形等径及锥形;钢支柱按外观分有 H 型钢支柱、桁架式钢支柱、圆管式钢支柱。H 型钢柱和圆管式钢柱是近年来在高速铁路或地铁线路中应用较多的一种新型钢柱,它具有强度高、抗碰撞、体积小、安装运输方便、整洁美观、易于维护的特点。

与钢筋混凝土支柱相比,钢支柱具有质量轻、容量大、运输及安装方便的优点,但钢支柱造价偏高且需进行热浸镀锌防腐处理。

支柱型号用如图 2-1-1 所示符号表达。

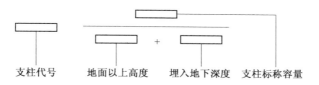

图 2-1-1　支柱型号表达符号及其含义

支柱标称容量表示支柱垂直或顺线路方向所能承受的极限弯矩,单位为 kN·m;地面以上高度表示支柱在地面(基础面)以上高度,单位为 m;埋入地下深度表示支柱埋入地下的深度,单位为 m(钢支柱和用法兰盘连接的混凝土支柱无此项),如

$$H\frac{60}{8.7+3.0}$$

支柱代号 H 表示结构设计风速为 30 m/s 的横腹杆式支柱,(H_{35} 表示结构设计风速为 35 m/s 的横腹杆式支柱,H_{40} 表示结构设计风速为 40 m/s 的横腹杆式支柱);60 表示支柱垂直线路方向的标称容量为 60 kN·m;8.7 表示地面以上高度为 8.7 m;3.0 表示支柱埋入地下深度为 3.0 m。

除按制造材质分类外,支柱按应用功能分为中间柱、转换柱、中心柱、下锚柱、道岔柱、定位柱、软(硬)横跨柱等,如图 2-1-2 所示。

中间柱广泛用于区间接触网,完成一组工作支的悬挂和定位,承受一组工作支的垂直负载和水平负载。

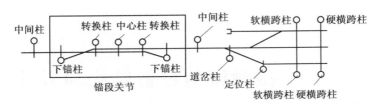

图 2-1-2   支柱功能的分类及其位置示意图

转换柱位于锚段关节内,完成一组工作支定位和一组非工作支的悬挂,承受一组工作支和一组非工作支的垂直负载和水平负载。

中心柱位于四跨锚段关节中部,安装有两套支持和定位装置,完成两组工作支的悬挂与定位。

下锚柱位于锚段关节的两端或接触网需要下锚的其他地点,承受下锚柱和工作支的垂直和水平负荷。

工作支是指与受电弓直接接触,完成电能传输的接触悬挂;非工作支是指不与受电弓直接接触,只完成下锚的接触悬挂。

定位柱主要用于站场道岔后曲线处或其他因拉出值超标须定位的地方。

道岔柱主要用于道岔处的接触悬挂定位,其装配形式主要有 L(拉)型、Y(压)型和 LY(拉压)型三种,如图 2-1-3 所示。

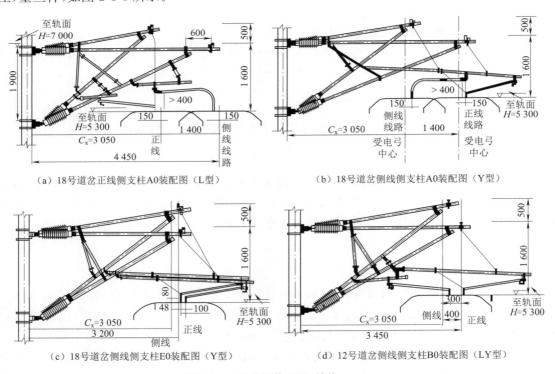

（a）18号道岔正线侧支柱A0装配图（L型）

（b）18号道岔侧线侧支柱A0装配图（Y型）

（c）18号道岔侧线侧支柱E0装配图（Y型）

（d）12号道岔侧线侧支柱B0装配图（LY型）

图 2-1-3   道岔柱装配图(单位:mm)

软横跨柱或硬横跨柱用于多股道站场,容量要求较大,一般采用钢支柱。

二、基　　础

基础是指埋入地下或大型建筑物之中，用于安装支柱（含倒立柱）的结构体，在长期受力的情况下支柱基础不得发生形变、裂纹、倾斜和移位。

基础的类型取决于支柱类型和土壤特性，常用基础的类型如图 2-1-4 所示。

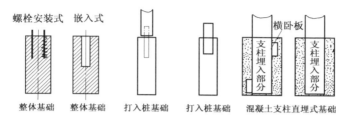

图 2-1-4　常用基础的类型

整体基础有杯形、桩形、工字形、锥形、单阶梯形、多阶梯形等不同外形，其选用依据是基础的强度和稳定性校验。整体螺栓安装式基础是在钢筋混凝土基础内预埋地脚螺栓，用以固定和连接钢支柱。

等径圆形钢筋混凝土支柱一般采用嵌入式基础，H 型钢支柱和桁架式钢支柱一般采用整体螺栓安装式基础，圆管式支柱一般采用法兰连接基础。横腹杆式钢筋混凝土支柱的基础和支柱是一个整体，其埋入地下部分即为基础，这种基础称为直埋式基础，其埋置深度一般为 2.6～3.0 m。

第二节　支持和定位装置

一、腕臂支持装置

腕臂支持装置是指安装在支柱上端用于支持定位装置和接触悬挂的结构，由绝缘子腕臂及相关连接零部件组成。

腕臂有绝缘和非绝缘之分。绝缘腕臂与承力索和接触线等电位、与支柱绝缘，结构简洁、成本低，便于安装和运维；非绝缘腕臂也称直腕臂，一般由角钢或槽钢加工制成，一端固定在钢支柱上，另一端通过悬式绝缘子串悬挂承力索和定位接触线，腕臂与支柱等电位，与接触悬挂绝缘。该种腕臂结构复杂、笨重，成本较高，不便于安装和运维，通常仅用于空间受限，不便设置软横跨的特殊地段，定位和悬挂两股道或者三股道接触悬挂。

二、软　横　跨

软横跨由一对软横跨支柱、横向承力索、上部固定绳、下部固定绳、直吊弦、斜吊弦、定位设备及其紧固连接件组成。横向承力索通过直吊弦承受各纵向接触悬挂和软横跨自身的垂直负荷，并将这些负荷传递给软横跨支柱；上部固定绳承担各纵向悬挂承力索的水平负荷并将其传递给支柱；下部固定绳承担各纵向悬挂接触线的水平负荷并将其传递给支柱，如图 2-2-1 所示。

软横跨主要用于站场接触网的支持与定位，可减少站场支柱，使站场接触网整洁、美观，同时也可节约投资，降低建设成本。

软横跨结构比较复杂，为简化设计、方便施工，可将功能相同、组成零件相同的软横跨结构进行归类，形成各种标准装配结构，这种标准装配结构称为软横跨节点。随着新技术和新材料的不断应用,软横跨节点的组成和类型也在发生变化。目前,软横跨节点数目及基本功能如表 2-2-1 所示。

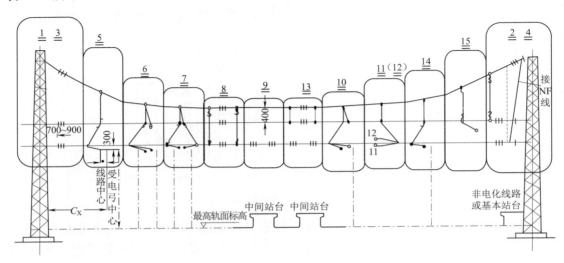

图 2-2-1　软横跨及其主要节点示意图(单位:mm)

表 2-2-1　软横跨主要节点功能简表

节点名称	节点功能
节点 1、2	用于钢支柱装配,2 节点位于基本站台侧
节点 3、4	用于混凝土支柱装配,4 节点位于基本站台侧
节点 5	与中间柱功能相同,完成一组工作支的悬挂和定位
节点 6、7	用于道岔上空两组悬挂的悬挂与定位,节点 6 为 L 型或 Y 型,节点 7 为 LY 型
节点 8	用于站场接触网上、下行正线间的电分段
节点 9	为中间站台提供一个局部无电区,保护通过站台人员的人身安全
节点 10	同非绝缘转换柱功能相同,完成一组工作支和一组非工作支的悬挂与定位,非工作支比工作支高 200～250 mm,并通过镀锌铁线或不锈钢软绞线固定在定位环上
节点 11、12	用于两组非工作支的悬挂;节点 11 的接触线从下部固定绳上方穿过,节点 12 的接触线从下部固定绳的下方穿过
节点 13	结构上是节点 8 和节点 9 的综合,完成节点 8 和节点 9 的共同功能
节点 14	用于站场接触网防窜动中心锚结,装配结构与节点 5 相同,但所用零件数不同
节点 15	完成一组非工作支的抬高,并拉向下锚

注:全补偿链型悬挂的纵向承力索与上部固定绳的连接零件为悬吊滑轮;半补偿链型悬挂的承力索与上部固定绳的连接零件为钩头鞍子。为了区别,全补偿链型悬挂软横跨节点 5、6、7、10、11、12、14 前加 Q。

三、硬　横　跨

硬横跨是一钢架结构,由硬横跨支柱、硬横梁、吊柱组成,如图 2-2-2 所示。

与软横跨相比较,硬横跨具有结构简单稳定,机械独立性强、各股道悬挂互不影响,站场悬挂形式可与区间悬挂形式一致,站场更加整洁美观等诸多优点,在高速接触网中应用较多,但用钢量大、造价较高。

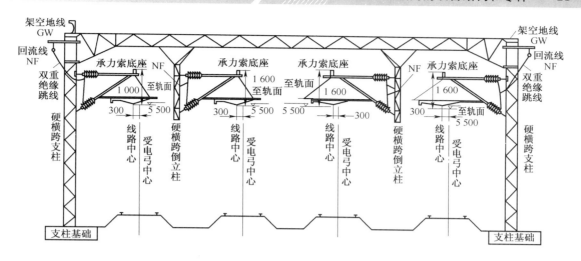

图 2-2-2 硬横跨结构示意图(单位:mm)

四、定位装置

定位装置系指由定位管、定位器、支持器、定位线夹、定位环以及定位钩等零部件组成的定位结构,其功能是将接触线定位在受电弓取流所需的空间位置。

1. 定位管和定位器

(1)定位管的外形如图 2-2-3 所示,G 型定位管本体是用 20 号优质碳素结构钢制造的无缝钢管或用 Q235A 碳素结构钢焊接的钢管;L 型定位管本体为 6082、热处理状态为 T6 的铝合金管,套筒双耳本体为 AlSi7Mg0.3、热处理状态为 T6 的铸造铝合金。

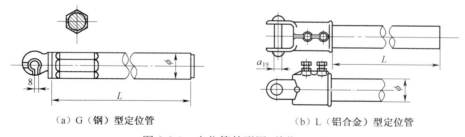

(a)G(钢)型定位管　　　　　(b)L(铝合金)型定位管

图 2-2-3 定位管外形图(单位:mm)

设置定位管的目的是便于定位器的安装和调节,在水平方向调整拉出值,在垂直方向调节接触线高度(调节定位管在斜腕臂上的安装位置可在小范围内调节接触线安装高度,以弥补因支柱或基础施工造成的偏差)。

定位管的空间姿态对弓网运行安全有直接影响,以轨面为参考面,正定位的定位管允许有0~20 mm 的抬头,反定位的定位管允许有 0~20 mm 的低头,否则,定位处易形成集中载荷,并存在引发定位管打碰弓的可能。为使定位管保持应有的姿态,并与腕臂保持同步偏移,可用多股不锈钢软绞线将定位管前端吊挂于承力索座或承力索上,也可用固定支撑将定位管与斜腕臂连接。

(2)定位器由定位钩、镀锌钢管或铝合金管、套筒和定位销钉、定位线夹等零件组成,其外形如图 2-2-4 所示。

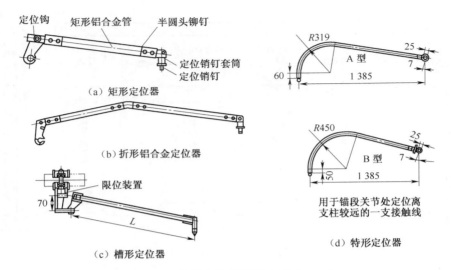

图 2-2-4　常用定位器外形图(单位:mm)

定位器是定位装置的核心零件,在设计条件下,能保证接触线的高度和拉出值符合设计要求,不影响接触线沿线路方向的正常移动,质量轻、不在定位点形成集中载荷。定位器的型号取决于悬挂方式、允许抬升量、受电弓型号及其动态包络线、线路及运行速度等相关条件。与定位器相关的主要技术指标有:定位器坡度、定位间隙。定位器坡度是定位器钩环连接点和定位线夹中心的连线与轨面夹角的正切值。定位器坡度应在 1/5～1/7 之间($9°^{+2°}_{-1°}$),定位器受拉力应在 80～2 500 N 之间。定位器坡度的理论计算式为

$$\tan\alpha=\frac{\frac{1}{2}g_1+\frac{1}{2}g_j(e_1+e_2)\times 9.81+g_2}{F_之} \tag{2-2-1}$$

式中　g_1——定位器自重(kN);

　　　g_2——定位线自重(kN);

　　　g_j——接触线单位自重(kN/m);定位器左右第一吊弦;

　　e_1,e_2——至定位点的距离(m);

　　　$F_之$——定位器受到的接触线拉力("之"字力)(kN)。

限位定位器的限位间隙应大小适中,取值由式(2-2-2)确定

$$d=\frac{h\cdot a}{L} \tag{2-2-2}$$

式中　a——定位器底座的底部到限位止钉轴线中心的距离(mm);

　　　L——定位器的长度(mm);

　　　h——定位器根部到端部的高差(mm)。

式(2-2-1)和式(2-2-2)适用于直线,曲线段须换算。施工误差应控制在±2 mm 以内。

为确保支持及定位零部件的短路稳定性,防止非正常电流烧损定位钩、定位环及其他零件,在支持与定位装置的几个主要机械连接点上应设固定电连接。设置电连接时,应清洁表面,并涂电力脂,以防止异种金属间的电化学腐蚀。

2. 定位方式

定位方式是指接触悬挂与支持定位装置及支柱的连接方式,支柱所处位置不同,其定位方式也就不同。

（1）正定位和反定位

正定位如图 2-2-5 所示，用于直线区段或半径在 1 200～4 000 m 的曲线区段的支柱装配。反定位如图 2-2-6 所示，用于曲线内侧支柱或直线区段拉出值方向与支柱位置相反的支柱定位。正（反）定位的定位装置由直管定位器（当曲线半径为 900～1 500 m 时用弯管定位器）和定位管组成。正定位的定位器通过定位钩环与定位管衔接，定位管受拉；反定位的定位器通过定位钩和长支持器（保证定位器与定位管之间的距离≥300 mm）与定位管衔接，定位管受压。

正定位和反定位是接触网的基本定位形式。

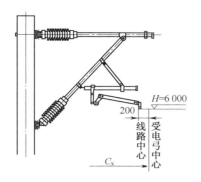 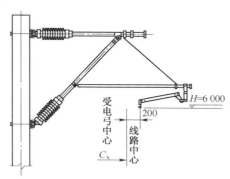

图 2-2-5　正定位（单位：mm）　　　　　图 2-2-6　反定位（单位：mm）

（2）组合定位

组合定位是指在一个支柱上完成两组以上接触悬挂定位的定位形式。转换柱、中心柱、道岔柱的定位均为组合定位，如图 2-2-7 所示。

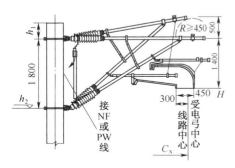 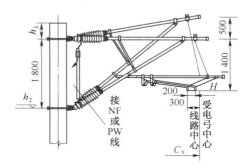

（a）四跨绝缘锚段关节中心柱装配图（ZJS3）　　　（b）四跨非绝缘锚段关节中心柱装配图（ZFS3）

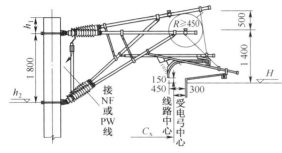 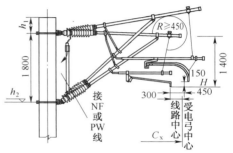

（c）五跨绝缘锚段关节转换柱装配图（ZJS3）　　　（d）五跨绝缘锚段关节转换柱装配图（ZJS4）

图 2-2-7

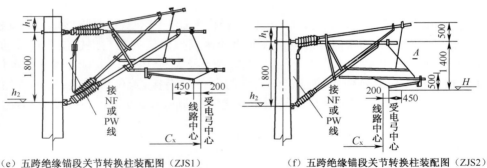

(e) 五跨绝缘锚段关节转换柱装配图（ZJS1）　　　　(f) 五跨绝缘锚段关节转换柱装配图（ZJS2）

图 2-2-7　组合定位示意图（单位:mm）（续）

（3）软定位和单拉手定位

软定位如图 2-2-8 所示，主要用于线路半径小于 1 000 m 时的悬挂定位。当曲线半径较小时，由于外轨超高较大，定位管的安装空间受限，为保证受电弓安全，只能取消定位管，通过用不锈钢丝线拧成的"软尾巴"将弯管定位器直接固定在腕臂上。软定位只能受拉，其拉力必须维持在 200 N 以上，以防拉力过小导致定位器下落。

当曲线半径小于 600 m 时，布置腕臂的空间也受到限制，此时可采用单拉这种特殊定位形式，如图 2-2-9 所示。

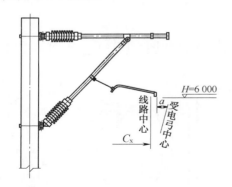

图 2-2-8　软定位（单位:mm）

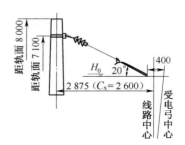

图 2-2-9　单拉定位（单位:mm）

第三节　接触悬挂及其机械特性

一、接触悬挂的分类

根据承力索的有无，接触悬挂可分为简单悬挂和链型悬挂，如图 2-3-1 所示。

简单悬挂无承力索，接触线直接固定或通过弹性吊索（8～16 m 长的钢绞线或铜绞线）悬挂在支持和定位装置上。简单悬挂的弛度较大（100～250 mm），弹性均匀度较差，适用于最高运行速度不超过 80 km/h 的线路。

链型悬挂接触线通过吊弦悬挂在承力索上。根据承力索的根数，链型悬挂可分为单链型和复链型两大类。单链型悬挂有简单链型悬挂（定位处无弹性吊索）和弹性链型悬挂（定位处有弹性吊索）两大类；复链型悬挂由一根主承力索和多根辅助承力索组成。

简单链型悬挂结构简单、便于施工和维护,但弹性均匀度较弹性链型悬挂差;弹性链型悬挂的结构略复杂于简单链型悬挂,施工调整难度较简单链型困难,其弹性均匀度优于简单链型悬挂。复链型悬挂的优点是受流效果和防风性能好,但结构复杂、造价高、不便于施工与运营维护。

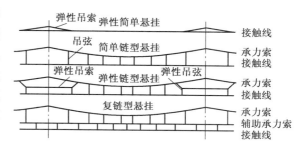

图 2-3-1 典型接触悬挂示意图

根据承力索与接触线的走向,链型悬挂可分为直链型、半斜链型和斜链型 3 种悬挂形式,如图 2-3-2 所示。

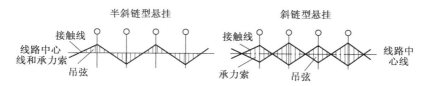

图 2-3-2 半斜链和斜链型悬挂示意图

直链型悬挂的承力索和接触线均按"之"字形布置(曲线上为折线布置),二者走向完全相同,在水平面内的投影重合;半斜链型悬挂的承力索沿线路中心布置,接触线按"之"字形布置;斜链型悬挂的承力索和接触线均布置成"之"字形,二者在水平面的投影组成一个菱形四边形。由于斜链型悬挂的吊弦偏斜过大,不易调整,工程中很少应用。

根据承力索和接触线的锚固方式,接触悬挂可分为未补偿、半补偿、全补偿三种悬挂形式,如图 2-3-3 所示。

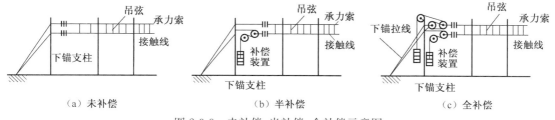

图 2-3-3 未补偿、半补偿、全补偿示意图

未补偿悬挂的接触线和承力索直接锚固在下锚支柱上;半补偿悬挂的接触线通过补偿装置下锚,承力索直接锚固在下锚支柱上;全补偿接触悬挂的承力索和接触线均通过补偿装置下锚。

二、接触悬挂线索和零部件

1. 接触线

接触线既是牵引电流的主要承载者又是受电弓的滑道,从一定程度上讲,接触线的生产质量和施工质量决定了接触网的性能。接触线种类较多,20 世纪 80 年代,中国主型接触线为钢铝复合导线,20 世纪 90 年代以后,逐步采用铜及铜合金接触线。

(1)铜及铜合金接触线

纯铜接触线是以纯度大于 99.9% 的电解铜为原料经连铸——连轧——拉拔成线材后不经退火处理而直接使用的接触线。

冷作强化后的铜接触线抗拉强度可以达到 350 MPa,导电率为 97.5％IACS(国际标准退火工业纯铜的导电率为 100％IACS)。

实践表明,在一定冷变形范围内,冷加工变形率越大,铜导线的强度越高,当冷变形率在 90％以上时,铜导线的抗拉强度可达到 450 MPa。但是,冷作强化存在两个问题:一是导线表面硬化和内部硬化程度不一样,表面硬度大于内部硬度;二是导线更易软化,在自然时效作用下,强度难以长久保持,尤其在大负荷电流通过时产生的热效应作用下,强度衰减更加严重。纯铜接触线的这些固有缺陷限制了它在高速线路上的应用。为此,世界各国不得不花费大量人力和物力来研发能满足高速电气化铁路运行的接触导线。

增加导线强度的方法有三种:冷作强化处理、加大横截面积、加入其他金属形成铜合金。

冷作强化处理可以提高铜接触线的强度,但这种方法的不足前面已有说明,因此,冷作强化处理不能用作提高纯铜接触线强度的常规手段。

增加导线横截面积虽可增大抗拉总力,但也相应地增加了接触线单位长度自重,接触线的波动速度并不能得到有效提高。另外,横截面积的增大还会增加接触网的施工难度,接触线出现硬弯后很难校正,因此,增加导线横截面积也不能用作提高铜接触线强度的常规手段。

基于以上原因,目前普遍应用的提高接触线强度的方法是合金法。

实践表明,在纯铜中加合金元素不仅可以提高接触线的机械强度,还可以使接触线的热强度和耐高温软化性能得到改善。银(0.1％)、锡(0.35％)、镁(0.5％)的合金添加剂能有效改善铜线的机械和热性能,这些性能对高速铁路来说至关重要。但在铜基体中嵌入溶质原子会引起大量的晶格畸变,使电子散射,从而导致铜合金接触线的导电率降低,这与接触线必须具备良好的导电性能相违背,因此,合金元素及其加入量是有限的。

在铜(Cu)、铜银(CuAg)、铜锡(CuSn)、铜镁(CuMg)几种材质的接触线中,抗拉强度依次升高,但导电率却依次下降。

纯铜线具有最好的导电性能和耐腐性能,是最理想的导电材料,但其抗拉强度和高温软化特性不能适应高速受流的要求,较适用于普速及城市轨道交通的接触线材料。

银是既可以提高铜接触线的耐软化性能又对铜导电率影响最小的元素,但对提高常温下的机械强度效果不明显,因此,铜银接触线属于一般强度耐热型铜合金接触线,较适用于普速及城市轨道交通的接触线材料。

与铜银合金接触线相比,铜锡合金接触线的抗拉强度更高,耐磨耗性能更好,导电性能适中。因此,铜锡合金接触线逐步成为提速电气化铁路上铜银合金接触线的替代品,在部分客运专线上也有应用。

铜镁合金接触线的强度高达 500 MPa,耐软化性能非常优秀,能满足列车高速行驶对接触线的要求,但铜镁合金接触线的导电率只有 62％IACS。另外,镁是一种活泼易燃元素,合金冶炼过程中只能以镁的化合物加入铜液中,如何控制镁的烧损以及消除其他元素对接触线性能的不利影响,保证镁在接触线中的成分均匀是铜镁合金接触线的生产关键,因此,铜镁合金接触线难以熔炼和铸造,对生产技术和设备的要求较高。

铜及铜合金接触线的成型过程如图 2-3-4 所示,其横断面为带燕尾槽的圆,如图 2-3-5 所示。燕尾槽是为安装线夹特别设计的,其角度误差在 ±1° 以内。安装接触线时,一定要选用与接触线型号匹配的线夹,否则,会因此引发相应的机械或电气事故。

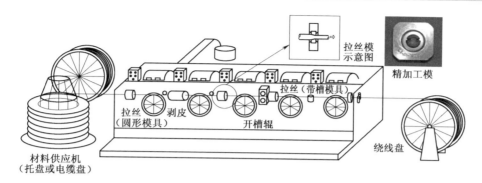

图 2-3-4　铜系接触线成型流程示意图

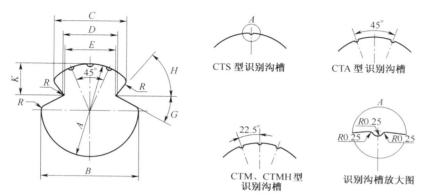

图 2-3-5　铜系接触线横断面尺寸及识别沟槽示意图(单位:mm)

铜及铜合金接触线的基本参数如表 2-3-1～表 2-3-3 所示。

表 2-3-1　圆形铜接触线规格表

标称截面(mm²)	计算截面(mm²)	标称直径及偏差		单位质量(kg/km)
		标称直径(mm)	偏差(mm)	
50	50.2	8.0	±0.06	449
65	63.6	9.0	±0.06	568
85	86.6	10.50	±0.06	773
100	100.3	11.30	±0.06	895
110	113.1	12.00	±0.06	1 009

表 2-3-2　双沟型铜及铜合金接触线规格表

标称截面积(mm²)	计算截面积(mm²)	尺寸及公差(mm)							角度及偏差(°)		单位质量(kg/km)
		A ±1%	B ±2%	C ±2%	D -2% +4%	E	K	R	G ±1	H ±1	
65	65	9.30	10.19	8.05	5.70	5.32	2.15	0.60	35	50	582
85	85	10.80	11.76	8.05	5.70	5.32	2.90	0.60	35	50	763
85(T)	86	10.80	10.76	9.40	7.24	6.80	4.60	0.40	27	51	769
100	100	11.80	12.81	8.05	5.70	5.32	3.40	0.60	35	50	890

续上表

标称截面积(mm²)	计算截面积(mm²)	尺寸及公差(mm)							角度及偏差(°)		单位质量(kg/km)
		A	B	C	D	E	K	R	G	H	
		±1%	±2%	±2%	−2%+4%				±1		
110	111	12.34	12.34	9.73	7.24	6.80	4.47	0.40	27	51	990
120	121	12.90	12.90	9.76	7.24	6.80	4.35	0.40	27	51	1 080
150	151	14.40	14.40	9.71	7.24	6.80	4.00	0.40	27	51	1 350
备注	截面积允许偏差为计算截面积的±3%										

表 2-3-3 双沟型铜及铜合金接触线机械性能表

型号	最小拉断力(kN)	高温残存拉断力(最小 kN)	最小伸长率%	扭转至断开圈数(最小圈数)	反复弯曲至断开	
					弯曲半径(mm)	最少次数
CTY50	18.80	—	2.2	9	20	6
CTY65	23.21	—	2.4	9	20	6
CTY85	30.48	—	2.6	9	20	6
CTY100	34.50	—	3.0	9	20	6
CTY110	37.60	—	3.8	9	20	6
CT65	24.20	—	3.0	5	30	6
CT85	29.75	—	3.0	5	30	6
CT85(T)	32.25	—	3.0	5	30	6
CT100	34.61	—	3.0	5	30	6
CT110	39.96	—	3.0	5	30	6
CT120	43.56	—	3.0	5	30	6
CT150	54.36	—	3.0	5	30	6
CTA85	32.25	28.25	3.0	5	30	6
CTA110	39.96	34.96	3.0	5	30	6
CTA120	43.56	38.12	3.0	5	30	6
CTA150	54.36	47.56	3.0	5	30	6
CTM110	48.84	43.96	3.0	5	30	6
CTM120	52.03	46.83	3.0	5	30	6
CTM150	63.42	57.08	3.0	5	30	6
CTMH110	55.50	49.95	3.0	5	30	6
CTMH120	59.29	53.36	3.0	5	30	6
CTMH150	70.97	63.87	3.0	5	30	6
CTS110	47.73	42.96	3.0	5	30	6
CTS120	50.82	45.74	3.0	5	30	6
CTS150	63.42	57.08	3.0	5	30	6

注:表中 CTY 表示圆形铜接触线;CT 表示双沟型铜接触线;CTA 表示铜银合金接触线;CTM 表示铜镁合金接触线;CTMH 表示高强度铜镁合金接触线;CTS 表示铜锡合金接触线。

(2)复合金属接触线

复合接触线的材料主要有铝包钢和铜包钢两类。

铝包钢接触线又称钢芯铝合金接触线,其芯材使用抗拉力与耐磨耗性高的钢,周围使用质量轻、有导电性的铝复合材料。受制于铝的导电能力,接触线的横截面积一般较大。

基于提高导电率的考虑,又开发了铜包钢接触线。铜包钢接触线也称铜覆钢接触线,其芯材使用抗拉力与耐磨耗性高的钢,周围使用耐蚀性和导电性较好的铜。因为采用钢材料可以提高接触线的张力,提高接触线的载流量也成为可能。其抗拉强度和导电率能分别控制在650~490 MPa 和(60%~80%)IACS。但铜包钢接触线(包括铜包钢绞线)在使用过程中一旦外部铜材损坏后,暴露在空气中的钢特别容易生锈。

(3)与接触线相关的几个重要概念

①拉出值

为使接触线与受电弓滑板的磨耗均匀,增加接触悬挂的风稳定性,接触线一般都布置成折线状。在定位点,接触线会偏离受电弓滑板中心,定位点接触线偏离受电弓滑板中心的距离在直线区段称为"之"字值,在曲线区段称为拉出值,一般通称为拉出值。

拉出值是接触网的重要几何参数,与弓网运行安全密切相关。

拉出值的大小确定应综合考虑受电弓弓头的形状和几何尺寸、线路条件、跨距大小、定位器受力、定位器坡度、列车最高运行速度、受电弓安装位置与车辆转向架心盘间的误差、车辆悬挂形式与弹簧刚度等多个因素。

中国干线电气化铁路用受电弓,直线区段拉出值一般取为 200~300 mm;曲线区段拉出值由式(2-3-1)计算确定

$$a = m + c \tag{2-3-1}$$

其中

$$c = \frac{h \cdot H}{L} \tag{2-3-2}$$

式(2-3-1)和式(2-3-2)中　　a——曲线区段拉出值(mm);

　　　　　　　　　c——受电弓滑板中心对线路中心的偏移值(mm);

　　　　　　　　　h——曲线外轨超高值(mm);

　　　　　　　　　H——测量点接触线高度(mm);

　　　　　　　　　L——测量点的轨距(mm);

　　　　　　　　　m——定位点在轨平面内的投影与线路中心线的距离(mm)。

当定位点的投影位于线路中心线与曲线外轨之间时,m 取正值;当定位点的投影位于线路中心与曲线内轨之间时,m 取负值。

②接触线标称高度

接触线标称高度是指定位点处接触线工作面至轨面的垂直距离,简称导高。导高取决于受电弓的安装高度、有效工作范围、动态最大抬升量、运输货物限界、隧道及建筑物限界、最小绝缘间隙等因素,详见第四章第二节。

③接触线坡度及坡度变化率

接触线坡度是指两相邻定位点的接触线高度差与该两点间的距离(跨距)的比值,一般用‰表示。坡度变化率是相邻几跨接触线坡度的变化情况,也用‰表示。接触线坡度及其变化率是影响受电弓高速运行平稳性的重要因素之一,速度越高,接触线坡度及其变化率就越小。

④接触线磨耗

接触线在服役过程中表面产生磨损和腐蚀的现象称作接触线磨耗。引起接触线磨耗的原因有:受电弓滑板的机械摩擦、接触线与滑板间的电气侵蚀、空气中的化学腐蚀等。

接触线磨耗关系到接触网的机械安全和载流量,是决定接触线使用寿命的重要因素之一(另一个重要因素是接触线的疲劳破坏)。

接触线残存高度和磨耗面积之间的对应关系与接触线横断面形状有关,对于横断面为圆的铜系接触线(图 2-3-6),磨耗面积 S 与残存高度 h 之间存在以下关系

$$S=\pi \cdot R^2 \cdot \frac{\theta}{180} - [R-(A-h)] \cdot R\sin\theta \quad (2\text{-}3\text{-}3)$$

其中

$$\theta = \arccos\left(1 - \frac{A-h}{R}\right) \quad (2\text{-}3\text{-}4)$$

式中 S——接触线磨损部分面积(mm^2),如图 2-3-6 中的阴影部分;

R——接触线横截面的圆半径(mm);

A——新接触线厚度(mm);

h——接触线残存厚度(mm)。

⑤接触线的高温软化特性

接触线高温软化特性是指接触线(含载流承力索)在电流、太阳光、地面辐射热等作用下温度升高而硬度及抗拉强度下降的特性,如图 2-3-7 所示。

在高速接触网中,接触线要承载高达 1 000 A 以上的牵引电流。电流产生的焦耳热和空间环境辐射热会使导线发热,并引起导线晶体结构的异化,机械强度下降。另外,电气损耗、机械磨损、机械振动、化学腐蚀也会使接触线的机电性能下降。如何使接触线同时具备良好的导电性、抗拉性、抗疲劳性、耐磨性、高温软化特性,是高速弓网受流理论研究和工程应用面临的一个难题。

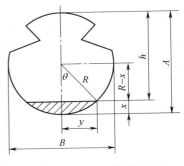

图 2-3-6   铜系接触线横断面
磨耗示意

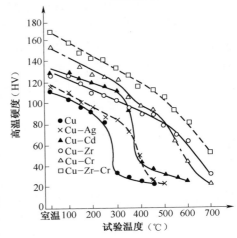

图 2-3-7   高强度铜合金的高温硬度特性

2. 承力索

在链型悬挂中,承力索通过吊弦将接触线悬挂起来,承受接触线的垂直负载和附加负载,载流承力索还兼有与接触线并联供电、降低牵引网阻抗的作用。因此,承力索应具有良好的机械特性和电气特性,并具有较强的抗腐蚀能力。

承力索均为金属绞线,种类较多,主要有铜绞线、铜合金绞线、热镀锌钢绞线、铝包钢绞线、铝芯钢绞线等。

铜合金绞线具有较好的机电特性和抗腐蚀能力,在新建接触网和高速接触网中得到广泛应用,其型号规格及机电参数如表 2-3-4 所示。

表 2-3-4   常用铜合金绞线规格性能表

型号	截面积(标称/计算)(mm^2)	股数/单根直径(mm)	计算外径(mm)	20 ℃直流电阻不大于(Ω/km)	单位质量(kg/km)	载流量不小于(A)	拉断力不小于(kN)
JTM	70/65.81	19/2.10	10.5	0.346	599	245	32.51
JTM	95/93.27	19/2.50	12.5	0.244	849	305	46.08
JTM	120/116.99	19/2.80	14.0	0.195	1 065	350	57.79
JTM	150/147.11	37/2.25	15.8	0.155	1 342	410	72.67

续上表

型号	截面积（标称/计算）（mm²)	股数/单根直径（mm)	计算外径（mm)	20 ℃直流电阻不大于（Ω/km)	单位质量（kg/km)	载流量不小于(A)	拉断力不小于(kN)
JTMH	70/65.81	19/2.10	10.5	0.430	599	—	38.64
JTMH	95/93.27	19/2.50	12.5	0.303	849	—	54.76
JTMH	120/116.99	19/2.80	14.0	0.242	1 065	—	67.57
JTMH	150/147.11	37/2.25	15.8	0.193	1 342	—	86.37

注：表中 JTM 表示铜镁合金绞线；JTMH 表示高强度铜镁合金绞线。

热镀锌钢绞线具有机械强度高、安装弛度变化小、造价低的优点，但导电性能较差，常用为非载流承力索。另外，耐腐性也差、易生锈，要定期（3~4 年）涂防腐油。接触网常用镀锌钢绞线的型号规格如表 2-3-5 所示。

表 2-3-5　镀锌钢绞线参数表

型号	标称截面（mm²)	股数	钢绞线外径（mm)	实际截面（mm²)	单位自重（kN/m×10⁻²)	标准抗拉强度不小于(MPa)				
						1 100	1 250	1 400	1 550	1 700
						破坏拉力不小于(kN)				
GJ-10	10	7	4.2	10.77	0.923	11.80		15.0	16.6	18.30
GJ-30	30	7	7.2	31.34	0.270 9	34.80		44.3	49.0	53.80
GJ-40	40	19	8.0	38.18	0.325 3					
GJ-50	50	7	9.0	49.49	0.423 7	54.40		69.2	76.6	
GJ-50	50	19	9.0	48.32	0.411 1	53.10	60.4	67.6	74.8	82.10
GJ-70	70	19	11.0	72.20	0.615 0	79.40	90.3	101.0	111.0	122.5
GJ-100	100	19	13.0	100.8	0.859 4	110.50	126.0	141.00	156.00	171.00

铝包钢承力索由铝覆钢线和铝绞线铰合而成，钢芯部分承受张力，覆铝层和铝线载流，导电性能比钢承力索好些，机械强度和抗腐蚀性能也要好些。但在使用过程中应注意安装线夹与承力索之间异种金属的腐蚀问题，应在线夹和承力索之间涂电力脂。

承力索的选型与补偿张力大小、是否载流、绞线材质和抗拉强度等技术条件有关。

承力索不得出现松股和断股现象。当承力索出现局部磨损或损伤不能满足机械安全要求时，可增加补强线或切除损伤部分重新接续。当钢芯铝绞线或铝包钢承力索出现钢芯断股时，必须切断重新接续，但在一个锚段内不允许有两个以上承力索接头。当载流承力索磨损或损伤后不能满足设计所允许通过的最大电流时，若系局部磨损或损伤可增加电气补强线进行加强，若系普遍性磨损或损伤则应全部更换。

3. 吊弦

吊弦是接触悬挂的重要部件，它将接触线吊挂在承力索上，将接触线的自重以及附加负载传递到承力索上。

吊弦的长度和安装姿态对高速受流质量有较大影响，相邻吊弦的接触线高度相差不宜超过 10 mm，吊弦的长度误差也要控制在 2 mm 以内。平均温度时，吊弦应垂直于承力索和接触线；在最低（最高）设计温度条件下，吊弦顺线路方向的最大倾斜度不得大于 18°。

（1）吊弦的种类

根据吊弦的结构形式，吊弦可分为环节吊弦和整体吊弦；根据吊弦线夹与承力索之间能否相对移动，吊弦可分为固定吊弦和滑动吊弦；根据吊弦的用途，吊弦可分为跨中吊弦、定位吊弦、弹性吊弦、软横跨吊弦、隧道内吊弦和防风吊弦等几类。

①环节吊弦

环节吊弦由 $\phi4$ mm 的镀锌铁丝手工制作，为增加吊弦安装点的悬挂弹性，应不少于两节，节与节之间通过环孔相连，环孔直径在 $\phi20\sim\phi40$ mm。环节收口处的尾线应缠紧主线。与接触线吊弦线夹相连的一头穿过吊弦线夹后多余的回头部分应拧成数字 8 形状，如图 2-3-8 所示。环节吊弦的优点是制作方便，价格较低，缺点是长度不能精确控制，易烧损、易生锈。现已被整体吊弦所取代。

②整体吊弦

整体吊弦的结构形式如图 2-3-9 所示，由接触线吊弦线夹、承力索吊弦线夹、心形环、压接管、铜合金软绞线组成。用于制作吊弦的铜合金软绞线有 10 mm²、12 mm²、16 mm²、25 mm² 和 35 mm² 五种不同规格。

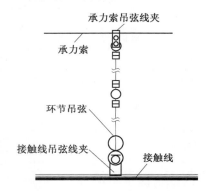

图 2-3-8　普通环节吊弦示意图

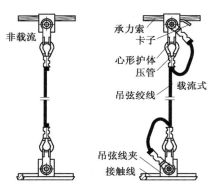

图 2-3-9　整体吊弦示意图

整体吊弦有载流和非载流两类。载流吊弦的承力索吊弦线夹由铜合金制作，吊弦成为承力索和接触线的电气并联线，允许小电流（10 A 以下）从吊弦上通过；非载流吊弦的承力索线夹采用尼龙等绝缘材料制作，不允许有电流通过。

与普通环节吊弦相比，整体吊弦具有明显的优点：吊弦与线夹为冷压连接工艺，持续可靠，工艺简单，机械强度高；避免了环节吊弦产生的磨耗和电烧蚀，耐腐蚀、寿命长；便于精确控制长度，精确调节接触线高度和弛度；便于机械化批量生产，减少现场作业。

③软横跨直吊弦和斜吊弦

软横跨直吊弦安设在横向承力索与上部固定绳之间，位于纵向承力索的正上方并保持垂直，一般采用不锈钢软绞线制作，其最短长度不小于 400 mm。软横跨斜吊弦安装在上下部固定绳之间，上端与直吊弦连接，下端与安装在下部固定绳上的定位环连接，其材质和型号与直吊弦相同。如果采用限位定位器，则用调节立杆代替斜吊弦，如图 2-3-10 所示。

（2）吊弦安装间距与偏移计算

①吊弦安装间距计算

吊弦的安装间距一方面取决于吊弦的布置要求，另一方面还应考虑接触线断线时应能碰触到钢轨（或大地），以使变电所保护装置动作。

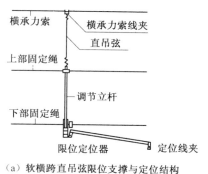
（a）软横跨直吊弦限位支撑与定位结构

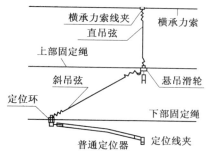
（b）软横跨斜吊弦非限位支撑与定位结构

图 2-3-10　软横跨直吊弦和斜吊弦示意图

吊弦间距的布置形式有等距、对数、正弦、线性、指数等多种形式。图 2-3-11 所示为等距布置。

等距分布在实际工程中应用最多，其吊弦间距为

$$x_0 = \frac{l-2e}{k-1} \qquad (2\text{-}3\text{-}5)$$

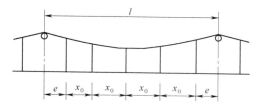

图 2-3-11　吊弦在跨距中的布置图

式中　x_0——吊弦间距（m）；

　　e——支柱定位吊弦距定位点的距离（m）；

　　l——跨距长度（m）；

　　k——一跨内的吊弦根数。

②吊弦偏移计算

当温度高于或低于平均温度时，吊弦会产生偏斜现象，其偏移量与悬挂的类型和线索材质有关。

对于半补偿链型悬挂，一般认为承力索不发生移位，吊弦偏移量与锚段长度和接触线的线胀系数有关，吊弦偏移量

$$S = L\alpha_j(t_x - t_p) \qquad (2\text{-}3\text{-}6)$$

对于全补偿链型悬挂，当采用同材质的承力索和接触线时，吊弦偏移量可忽略不计；当承力索和接触线的线胀系数不一致时，吊弦偏移量

$$S = L(\alpha_j - \alpha_c)(t_x - t_p) \qquad (2\text{-}3\text{-}7)$$

式（2-3-6）和式（2-3-7）中　S——吊弦偏移值（mm）；

　　　　L——吊弦距中心锚结的距离（m）；

　　　　α_j——接触线线胀系数（m/℃）；

　　　　α_c——承力索线胀系数（m/℃）；

　　　　t_x——安装时温度（℃）；

　　　　t_p——设计平均温度（℃）。

三、接触悬挂的动态特性

弓网振动以横波的方式沿接触线向受电弓前、后两方向传播，该波传播的速度称为接触线

波动传播速度,通常用 C_p 表示

$$C_p = 3.6\sqrt{\frac{T_j}{m_j}} \tag{2-3-9}$$

式中　C_p——接触线波动传播速度(km/h);

　　　T_j——接触线张力(N);

　　　m_j——接触线单位长度自重(kg/m)。

接触线波动传播速度是选择接触线及其补偿张力大小的重要依据。通常情况下,列车的运行速度不宜大于接触线波动传播速度的70%。

为表明波动传播速度与列车运行速度之间的内在联系引入了无量纲系数

$$\beta = \frac{v}{C_p} \tag{2-3-10}$$

无量纲系数 β 表明了列车运行速度与接触线波动速度的接近程度,v 与 C_p 越接近,β 值越大,接触线在受电弓作用下的抬升量也就越大;相反,v 与 C_p 相差越大,β 值越小,接触线在受电弓作用下的抬升量也就越小,如图 2-3-12 所示。不同 β 值时的接触线波动情况如图 2-3-13 所示。

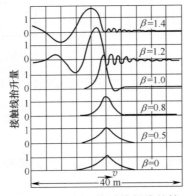

图 2-3-12　不同 β 值时接触线的抬升

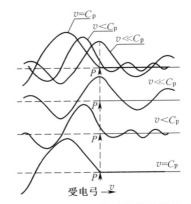

图 2-3-13　不同 β 值时的接触线波动

弓网系统的振动波在传播过程中遇到吊弦、定位器等非均质点时会被反射,反射波向受电弓传播,并在受电弓处引起新的反射,这种反射可用反射系数 r 来表示。

$$r = \frac{\sqrt{T_c m_c}}{\sqrt{T_c m_c} + \sqrt{T_j m_j}} \tag{2-3-11}$$

式中　T_c——承力索张力(N);

　　　m_c——承力索单位长度自重(kg/m)。

由此可见,在接触线和承力索线材一定的条件下,反射系数受制于承力索和接触线的补偿张力,承力索的补偿张力越大,接触悬挂的反射系数也就越大。

非均质点反射回来的能量是增加或是减少取决于弓网相互作用的特性。高速运行的受电弓会把增加的能量带到接触悬挂上,这种入射的振动波如果与反射回来的振动波同相位,则接触悬挂的振动就会增加,增加与减弱的程度通常用放大系数 γ 表示。

$$\gamma = \frac{\gamma}{\alpha} \tag{2-3-12}$$

式中　α——多普勒系数。

$$\alpha=\frac{C_{p}-v}{C_{p}+v} \tag{2-3-13}$$

式中　　v——列车的运行速度（km/h）。

为获得较好的弓网系统动态性能，通常使放大系数 $\gamma \leqslant 2.0$。

在每列车有多架受电弓同时工作的情况下，后面的受电弓总是沿着前面受电弓引起的振荡部分运行，弓网接触的条件会差一些。

四、悬挂弹性及其对弓网受流的影响

弹性是指作用于物体的外力消失后，物体恢复原状的特性。在接触网中，弹性是指在受电弓抬升力作用下接触线所产生的抬升量，表示为

$$e_{x}=\frac{\Delta h}{F} \tag{2-3-14}$$

式中　e_{x}——接触悬挂弹性（mm/N）；

　　　Δh——在受电弓抬升力作用下，接触线产生的抬升量（mm）；

　　　F——受电弓作用于接触线上的抬升力（N）。

由定义式可以看出，悬挂弹性与接触力和悬挂抬升量有关。接触力（见第四章）和抬升量是弓网系统的两个重要技术指标。抬升量与弓网运行安全和接触线寿命有关，抬升量过大，势必引起接触网振动加剧，影响受电弓对接触线的跟随，使弓网系统的离线率增加；抬升量过大会使受电弓碰触到定位装置或其他接触网零件，引发弓网事故；抬升量过大，会使接触线产生较大弯曲应力，缩短接触线的寿命，因此，对接触悬挂的抬升应加以限制，弓网系统设计时一般通过系统仿真确定该值。

以相同的抬升力作用于接触线时，定位点的抬升量和跨中的抬升量是不相同的，吊弦处的抬升量和两吊弦间的抬升量也是不相同的，也就是说，接触悬挂的弹性是不均匀的，可用弹性差异系数来反映这种不均匀性。弹性差异过大，会使受电弓产生一个附加的上下方向的振动惯性，影响弓网接触力和受流稳定性。综上所述，接触悬挂应有较小而且均匀的弹性。

图 2-3-14 是几种典型接触悬挂的弹性值，它充分反映了上述观点。由图 2-3-14 可知：运行速度越高，接触悬挂的弹性越小，弹性差异越小（在一个合理的范围内），如 Re330 的跨中弹性只有 0.4 mm/N，跨中弹性和定位点弹性差异不到 0.1 mm/N；而 Re100 的跨中弹性达 1.2 mm/N，跨中弹性和定位点弹性差异达 0.8 mm/N。

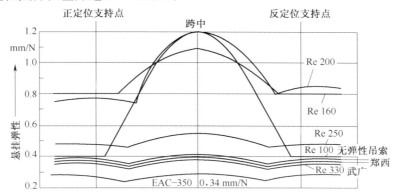

图 2-3-14　典型接触悬挂的弹性值

第四节　锚段和锚段关节

为满足接触网在电气和机械两方面的技术要求,必须按一定规律将接触网划分成若干一定长度且相互独立的段落,这样的段落称作锚段,如图 2-4-1 所示。

锚段与锚段之间的衔接部分称作锚段关节,如图 2-4-1 中的阴影部分所示。根据锚段关节所占用的跨距数,可分为三跨、四跨、五跨锚段关节;根据锚段与锚段之间的电气关系,可分为绝缘锚段关节和非绝缘锚段关节。绝缘锚段关节两组悬挂间的间距必须满足电气绝缘要求,且在锚段关节的开口端安装有隔离开关,而非绝缘锚段关节两组悬挂间的间距应满足悬挂相对移动的空间要求,无隔离开关。

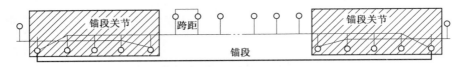

图 2-4-1　跨距、锚段、锚段关节示意图

一、交流 25 kV 接触网的锚段关节

1. 三跨非绝缘锚段关节

三跨非绝缘锚段关节的结构如图 2-4-2 所示。在两转换柱之间,两接触线在水平面上的投影平行,相距 200 mm;在垂直面内的投影的交点应在跨距中心;转换柱处,非工作支比工作支抬高 300 mm;下锚柱处,非工作支比工作支抬高 500 mm;转换柱处,下锚支偏离原方向的水平角不得大于 6°,困难时不大于 10°;在转换柱与下锚柱间距转换柱 10 m 处安设一组电连接。

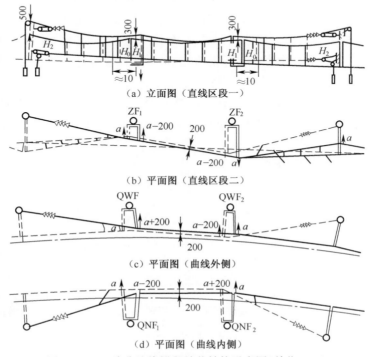

(a) 立面图（直线区段一）

(b) 平面图（直线区段二）

(c) 平面图（曲线外侧）

(d) 平面图（曲线内侧）

图 2-4-2　三跨非绝缘锚段关节结构示意图(单位:mm)

2. 四跨绝缘锚段关节

四跨绝缘锚段关节如图 2-4-3 所示。在两转换柱间，两接触线在水平面内的投影平行，相距 450 mm；转换柱处，两组悬挂的垂直距离应保持在 400～500 mm（悬式绝缘子分段时）或 350～400 mm（直径不大于 150 mm 的绝缘杆件分段时），非工作支接触线的分段绝缘子或绝缘杆的下裙边应高于工作支接触线 200 mm 以上；中心柱两定位点的连线应与轨平面平行，导高约高于标准导高 40～80 mm，允许误差－20 mm；曲线区段，中心柱两定位点对于水平面的相对高差

$$A = \frac{h \cdot X}{L} \qquad (2\text{-}4\text{-}1)$$

式中　X——中心柱处两支导线间的水平距离（mm）；

　　　L——轨距（mm）；

　　　h——外轨超高（mm）。

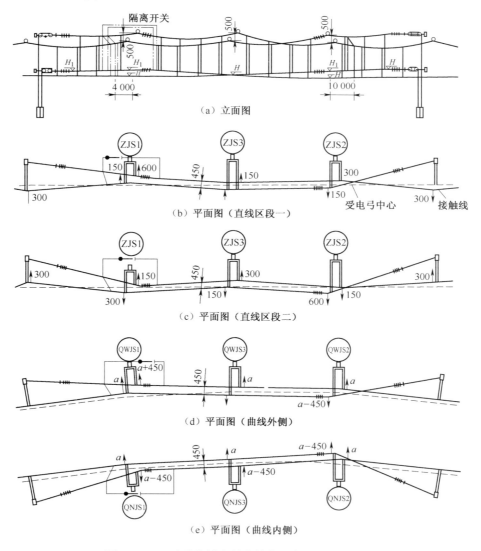

图 2-4-3　四跨绝缘锚段关节结构示意图（单位：mm）

下锚柱处,绝缘子串距定位滑轮中心的距离不得小于 800 mm;下锚支承力索在两转换柱内侧各加设一串悬式绝缘子(一般为 4 片),并在锚柱与转换柱间距转换柱 10 m 处用电连接将锚段最后一跨的线索与相邻锚段线索连接;正线下锚支的偏角不大于 4°,困难时不大于 6°;站线的偏角不大于 6°,困难时不大于 8°。在锚段关节开口方向的转换柱上安装隔离开关,两个锚段的电气连接需经隔离开关进行控制,严禁带负荷操作隔离开关(负荷隔离开关除外)。

在四跨非绝缘锚段关节中,两转换柱间的两组悬挂在水平面内的投影平行,相距200 mm,允许误差±20 mm;在转换柱和锚柱间,距转换柱 10 m 处各安装一组电连接;不安装隔离开关;其他技术条件与四跨绝缘锚段关节相同。

3. 五跨绝缘锚段关节

五跨绝缘锚段关节的结构如图 2-4-4 所示。各转换柱间,两接触线在水平面内的投影平行,相距 450 mm;在转换柱 ZJS1 和 ZJS2 处,两组悬挂的垂直距离应保持在 500 mm 以上,非工作支接触线的分段绝缘子或绝缘杆的下裙边应高于工作支接触线 150 mm 以上;在转换柱 ZJS3 和 ZJS4 处,非工作支接触线高于工作支接触线 150 mm,非工作支承力索高出工作支承力索 500 mm;曲线区段,两导线对于水平面的相对高差应由式(2-4-1)计算确定;两工作支的

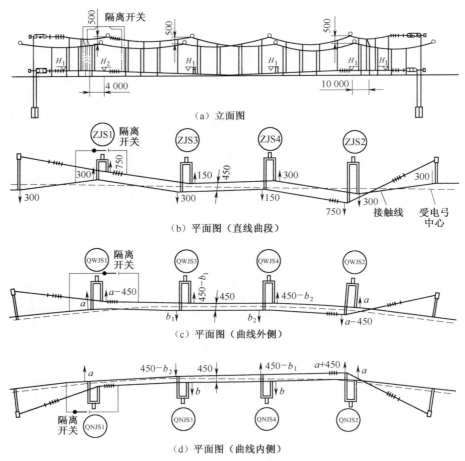

(a) 立面图

(b) 平面图 (直线曲段)

(c) 平面图 (曲线外侧)

(d) 平面图 (曲线内侧)

图 2-4-4   五跨绝缘锚段关节平面布置示意图(单位:mm)

等高点应位于中心跨的中点，接触线在等高点的高度约高于标称导高 40 mm 左右；下锚柱处，绝缘子串距定位滑轮中心的距离不得小于 800 mm；下锚支接触线应高于工作支接触线 500 mm 以上；在转换柱 ZJS1 和 ZJS2 内侧，非工作支承力索和接触线各加设一硅橡胶棒式绝缘子；下锚柱处加装一组悬式绝缘子串；在锚段关节开口端，转换柱 ZJS1 上安装隔离开关，其内外侧 4 m 处各加装两组电连接；在锚段关节闭口端，转换柱 ZJS2 外侧 10 m 处加装一组电连接；正线下锚支偏角不大于 4°，困难时不大于 6°；站线下锚支偏角不大于 6°，困难时不大于 8°；直线区段，工作支拉出值设计为 300 mm；非工作支的拉出值分别为 150 mm 和 750 mm；曲线区段拉出值应经计算确定。在五跨锚段关节中，应特别关注 ZJS3 和 ZJS4 两转换柱的定位器的受力情况。

二、直流 1 500 V 柔性接触网的锚段关节

目前，中国城市轨道交通中大多采用 DC 1 500 V 供电制式，其柔性接触网采用得较多的是三跨和四跨锚段关节。

三跨非绝缘锚段关节的平面布置如图 2-4-5 所示。

（1）三跨非绝缘锚段关节技术条件如下：

①在两转换柱之间，接触线水平投影平行，线间距为 200 mm；垂直面内投影交点应在跨距中心；

②在转换柱处，非工作支比工作支高 200 mm；锚柱处，非工作支比工作支高 300 mm；

③转换柱处，下锚支偏离原方向的水平角不得大于 6°，困难时不大于 12°；

④在转换柱与下锚柱间，距转换柱 10 m 处安设一组电连接线。

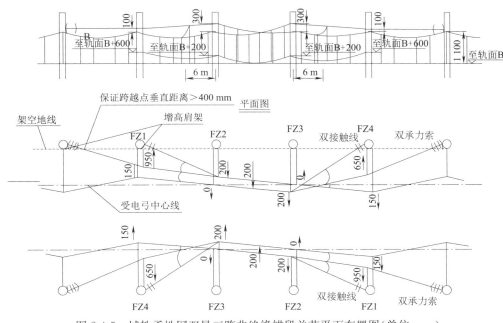

图 2-4-5　城轨柔性网双导三跨非绝缘锚段关节平面布置图（单位：mm）

（2）四跨绝缘锚段关节的技术条件如下：

①在两转换柱之间，接触线水平投影平行，线间距为 300 mm；

②在转换柱处,两组悬挂的垂直距离应保持 300~350 mm,非工作支接触线的分段绝缘子或绝缘杆的下裙边应高于工作支接触线,200 mm 以上;

③中心柱处,两接触线等高。

④下锚柱处,绝缘子串距定位滑轮中心的距离不得小于 800 mm;

⑤非工作支接触线和下锚支承力索在两转换柱内侧各加设一串悬式绝缘子(一般为 4 片),并在锚柱与转换柱间距转换柱 6 m 处用电连接将锚段最后一跨的线索与相邻锚段线索连接起来;

⑥接触线改变方向时,其偏角一般不大于 6°,困难时不大于 12°;

⑦两个锚段在电路上的连接,需经隔离开关进行控制,严禁隔离开关带负荷打开。

第五节　张力补偿装置及接触悬挂张力配置

张力补偿装置是接触网的重要机械装置,用于调节因天气变化所引起的线索张力和弛度变化,使线索张力和弛度保持在一定技术范围内;对于高速接触网,补偿张力还承载改善悬挂动态特性的功能;张力补偿装置的性能好坏直接影响着接触悬挂的机械状态,对弓网受流具有重要意义。

一、补偿装置

张力补偿装置有滑轮补偿装置、棘轮补偿装置、鼓轮补偿装置、弹簧补偿装置等。

1. 滑轮补偿装置

滑轮补偿装置由铝合金滑轮组、不锈钢绳、坠砣、坠砣杆及其连接零件组成,如图 2-5-1 所示。

滑轮是滑轮补偿装置的核心设备,由铝合金铸造而成,传动效率应在 98% 以上。滑轮组由定滑轮和动滑轮组成,其数量取决于补偿张力的大小。

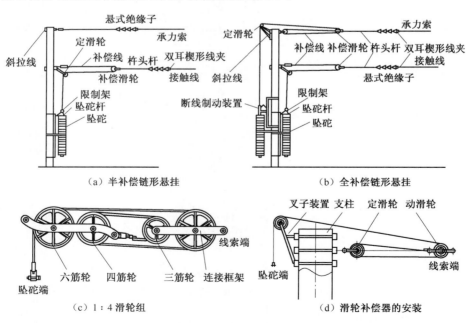

图 2-5-1　滑轮补偿装置的组成及其在支柱上的装配示意图

坠砣由混凝土或铸铁制成，呈开口圆饼状，每块重 25 kg（误差应小于±2%）。

坠砣杆由直径 16 mm 的圆钢加工制成，上端做成单孔耳环，底部焊有托板，为防止生锈，表面需进行热浸镀锌处理。

安放坠砣时，坠砣块开口相互错开 180°整齐叠码，并自上而下按块编号，标明质量；坠砣串应能上下自由伸缩，无卡滞现象。

滑轮补偿装置结构简单、安装方便，但体积偏大，需要较大的安装空间。另外，当补偿绳与滑轮轴心不垂直时会产生偏磨现象。

为保证在设计温度范围内坠砣串能上下自由移动，在最低设计温度时坠砣杆耳环不触及滑轮边缘，在最高设计温度时坠砣托板不触及地面，应根据锚段长度（安装了中心锚结的为半锚段长度）计算和绘制出补偿坠砣串位置随温度变化的曲线，该曲线称为补偿安装曲线又称下锚安装曲线，计算式为

$$a_x = a_{\min} + \theta nL + nL\alpha(t_x - t_{\min}) \tag{2-5-1}$$
$$b_x = b_{\min} + \theta nL + nL\alpha(t_{\max} - t_x) \tag{2-5-2}$$

式中　a_x——坠砣杆耳环中心至补偿滑轮下边沿的距离（m）；

　　　b_x——坠砣托板底部与地面间的距离（m）；

　　　$a_{\min}$——坠砣杆耳环中心至补偿滑轮下边沿的最小允许距离，一般取 0.2～0.3 m；

　　　$b_{\min}$——坠砣托板底部与地面间的最小允许距离，一般取 0.2～0.3 m；

　　　θ——新线延伸率，如表 2-5-1 所示；

　　　L——半锚段长度（中心锚结到补偿装置之间的距离）（m）；

　　　α——线胀系数（10^{-6}/℃），如表 2-5-1 所示；

　　　n——补偿滑轮传动比；

　　　$t_{\max}$——最高计算温度（℃）；

　　　t_x——安装时大气温度（℃）；

　　　$t_{\min}$——最低计算温度（℃）。

表 2-5-1 为接触网常用导线的新线延伸率和线胀系数参考表。

表 2-5-1　接触网常用导线的新线延伸率和线胀系数参考表

序　　　号	导线类型	新线延伸率	线胀系数（10^{-6}/℃）
1	镀锌钢绞线承力索	1×10^{-4}	—
2	镀铝锌钢绞线承力索	1×10^{-4}	—
3	钢芯铝绞线承力索	3×10^{-4}	18.8
4	铜及铜合金绞线承力索	$(4\sim7)\times10^{-4}$	17
5	铜及铜合金接触线	$(4\sim7)\times10^{-4}$	17

根据式（2-5-2）和相关参数，可作出补偿安装曲线，如图 2-5-2 所示。

2. 棘轮补偿装置

棘轮补偿装置由棘轮本体、框架、制动卡块、补偿绳、补偿坠砣等组成。棘轮和工作轮共为一体，占用空间少，如图 2-5-3 所示。图 2-5-3 中右下部是棘轮补偿安装曲线，横坐标 300～800 m 为中心锚结到补偿器的距离，左侧纵向数据是补偿坠砣对应于相应温度的安装高度，右侧纵向数据为接触线或承力索的实际温度。棘轮本体大轮直径 566 mm，小轮直径 170 mm，传动比为 1∶3，补偿绳为浸沥青复合材料钢丝绳，工作荷重有 30 kN 和 36 kN 两种。在工作

状态下,棘齿与制动块之间有一定间隙,棘轮可自由转动;当接触网断线后,棘轮和坠砣在重力
作用下下落,棘轮卡在制动卡块上,能有效防止坠砣下落、缩小事故范围。

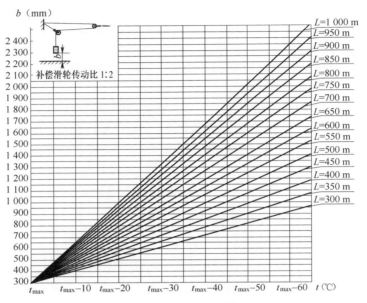

图 2-5-2　接触线补偿器 b 值安装曲线示意图
(注:此图仅为示意图,在实际工程中,应根据具体线索计算和绘制该图)

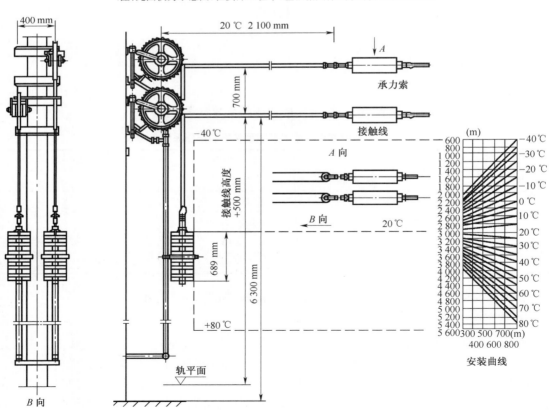

图 2-5-3　棘轮补偿装置及其安装曲线图

3. 鼓轮并联补偿装置

鼓轮并联补偿装置的核心部件为带滑轮的鼓轮,滑轮直径是鼓轮直径的 4 倍,鼓轮直径在 126～137 mm 间变化,形成一个由中间向两端缩小的锥度,如图 2-5-4 所示。

图 2-5-4 中 A、B 向标示出了鼓轮的几何尺寸。滑轮外廓曲线为阿基米德曲线,半径由 263 mm 逐渐增大至 269～275 mm,平均每 30° 增大 1 mm,补偿绳在滑轮沟槽内转动。由于采用了阿基米德螺线形滑轮沟部轮廓,当补偿鼓轮转动时,鼓轮的传动比随回转角度变化,从而使施加于线索的张力产生变化。鼓轮传动比与悬挂线索张力的关系如表 2-5-2 所示。

表 2-5-2 鼓轮传动比与悬挂线索张力的关系

悬挂线索伸缩值(mm)	回转角度(°)	鼓轮传动比	悬挂线索张力(坠砣总重 6.25 kN)
−440	−360	420 : 1	26.25
−330	−270	415 : 1	25.937 5
−220	−180	410 : 1	25.625
−110	−90	405 : 1	25.312 5
0	0	4 : 1	25.000 0
+110	+90	395 : 1	24.687 5
+220	+180	390 : 1	24.375 0
+330	+270	385 : 1	24.062 5
+440	+360	380 : 1	23.750 0

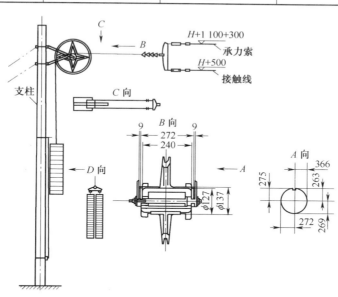

图 2-5-4 鼓轮并联补偿装置原理图(单位:mm)

鼓轮补偿是为解决无中心锚结接触悬挂的窜动问题设计的,由于采用鼓轮平衡板将接触线和承力索并行下锚,张力在接触线和承力索之间的分配由绝缘子串和平衡板之间的连接点到平衡板与接触线和承力索之间的连接点的长度比例决定,如因某种原因造成接触悬挂从左方一侧向右方一侧窜动了 110 mm,从而左方一侧鼓轮将回转 −90°,由表 2-5-2 可知,其对接触悬挂施加的张力将由 25.00 kN 增至 25.312 5 kN;而右方一侧鼓轮将回转 +90°,其对接触悬挂施加的张力将由 25.00 kN 减至 24.687 5 kN,锚段两侧补偿装置间将产生 0.625 kN 的张力差,方向向左,从而将接触悬挂拽向左方,直至两侧张力平衡,窜动被消除。

4. 弹簧补偿装置

弹簧补偿下锚装置取消了传统的坠砣结构,占用空间小、可避免风对补偿装置的影响,安装简洁、方便,具有较好的景观效果,适用于隧道和站场等空间受限的接触网下锚装置。

弹簧补偿下锚装置的最大缺点是弹簧状况不可目视,补偿弹簧一旦损伤或故障就会影响补偿效果,造成悬挂的张力和弛度变化,进而影响弓网受流质量,严重时甚至影响弓网运行安全。

弹簧补偿有弹簧补偿器和恒张力弹簧补偿装置两种形式。

弹簧补偿器由弹簧、拉杆、外壳等组成,如图 2-5-5 所示,是利用安装在装置内部的工作弹簧实现张力补偿的,该弹簧是一个具有一定初始压缩力的弹簧,当被补偿线索伸长时,弹簧被释放,工作杆收回拉紧,从而将线索伸长部分抵消;当被补偿线索收缩时,弹簧被压缩,工作杆伸出,使被补偿线索张力保持在一定范围内,主要用于软横跨上下部固定绳的补偿,主要技术参数如表 2-5-3 所示。

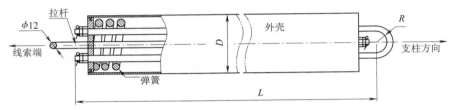

图 2-5-5 弹簧补偿器外形结构图

表 2-5-3 弹簧补偿器主要规格及基本参数表

型 号	标称张力 (kN)	额定张力(kN)	伸长范围 (mm)	适用跨距 (m)	主要外形尺寸(mm)				质量(kg)
					D	R	L_{min}	L_{max}	
RTB-3	3	0.98~2.94	0~200	小于 20	0	18	680	880	6
RTB-6	6	2.94~5.88	0~135	小于 50	0	18	860	995	11
RTB-9	9	5.88~8.82	0~135	小于 60	25	18	890	1 025	24

恒张力弹簧补偿装置用于纵向悬挂的张力补偿,由本体、补偿绳、双耳楔形线夹、平衡板、连接轴销等组成,典型安装形式和结构外形如图 2-5-6 所示,主要技术参数如表 2-5-4 所示。

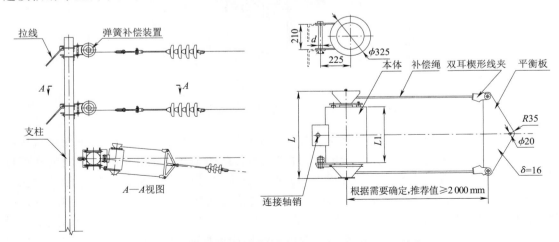

图 2-5-6 弹簧补偿装置的典型安装形式和结构外形图(单位:mm)

表 2-5-4 弹簧补偿装置主要规格及基本参数表

型 号	标称张力(kN)	额定张力(kN)	额定伸长量(kN)	主要外形尺寸(mm)			质量(kg)
				L	L1	连接销轴	
JHB085	8.5	8.33	0～1 300	510	260	φ30	92
JHB100	10	9.8	0～1 300	570	320	φ30	117
JHB120	12	11.76	0～1 300	630	370	φ30	130
JHB130	13	12.74	0～1 300	680	430	φ30	143
JHB150	15	14.7	0～1 300	740	480	φ30	157
JHB160	16	15.68	0～1 300	740	480	φ30	157
JHB170	17	16.66	0～1 300	790	540	φ30	170
JHB200	20	19.6	0～1 300	850	600	φ36	192
JHB240	24	22.52	0～1 300	960	710	φ30	220
JHB250	25	24.5	0～1 300	960	710	φ30	220

当接触网在隧道内下锚时,需加高或加宽隧道断面。高速铁路采用双线隧道,隧道净空和断面尺寸较大,在张力补偿处都没有局部加宽断面,补偿坠砣采用局部占用救援通道的设计方案,占用救援通道的宽度一般控制在 600 mm 以内(信号机占用的宽度约 600 mm,均须满足隧道专业要求的最小宽度 1 250 mm)。但对于普速线路或既有线路改造,均须加高或加宽隧道断面,此时可考虑采用弹簧补偿装置,以降低工程量。

二、接触悬挂的张力配置

接触悬挂的张力配置需考虑温度变化对接触线和承力索张力、弛度的影响,弓网受流对接触悬挂动态特性(波动传播速度、反射系数、放大系数、多普勒系数、元量纲系数)的要求,以及接触线、承力索的机械安全等因素。

依据《高速铁路设计规范》(TB 10621—2014),接触线的安全系数和最大许用应力为

$$k = F_B \times k_w / T \tag{2-5-3}$$

$$J_w = J_{min} \times 0.65 \times k_t \times k_w \times k_{ij} \times k_e \times k_c \times k_j \tag{2-5-4}$$

承力索的最大许用张力

$$J_m = F_B \times 0.65 \times k_t \times k_h \times k_{ic} \times k_e \times k_L \times k_c \tag{2-5-5}$$

式中 k——接触线安全系数;

F_B——未软化的导线的最小拉断力(kN);

k_w——接触线允许磨耗系数(一般取 0.80);

T——接触线最大许可工作张力(kN);

J_w——接触线最大许用应力(kN);

J_{min}——接触线未软化时的最小拉断力(kN);

k_t——最高温度系数(一般取为 1.00);

k_{ij}——风冰荷载系数(冰风组合时取 0.95,只有风时取 1.00);

k_e——补偿效率系数(取 0.97);

k_c——终锚线夹系数(一般取为 1.00);

k_j——焊接接头系数(一般取为 1.00);

J_m——承力索最大许用应力(kN);

k_h——风荷载系数(全补偿取 0.95,无补偿取 0.9);

k_{ic}——冰荷载系数(全补偿取 1.00,无补偿取 0.95);

k_L——垂直荷载系数(一般取 0.80)。

为了能说明接触悬挂的张力配置,下面用一个案例进行说明。

【例 2.1】 某高速铁路、动车组运行最高速度 $v_{max}=250$ km/h,接触线和承力索经电气核算,决定采用 CTMH150+JTMH120,全补偿链型悬挂,请为该接触悬挂配置合适的补偿张力,并校验该配置的动态特性,补偿装置采用传动比为 1∶3 的棘轮补偿装置。

解: 1. 确定接触线张力

根据弓网受流理论,列车最高运行速度一般控制在接触线波动传播速度的 60%~70%之间,即

$$\beta=0.6~0.7$$

因接触线波动传播速度

$$C_p=3.6\sqrt{\frac{T_j}{m_j}}$$

变换可得

$$T_j=\frac{C_p^2}{3.6^2} \cdot m_j$$

由

$$v_{max}=B \cdot C_p$$

得

$$C_p=\frac{v_{max}}{\beta}$$

因此

$$C_{p1}=\frac{v_{max}}{\beta_1} \Rightarrow C_{p1}=\frac{250}{0.6}$$

$$C_{p2}=\frac{v_{max}}{\beta_2} \Rightarrow C_{p2}=\frac{250}{0.7}$$

将 C_{p1}、C_{p2} 分别代入 T_j 计算式,可得

$$T_{j1}=\frac{C_{p1}^2}{3.6^2} \cdot m_j；T_{j2}=\frac{C_2^2}{3.6^2} \cdot m_j$$

查表 2-3-2 可知,CTMH150 接触线的单位质量为 1 350 kg/km。

即

$$m_j=1.35 \text{ kg/m},$$

由此可计算得

$$T_{j1}=18 \text{ kN}, T_{j2}=13.27 \text{ kN}$$

由于补偿坠砣每块重为 25 kg,补偿装置传动比为 1∶3,因此,补偿张力必须是 3×25 的整数倍,经计算后可列出接触线补偿张力与补偿坠砣数之间的关系,如表 2-5-5 所示。

表 2-5-5   接触线补偿张力与补偿坠砣数的对应关系

接触线补偿张力(kN)	补偿坠砣数量(块)
13.50	18
14.25	19
15.00	20
15.75	21
16.50	22
17.25	23
18.00	24

由表 2-5-5 可知,对于 250 km/h 的运营线路,接触线补偿张力一般可在 15～18 kN 之间取值。

2. 确定承力索张力

根据弓网受流理论,确定承力索的张力时需综合考虑接触悬挂的反射特性,将反射系数控制在 0.4～0.5 之间。

因接触悬挂的反射系数

$$\gamma = \frac{\sqrt{T_c m_c}}{\sqrt{T_c m_c} + \sqrt{T_j m_j}}$$

变换可得

$$T_c = \frac{m_j}{m_c} \cdot \left(\frac{r}{1-r}\right)^2 \cdot T_j$$

查表 2-3-5 可知,JTMH120 承力索的单位质量 1.065 kg/km。

即

$$m_c = 1.065 \text{ kg/m}$$

为简化计算工作量,此处取 $T_j = 18$ kN。

将这些数据代入 T_c 计算式,计算后可得

$$T_{c1} = \frac{1.35}{1.065} \times \left(\frac{0.4}{1-0.4}\right) \times 18 = 15.2 \text{(kN)}$$

$$T_{c2} = \frac{1.35}{1.065} \times \left(\frac{0.5}{1-0.5}\right) \times 18 = 22.82 \text{(kN)}$$

即承力索张力可在 15.2～22.82 kN 之间选择,这些张力与补偿坠砣数量的对应关系如表 2-5-6 所示。

为了减少接触悬挂的反射系数,在高速接触网中,承力索补偿张力一般都小于接触线的补偿张力。如果接触线张力 T_j 取为 18 kN,T_c 应小于 18 kN,可取为 16.5 kN。

表 2-5-6　承力索补偿张力与补偿坠砣数对应关系

承力索补偿脱力(kN)	补偿坠砣数量(块)
15.75	21
16.50	22
17.25	23
18.00	24
18.75	25
19.50	26
20.25	27

3. 校验该张力配置条件下的动态特性

波动传播速度

$$C_p = 3.6\sqrt{\frac{T_j}{m_j}} = 3.6\sqrt{\frac{18 \times 10^3 \text{ N}}{1.35 \text{ kg/m}}} = 415 \text{ km/h}$$

无量纲系数

$$\beta = \frac{v_{max}}{C_p} = \frac{250}{415} = 0.602$$

反射系数

$$\gamma = \frac{\sqrt{T_c g_c}}{\sqrt{T_c g_c} + \sqrt{T_j g_j}} = \frac{\sqrt{16.5 \times 10^3 \times 1.065}}{\sqrt{16.5 \times 10^3 \times 1.065} + \sqrt{18 \times 10^3 \times 1.35}} = 0.459$$

多普勒系数

$$\alpha = \frac{C - v_{\max}}{C + v_{\max}} = \frac{415 - 250}{415 + 250} = 0.248$$

增强系数

$$\gamma = \frac{\gamma}{\alpha} = \frac{0.459}{0.248} = 1.85$$

通过计算可知,拉悬挂的张力配置的动态特性参数均在高速受流所需的技术范围内。

4. 校验接触线和承力索的机械安全

根据(2-5-4)式

$$J_w = J_{\min} \times 0.65 \times 1.00 \times 0.8 \times 0.95 \times 0.97 \times 1.00 \times 1.00$$

得

$$J_w = 0.479 J_{\min}$$

查表 2-3-3 可知,CTMH150 的最小拉断力

$$J_{\min} = 70.97 \text{ kN}$$

可得

$$J_w = 0.479 \times 70.97 = 34 (\text{kN})$$

$$T_j = 18 \text{ kN 远小于该数值}$$

接触线安全系数 $k = F_B \times k_w / T = \dfrac{70.97 \times 0.8}{18} = 3.15$

满足要求。

由表 2-3-5 可知,JTMH120 的最小拉断力为 67.57 kN。

由式 2-5-5 可计算出其最大许用应力。

$$J_m = 67.57 \times 0.65 \times 1.00 \times 0.95 \times 1.00 \times 0.8 \times 0.97 = 32.37 (\text{kN})$$

而 $T_c = 16.5$ kN,远小于 J_m。满足机械安全要求。

第六节　中心锚结

在气温、风雪、线路坡道、受电弓等的共同作用下,接触悬挂存在来回窜动的可能;另外,接触悬挂断线还可能造成整锚段的接触网解体。为防止以上情况的发生,缩小事故范围,应在锚段中部适当位置设置中心锚结。中心锚结的具体结构与悬挂类型有关,式样繁多,下面仅介绍几种典型的中心锚结。

一、简单悬挂中心锚结

简单悬挂中心锚结由一根中心锚结辅助绳、中心锚结绳和中心锚结线夹及连接零件组成,辅助绳的两端通过悬式绝缘子串硬锚于中心锚结所在跨的两支柱上,接触线中心锚结绳的两端通过 3 个钢线卡子紧固在辅助绳上,如图 2-6-1 所示。

在曲线区段,若仍采用图 2-6-1 所示的中心锚结形式,则中心锚结绳两端会因曲线偏移产生较大张力差,为此,曲线区段的中心锚结绳采用两跨式结构,如图 2-6-2 所示。中心锚结绳两端通过中心锚结线夹和接触线连接,中部被线夹固定在平腕臂上,辅助绳中部与中心锚结绳一起被固定在平腕臂上,两端通过悬式绝缘子串与相邻支柱硬锚。

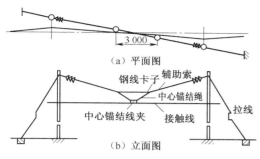

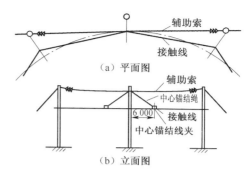

图 2-6-1 简单悬挂在直线区段的中心锚结(单位:mm)　图 2-6-2 简单悬挂在曲线区段的中心锚结(单位:mm)

二、半补偿链型悬挂中心锚结

由于承力索两端硬锚,只需在接触线上安装中心锚结,将接触线的位移控制在半锚段内,消除锚段来回窜动。半补偿链型悬挂的中心锚结如图 2-6-3 所示。接触线中心锚结绳中部通过中心锚结线夹与接触线连接,两端通过承力索中心锚结线夹与承力索连接。

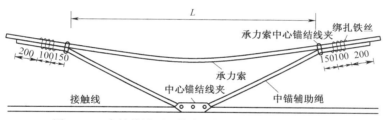

图 2-6-3 半补偿链型悬挂中心锚结示意图(单位:mm)

三、全补偿链型悬挂中心锚结

全补偿链型悬挂中心锚结如图 2-6-4 所示,接触线中心锚结绳中部通过接触线中心锚结线夹与接触线连接,两端通过承力索中心锚结线夹与承力索连接。承力索中心锚结辅助绳通过承力索中心锚结线夹和承力索紧固在一起后延长一跨锚固于中心锚结柱上,在与承力索中心锚结辅助绳成 180°的方向上打斜拉线,整个中心锚结占用三个跨距。

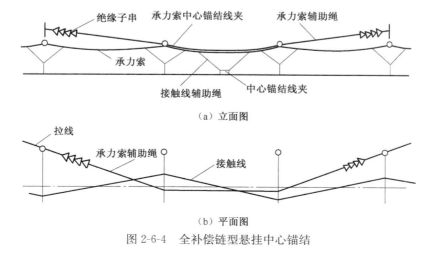

图 2-6-4 全补偿链型悬挂中心锚结

四、中心锚结的设置原则和技术要求

中心锚结的位置取决于两半锚段的张力差,应尽量使中心锚结两侧半锚段产生的张力差相等。处于直线区段和圆曲线区段的锚段,中心锚结设置在锚段中部;处于缓和曲线的锚段,中心锚结应设置在曲线半径较小的一侧。

中心锚结所在跨距内,接触线、承力索、中心锚结绳均不得有接头。中心锚结绳及辅助绳一般采用铜绞线或镀锌钢绞线,型号规格取决于线索补偿张力的大小,应保证在承力索或接触线断线时,中心锚结辅助绳能承受接触网上的全部动载荷而不发生松动或断股。为使锚固中心锚结绳的支柱受力平衡,应在与中心锚结辅助绳成 180° 的方向上打斜拉线,斜拉线与水平面的角度应在 45°～60° 之间。

中心锚结辅助绳的长度应根据中心锚结形式、悬挂结构高度、中心锚结所在跨距的大小,承力索弛度进行计算确定,应确保中心锚结绳处于合理的受力状态。

中心锚结应符合以下技术要求:中心锚结线夹两侧的辅助绳长度应相同,受力应相等,且不出现松弛现象;为避免中心锚结处出现明显硬点,接触线中心锚结线夹处的接触线高度应比正常导高稍高,但不能形成明显的负弛度;中心锚结会使所在跨距的负载增大,为求得悬挂弹性的相对均匀,并减少风负载的影响,中心锚结所在跨的跨距应比相邻跨距缩短10%;中心锚结线夹与接触线之间应紧密贴实,不得因安装中心锚结线夹影响受电弓高速通过。

第七节　线　　岔

在线路道岔区上空,由两组或两组以上接触悬挂交汇形成的确保受电弓在各组接触悬挂间安全过渡的空间结构称为接触网线岔。线岔有交叉线岔和无交叉线岔两种结构。

一、交叉线岔

1. 交叉线岔的组成

交叉线岔由接触线、限制导杆、定位线夹及相应连接零件组成,如图 2-7-1 所示。其平立面布置如图 2-7-2 所示。

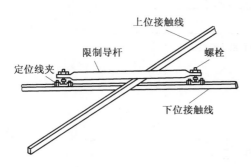

图 2-7-1　交叉线岔结构示意图

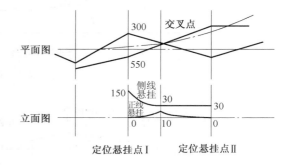

图 2-7-2　交叉线岔平立面布置示意图(单位:mm)

限制导杆是一根长 1 300～2 000 mm 的铝合金管(或铜管),两端通过定位线夹安装在下

位接触线上,它将两支独立的接触线约束在一起,使两接触线在受电弓抬升力作用下能同步升降,保证受电弓从不同线路方向顺利通过线岔。

限位管的长度取决于两接触线交叉点位置、道岔型号、线岔距中心锚结的距离,道岔号越大、线岔越远离中心锚结,限位管的长度就越长,其长度可由下式估算:

$$l = 2\alpha L(t_{max} - t_p) + l' \tag{2-7-1}$$

式中　l——限位管长度(m);

　　　α——接触线的线胀系数(m/℃)(表2-5-1);

　　　L——线岔至中心锚结的距离(m);

　　t_{max}——设计最高温度(℃);

　　　t_p——设计平均温度(℃);

　　　l'——限位管长度的裕度(m)。

限位管与上位接触线间应有 1~3 mm 的间隙,以便上位接触线能随温度变化而自由移动。

平均温度时,两接触线交叉点应处于限位管中心;接触线温度高于设计平均温度时,两接触线交叉点应偏向下锚端;接触线温度低于设计平均温度时,两接触线交叉点应偏向中心锚结端。

两支接触线的上下位置是依据线路情况和线岔距中心锚结的远近确定的。当正线接触悬挂与侧线接触悬挂相交时,正线接触线在下位,侧线接触线在上位;当两侧线接触悬挂相交时,距下锚装置近的一组悬挂在上方,距下锚装置远的一组悬挂位于下方。

2. 始触区和无线夹区

始触区和无线夹区是弓网几何匹配的两个非常重要的技术概念,始触区是指受电弓弓头圆弧部开始接触另一支接触线的区域,中国标准受电弓的始触区如图 2-7-3 中阴影部分所示。始触区原先称为始触点,实际上,由于受电弓存在左右摆动和上下抬升,在两接触线相距500~800 mm 范围内受电弓均有可能接触另一支接触线,所以严格来讲,始触区的称谓更为准确和合理。

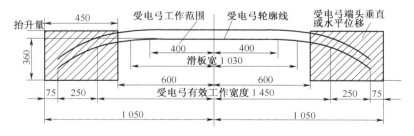

图 2-7-3　中国标准受电弓始触区图(单位:mm)

与始触区相对应的是接触线无线夹区,因弓头圆弧部接触另一支接触线时,弓头与接触线侧下方接触,安装于此处的零件存在打弓的可能,为消除这种情形,凡是处于始触区"空域"(如图 2-7-4 阴影部分所示)内的接触线均不得安装任何零件(不得已时可安装吊弦线夹),这就是接触线无线夹区。

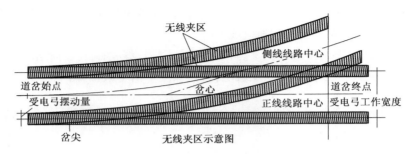

图 2-7-4　始触区在轨平面内的投影及接触线无线夹区示意图

接触线无线夹区也是一立体空间区域,凡是处于该空域内的接触线都不能安装任何零件。否则存在滑板与倾斜安装的零件发生剧烈冲撞的可能,这是线岔区域和锚段关节区域发生弓网事故的主要诱因之一。

为消除线岔处两组悬挂间可能存在的电位差,需在线岔开口方向距线岔交叉点 2.0 m 左右安装一组电连接。

受电弓安全平滑通过交叉线岔的必要条件是:始触区的空间位置合理;在始触区内,两接触线动态等高;在始触区及其附近,处于受电弓动态包络线以内的接触线均不能安装除吊弦线夹以外的任何零件;受电弓滑板的工作长度符合设计要求;两接触悬挂等电位;两接触线有合理的抬升。

交叉线岔的平面布置与道岔型号、受电弓滑板的有效工作长度、受电弓的最大抬升量和最大摆动量有关。交叉线岔平面布置的控制点是两接触线交叉点位置、道岔定位支柱的位置以及侧线接触悬挂的抬升量。

3. 交叉点位置的确定

根据相关研究成果,交叉点位置可按式(2-7-2)确定。

$$y_k = \frac{2}{3} a_c + \frac{1}{2} a_z \tag{2-7-2}$$

式中　y_k——两支接触线交叉点处两线路中心线间的宽度(mm);

$\quad\quad a_c$——定位支柱 I 处侧线接触线拉出值(mm);

$\quad\quad a_z$——定位支柱 I 处正线接触线拉出值(mm)。

这些参数的相互关系如图 2-7-5 所示。

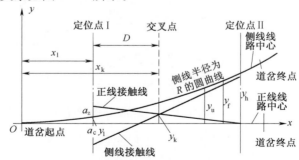

图 2-7-5　交叉点位置确定示意图

4. 道岔定位柱位置的确定

① 将道岔平面图放大 5 倍或 10 倍,画出正线和侧线的线路中心线,并标明道岔的起点和终点。

② 在平面图上标出无线夹区、受电弓外形轮廓(含摆动量)、始触区(始触区从两线间距为受电弓两肩部圆弧点距离的一半至该值加上摆动量的范围内)。

③ 确定定位点Ⅰ处(图 2-7-5)两支悬挂的拉出值,并按式(2-7-2)确定两支接触线交点的位置。

④ 在线路中心线间距 200～400 mm 范围内确定支持定位Ⅰ的位置。

⑤ 按定位Ⅰ处正线支接触线拉出值要求,从该点画一条经过交叉点的直线至道岔终点,该线即为正线接触线的走向;同时,按侧线接触线拉出值要求经交叉点画一条直线,该直线即为侧线接触线的走向。

⑥ 定位柱Ⅱ位置的确定须考虑温度变化引起的交叉点位移和最大允许跨距,同时要满足两支接触线必须在受电弓同侧的布置原则。

⑦ 对于号数较大(38 号以上)的道岔,由于定位柱Ⅰ到道岔起点的距离较大(大于一个跨距),因此,道岔起始处还须设置一根支柱定位,确定该支柱时主要考虑跨距、拉出值以及下锚支的下锚过渡。

5. 交叉线岔的立面布置

布置道岔上空接触网时,侧线接触线需要一定的抬高,在定位点Ⅰ处的抬高量为

$$\Delta h = \frac{q \cdot x^2}{2T_j} \tag{2-7-3}$$

式中　Δh——定位点Ⅰ处,侧线接触线的高度增加值(m);

　　　q——侧线接触悬挂的单位负载(kN/m);

　　　x——交叉点至定位点Ⅰ的水平距离(m);

　　　T_j——侧线接触线的补偿张力(kN)。

一般情况下,在定位点Ⅰ处,侧线接触线抬高值在 90～120 mm 之间,定位点Ⅰ至交叉点范围内,侧线接触线布置成抛物线形,在交叉点,侧线接触线抬高 30 mm,正线接触线抬高 10 mm。在定位点Ⅱ处,正线接触线按正常高度设计,侧线接触线比正线接触线高 30 mm,与交叉点处高度一致。在线间距 550～600 mm 范围内设一组交叉吊弦,使始触区内两支接触线能够同步抬升,如图 2-7-2 所示。

二、无交叉线岔

无交叉线岔是指道岔上空两组及以上接触悬挂在空间上不交叉,而是通过道岔定位柱及装配零部件实现各组悬挂在空间上的"平行"布置,形成类似于锚段关节的一种结构,如图 2-7-6 所示。

无交叉线岔有两组无交叉和三组无交叉等结构,其最大优点是侧线悬挂不影响正线列车高速受流,避免了交叉线岔的不足,改善了受电弓高速过岔的运行环境;但须通过调节定位参数来保证"三区"(正线进侧线始触区、受电弓过渡区、侧线进正线始触区)参数,对施工和运营检调的技术要求较高。

为实现侧线悬挂完全不影响正线列车受流,并保证受电弓在正线接触悬挂与侧线接触悬挂间安全过渡,无交叉线岔的设计应遵循以下基本原则:

① 侧线接触悬挂应尽量远离正线线路中心,使其处于从正线高速通过的受电弓的动态包络线之外,保证受电弓以最大允许抬升量和最大允许摆动量高速通过正线接触线时碰触不到侧线接触线。

② 正线接触悬挂应尽量靠近侧线线路中心,使受电弓能顺利地在正线接触线与侧线接触线间相互转换。

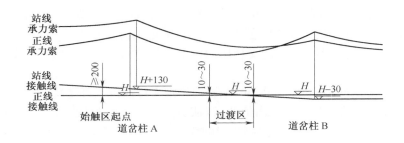

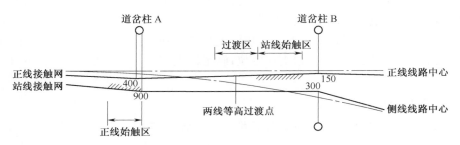

图 2-7-6   合宁线无交叉线岔(1/18 道岔)布置示意图(单位：mm)

③ 道岔区域上空的正线接触悬挂的技术参数和结构形式尽量与道岔区域外的悬挂一致，以保证受电弓在正线上的受流环境不产生变化。

④ 为便于受电弓在正线接触线与侧线接触线间相互转换，侧线接触悬挂应按一定坡度布置，使侧线悬挂在道岔前端高于正线接触线，道岔后端低于正线接触线，保证受电弓无论从正线进侧线或从侧线进正线都是由低向高运行。

⑤ 为降低外界因素对无交叉线岔的影响，正线接触悬挂和侧线接触悬挂的悬挂类型、线索和零部件型号、技术参数应尽量一致。

第八节   接触网的电气安全

一、电分段与电连接

为增强接触网供电灵活性和安全性，缩小电事故范围，满足供电和检修以及其他需要，从电气上对同相接触网进行的绝缘分段称作接触网电分段。

电分段的形式有空气间隙式(绝缘锚段关节)和器件式(分段绝缘器和绝缘子)。器件式电分段一般用于空间有限的地点，如机车检修库、站场货物装卸线、上下行正线间等处。

电分段有纵向电分段和横向电分段之分。纵向电分段是指接触网顺线路方向进行的电分段，如区间接触网和站场接触网之间的电分段；横向电分段是指站场接触网各悬挂间进行的电分段，如站场上下行接触网间进行的电分段。

1. 电分段的设置原则

电分段的设置涉及变电所(分区所)馈电线分布、接触网运营检修的安全性和灵活性、站内及相应地段的作业安全，应根据车站或站场的分布、变电所(分区所)馈线的分布、接触网检修作业需求、上下行线路行车供电方式、机车行车进路等有关信息进行反复推敲，得出最优方案。在地形环境和线路复杂、车站场较多时，应特别注意接触网电分段的独立性和可操作性。

一般而言,接触网电分段的设置应遵循以下原则:

① 多个电化车场的接触网之间应设横向电分段。

② 枢纽站内,上下行正线间,外包线与其他线路间应设横向电分段。

③ 铁路枢纽地区各站间及编组站各分场间应根据行车组织及检修需要设横向电分段。

④ 大型客运站应根据客运需要按不同方向的列车进路或站台划分设横向电分段。

⑤ 站内货物装卸线、旅客列车整备线、机车整备线及路外专用线均应单独电分段。

⑥ 电力机务段、折返段,动车组维修基地内,各检查坑所在线路及须上车顶作业的线路均应根据检修需要单独电分段。

⑦ 单线电气化区段,车站两端的电源侧应设绝缘锚段关节式纵向电分段。

⑧ 双线电气化区段,应按满足上下行正线分别停电、检修安全的要求设置绝缘锚段关节式纵向电分段,安装负荷开关或消弧电动开关,并纳入 SCADA 远动系统。

⑨ 区间一定长度的接触网之间可设绝缘锚段关节式纵向电分段。

⑩ 大型桥梁或隧道的接触网可单独电分段。

2. 电分段设备

用于接触网电分段的设备主要有分段绝缘器和隔离开关。分段绝缘器是接触网常用电气分段设备,主要安装于车站货物线及有装卸作业的站线、机车整备线、车库线、专用线、同一车站不同车场之间的横向电分段等处。隔离开关是接触网的主要开关设备,使接触网形成明显的断点,提高供电的安全性和灵活性。

(1)分段绝缘器

分段绝缘器的式样很多,如图 2-8-1 所示为滑道式分段绝缘器,它由玻璃纤维树脂绝缘板、绝缘子安装座、导流板、防闪络间隙、硅橡胶绝缘子等器件组成,其端部采用三角形结构、有较高的机械强度和绝缘强度,允许运行速度为 120 km/h。

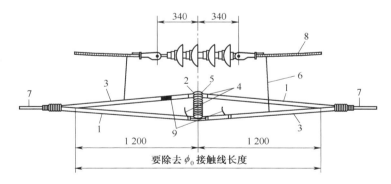

图 2-8-1　滑道式分段绝缘器结构示意图(单位:mm)

1—玻璃纤维树脂绝缘板;2—绝缘子安装座;3—导流板;4—防闪络间隙;

5—硅橡胶绝缘子;6—吊弦;7—接触线;8—承力索;9—防闪络角形件

正常工作条件下,分段绝缘器两端等电位。当机车受电弓从左(或右)侧滑过分段绝缘器工作面时,滑板同时接触绝缘板和导流板,受电弓带电通过分段绝缘器;为防止受电弓滑板在两导流板间转换时引起燃弧烧损设备,在导流板顶端设有防闪络间隙和防闪络角形件。

接触网采用的分段绝缘器有 FHC-1.2 型分段绝缘器、滑道式(BB)菱形分段绝缘器、DXF-

(1.6)型分段绝缘器、通用(AF)型分段绝缘器等几类。

FHC-1.2型分段绝缘器结构轻巧、弹性好、受电弓和绝缘体直接滑动接触,允许运行速度为 85 km/h。

DXF-(1.6)型分段绝缘器是一种新型电分段绝缘器,能有效避免对绝缘部件、接触线、承力索、金属构件的烧伤和损坏。绝缘器的两端在电气上是完全绝缘的,中间通过绝缘杆件连接在一起,导流滑杆固定在绝缘杆件上,电爬距达 1600 mm,消弧角隙长 200 mm,湿闪电压 87 kV,全波脉冲电压 160 kV、质量 15 kg、工作载荷 20 kN、破坏载荷 64.7 kN。

(2)隔离开关

隔离开关是接触网应用最多的开关设备,一般与接触网的电分段和电连接配合使用,实现接触网各供电分段之间的连接和断开,增加供电的灵活性,以满足检修和供电的需要。隔离开关的主要作用是隔离电源、倒换母线、分合电压互感器和避雷器、分合 35 kV 电压等级 10 km 长度以内以及 10 kV 电压等级 5 km 长度以内的空载线路。

隔离开关一般安设在大型建筑物两端、车站装卸线、专用线、电力机车库线、机车整备线、绝缘锚段关节、分段绝缘器等处。当供电线较长时,其上网点也应增设隔离开关。

单极隔离开关如图 2-8-2 所示,由导电刀闸、瓷柱、交叉连杆、底座、传动杆、操作机构组成,为双柱水平旋转式,两个支柱瓷瓶安装在底架两端轴承座上,导电部分固定在瓷瓶底上端,由主闸刀、中间触头及出线座构成。主闸刀分成两半,一端为触指,另一端为圆形触头,合闸时柱形触头嵌入两排触指内。出线端为滚动接触式,当操作机构操作时,带动构架上其中一个瓷瓶,并借交叉连杆使另一个支柱瓷瓶反方向旋转 90°,于是两闸刀便向一侧分开或闭合。

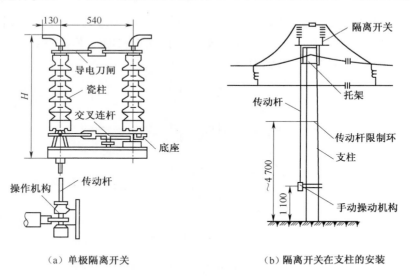

(a) 单极隔离开关　　　　　　　(b) 隔离开关在支柱的安装

图 2-8-2　GW$_4$-35 系列隔离开关及其安装示意图(单位:mm)

3. 电连接

为导通电流、消除接触悬挂之间的电位差,在锚段关节、线岔、馈线上网点、电分段点、隔离开关、避雷器等电气设备安装点,接触悬挂载流面积发生较大变化点均须安装电连接。

电连接由电连接线和电连接线夹组成。电连接线一般采用 95~150 mm² 软铜绞线或更大截面积的铝绞线,其允许通过电流不得小于被连接接触悬挂和供电线的额定载流量,且不得有接头。电连接线夹的材质和规格必须与被连接线索相匹配,线夹与被连接线之间的连接必须贴切、牢固,线夹内无异物,并涂导电介质。

电连接亦有横向和纵向之分,锚段关节处的电连接为纵向电连接。站内各组悬挂间的电连接为横向电连接。电连接的结构形式有 A、B、C、D、E 五种,如图 2-8-3 所示。

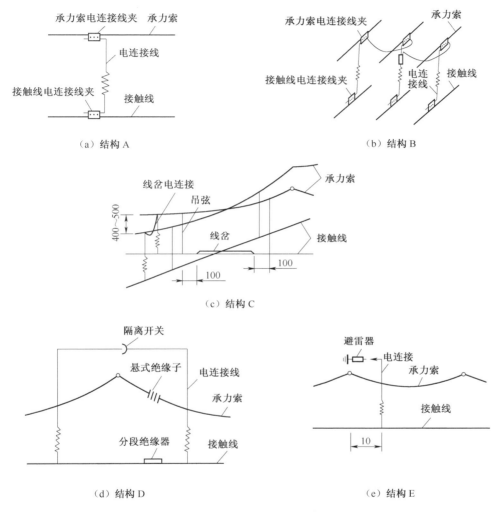

图 2-8-3　电连接的结构形式(单位:m)

结构 A 一般安装在载流承力索区段的隧道入口处和低净空横跨桥处。由于净空较低,承力索无法穿越,只能硬锚于隧道口或桥梁上,导致接触悬挂载流截面突然减少,为避免该处吊弦被牵引电流烧毁,可在此处安装电连接。

结构 B 一般安装在站场两端,机车起、停处和变电所(分区所)供电线上网处,使多股接触悬挂并联供电。

结构 C 一般安装在线岔和锚段关节处,使线岔、锚段关节处两只悬挂实现电的连通。

结构 D 一般安装在绝缘锚段关节距转换柱内侧 5 m 处以及站场分段绝缘器距分段绝缘器外端 1.5 m 处,通过隔离开关实现悬挂间电路的通断。

结构 E 一般安装在有避雷器的地点,其作用是连接接触网和避雷器。

二、接触网的电分相

电分相一般设置在牵引变电所和分区所出口处、两供电臂交界处、铁路局分界处,具体位置应充分考虑线路条件、列车运行方式、调车作业、供电线路分布、进站信号机位置等因素。电分相不宜设置在连续大坡道、变坡点、大电流及出站加速区段,列车过分相断电区距离最近信号机不宜小于 550 m。如果因客观原因确实无法满足上述要求时,应根据线路通行的电气列车功率、牵引质量和线路坡度等条件进行技术校验,确保列车不会停滞在接触网无电区。

为避免分区所开关设备承受线间电压,为双边供电和越区供电提供技术平台,两相邻变电所之间的接触网应采用同一相序的电源供电,但接触网仍需按分相处理。

接触网电分相有器件式和带中性段绝缘锚段关节式两类。

1. 器件式电分相

器件式电分相是指采用分相绝缘器实现的电分相,其平面布置如图 2-8-4 所示。在上行线和下行线方向距分相绝缘器 30 m 处应设"断""合"字标志,75 m 处设"禁止双弓"标志。为避免电力机车过分相时引起相间短路,分相绝缘区总长度不得低于 30 m,列车通过分相绝缘器时机车主断路器必须处于分断位。

分相绝缘器有单元件和多元件两种,如图 2-8-5 所示。单元件结构由一根绝缘元件组成,多元件结构由三节或者四节绝缘元件组成,绝缘元件由环氧树脂玻璃压制而成,表面涂有机硅油。分相绝缘器的绝缘元件一般安装在距支柱4.1 m 处,安装完成后绝缘件有效长度不得低于 1.5 m,分相绝缘器器体与轨面平行,工作面平滑,不得有硬点和毛刺。

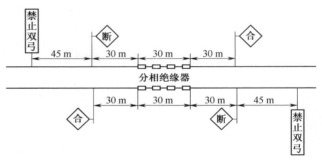

图 2-8-4　电分相标识牌安装位置示意图

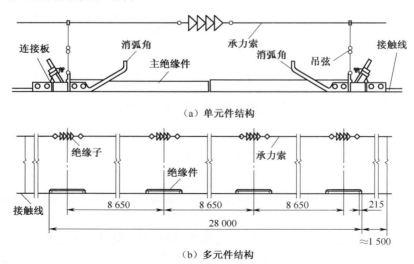

图 2-8-5　分相绝缘器结构示意图(单位:mm)

由于分相绝缘器较重,易引起较大弓网磨耗,只适用于低速线路的接触网。时速 200 km 以上接触网均采用带中性段的绝缘锚段关节式电分相。

2. 带中性段的绝缘锚段关节式电分相

带中性段的绝缘锚段关节式电分相实质是在两个完全独立的锚段间嵌入一个或两个长度较小的锚段,在无列车通过时,该锚段无电源供电,处于"无电"状态(由于静电感应的存在,无列车通过时,中性段也存在相应的对地电压,并不是真正无电),故一般称之为中性段。实际工程中常采用的有六跨、七跨、八跨、九跨等。

七跨中性段绝缘锚段关节式电分相结构如图 2-8-6 所示,七跨中性段分别与两边锚段组成两个四跨绝缘锚段关节(请注意与电分段绝缘锚段关节的区别),受电弓在两 ZJS3 支柱内处于无电状态,其长度约 100 m 左右。九跨中性段绝缘锚段关节式电分相结构与七跨相似,中性段与两边锚段组成两个五跨绝缘锚段关节。

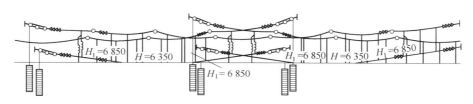

(a) 立面示意图（单位: mm）

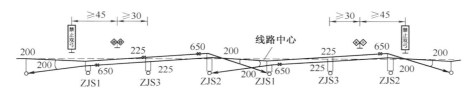

(b) 平面示意图（单位: m）

图 2-8-6　七跨中性段绝缘锚段关节式电分相示意图(直线区段)

中性段的作用是为受电弓提供运行"轨道",其长度由列车编组、升弓数量、受电弓间距、受电弓之间的电气连接等因素确定。当列车采用多弓运行时,若各弓间用高压母线连接,则两最远端受电弓之间的距离应小于电分相无电区长度 D_1,如图 2-8-7(a)所示;若各弓间无高压母线连接,则任意两弓之间的距离应小于无电区长度 D_1 或大于中性段长度 D_2,如图 2-8-7(b)所示。

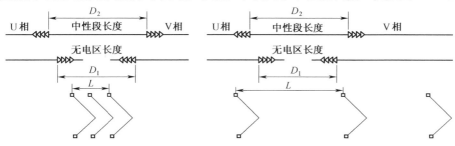

(a) 受电弓间用高压母线连接　　　　　　(b) 受电弓间不用高压母线连接

图 2-8-7　D_1、D_2、L 关系示意图

带中性段的绝缘锚段关节式电分相结构的技术条件与绝缘锚段关节的技术条件基本相同，最根本的区别在于：中性段与两侧锚段间不能安装常闭节点的隔离开关和电连接（对双断口结构而言）。如考虑列车救援的需要，则应在中性段与两侧锚段间安装常开节点的隔离开关。正常工作状态下，隔离开关处于断开状态，只有当列车因故停滞于中性段无电区需救援时，才能根据供电命令合上列车前进方向的隔离开关，待列车通过无电区后应立即恢复隔离开关的分断状态。

三、电气列车过电分相区的模式与原理

在高速情况下，依赖于司机手动操作过接触网电分相区存在严重的安全问题，稍有不慎就会引起电弧烧损接触网，甚至引起接触网相间短路，造成重大弓网事故。因此，高速铁路的电气列车过接触网电分相区时必须采用自动过分相技术。

目前，适应高速要求的自动过分相技术主要有地面开关站自动切换模式和车载自动断电模式两种。

1. 地面开关站自动切换模式

地面开关站自动切换模式的原理如图 2-8-8 所示，图中 U 相接触网、中性段接触网、V 相接触网三者构成一个带中性段的绝缘锚段关节式电分相结构。1JY、2JY 为中性段与两相接触网构成的绝缘锚段关节；1ZK、2ZK 是串接在 1JY、2JY 上的两台真空负荷开关，其控制设备安装在牵引变电所内；1CG、2CG、3CG、4CG 是设置在线路上的机车位置感应器。

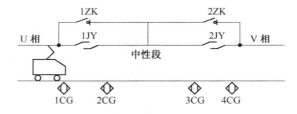

图 2-8-8　地面自动切换模式的原理

无列车通过分相区时，两台真空负荷开关均处于断开状态，中性段接触网无电；当机车从 U 相驶来，到达 1CG 位置时，真空负荷开关 1ZK 闭合，中性段接触网由 U 相供电；待机车进入中性段到达 3CG 位置时，1ZK 分断、2ZK 随即迅速（几十毫秒内）闭合，中性段由 U 相电瞬间变为 V 相电，列车无须任何附加操纵，在负荷基本不变的情况下通过电分相区；待列车驶离 4CG 位置后，2ZK 断开，装置回零，各项设备恢复到无列车通过时的状态。当列车从 V 相驶来时，由控制系统自动识别，控制两台真空负荷开关以相反顺序轮流断开与闭合，实现列车自动通过接触网电分相区。

2. 列车自动断电模式

列车自动断电过分相系统由安装于电分相区的 4 个地面感应器和安装于列车底部的车载地面感应接收器、安装于列车室内的控制系统、安装于司机室的信号指示系统 4 部分组成，如图 2-8-9 所示。地面感应器是嵌入专用轨枕里的耐高温、耐腐蚀、不易损坏的永久磁铁，其布局如图 2-8-10 所示。

1 号地面感应器为分闸预告信号感应器，2 号地面感应器为正向强迫分闸信号感应器和反向合闸信号感应器，3 号地面感应器为反向强迫分闸信号感应器和正向合闸信号感应器、4 号为反向分闸预告信号感应器。

车载地面感应信号接收器感应地面感应信号完成列车定位和过分相动作触发。

控制系统由系统信号处理单元和控制单元组成,前者完成定位信号采集、机车运行方向判定、处理相应信息、发出相关指令、自诊断故障信息、输出显示信息等功能;后者完成采集信号处理单元输出的定位信息、列车速度、司机指令、牵引电流、供电网压等相关信息,并根据接收到的定位信息、列车速度,确定控制牵引电流下降的速率和断开主断路器的时间。通过分相区后,根据接收到的定位信息,控制闭合主断路器和控制牵引电流平稳上升。

信号指示系统由安装于司机控制室内的一个故障指示灯和一个预告信号蜂鸣器组成。指示灯用于显示整个系统的运行情况,当输入信号故障但不影响自动过分相工作时,指示灯闪亮;当输入信号故障影响自动过分相工作时,指示灯一直保持明亮。蜂鸣器用于指示接收预告信号的状况,当系统控制柜接收到过分相的预告信号时,蜂鸣器发声,表明自动过分相系统已经开始工作。当列车通过"禁止双弓"标牌时,蜂鸣器没有声响,司机应采取手动过分相操作。

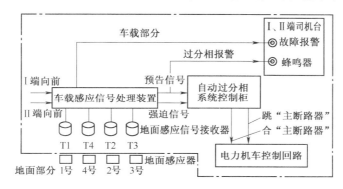

图 2-8-9　列车自动断电过分相系统简图

（a）　联络线/动车走行线磁缸及断合标位置布置图

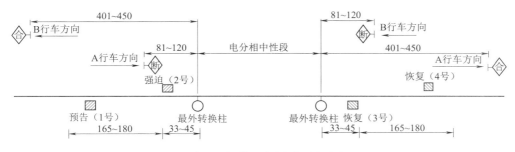

（b）　高速正线磁缸及断合标位置布置图

图 2-8-10　列车自动断电过分相系统地面感应器布置示意图(单位:m)

当列车接收到 1 号（反方向为 4 号）地面感应器的预备信号时，控制装置根据列车实际运行时速计算延时动作时间，一直延时到执行自动过电分相的系列动作开始。为保证机车感应器在可靠接收到 1 号（反方向为 4 号）地面感应器信号之后和接收到 2 号地面感应器信号之前，控制装置可靠分断主断路器，应合理选择 1 号、2 号地面感应器之间的距离，以及操作机构在执行断开主断路器前，控制机构程序运行时间和操作机构的响应时间等。

2 号（反方向为 3 号）地面感应器是过电分相时的强迫分断主断路器信号，同时也是机车反向运行时的合闸信号，它还可对过电分相预备信号丢失起到应有的保护作用。当列车收到该信号时，控制装置立即执行自动过电分相的全部动作。为保证当列车感应器可靠接收到 2 号地面感应器的信号后，控制装置在分相区前可靠分断主断路器，应正确选择控制装置的"主断分"脉冲宽度，该脉冲宽度的确定应考虑主断路器的可靠分断及装置本身继电器的动作时间，并以此确定 2 号地面感应器距分相区首端的距离。

3 号（反方向为 2 号）地面感应器是通过电分相后的自动合闸信号，同时是机车反向运行时的强迫断电信号。当机车感应器接到该信号时，控制装置自动执行合主断路器、合辅机等系列动作。

四、电气绝缘间隙

接触网属于高电压设备，带电体之间、带电体与非带电体之间必须做好电气绝缘，确保在设计条件下的设备和人员安全。所谓电气绝缘是指使用"不导电物质"将带电体与其他物体作电气上的隔离，以起保护和电气分隔作用的一种安全措施。接触网中应用最多的"不导电物质"是空气绝缘间隙和绝缘子。

1. 绝缘间隙的确定

接触网带电体与接地体（包括大型建筑物、机车车辆、扩大货物等）或带电体与带电体之间的绝缘距离称为绝缘间隙。绝缘间隙是接触网绝缘配合的重要内容，应科学合理地取值，如果取值过大，则必然会提高电器设备的耐压等级及水平，造成投资过大；如果取值过小，则必然会招致绝缘间隙的频繁击穿，影响接触网的正常运行。

科学合理的绝缘间隙应能经受住空载条件下的具有脉冲性质的操作过电压冲击；能保证在设计气象条件下接触网状态良好；能保证在运营条件下消除接地零件上发生闪络的可能性。除此之外，还应考虑温度变化、受电弓抬起接触线以及施工误差等原因造成绝缘间隙的变化。在满足上述要求之后，应力求缩小绝缘间隙的数值。

绝缘间隙的确定是建立在试验基础上的。在进行试验时，不仅要考虑绝缘间隙自身的放电特性，还要考虑接触网各绝缘元件的相互配合和工作条件。一般按以下经验公式确定

$$d = 0.1 + \frac{U}{150} \tag{2-8-1}$$

式中 d——接触网带电体与接地体之间的绝缘间隙（m）；

U——接触网额定电压（kV）。

式（2-8-1）是经过大量试验得到的经验公式，其计算出的单相工频交流 25 kV 接触网的最小绝缘间隙为 0.266 m。当采用空气绝缘间隙作为接触网绝缘时，应考虑各悬挂线索在风和受电弓等动荷载作用下也能满足这一技术要求。由于技术条件和试验条件的不同，各国对最小允许绝缘间隙的见解不一致，取值也各不相同。

2. 绝缘子

绝缘子在接触网中起着电气绝缘和承载机械负荷的双重作用,在电气上使带电体与带电体之间,带电体与接地体之间保持电气绝缘;机械上起着连接、支撑、悬吊作用,要承受很大的拉伸应力或剪切应力,直接影响着接触网的安全性能。绝缘子的机电性能与所处环境的清洁度密切相关,发生表面裂纹或破损的绝缘子不能继续使用。

接触网使用的绝缘子主要有悬式绝缘子和棒式绝缘子两大类,悬式瓷绝缘子由钢帽、瓷体、耳环、杆头以及水泥浇筑物等部分组成,如图 2-8-11 所示。

悬式绝缘子主要用于接触网线索对地绝缘或线索间绝缘,一般安装在线索下锚处、软横跨、锚段关节及附加悬挂等处。下锚处的绝缘子串由 4 片悬式绝缘子组成,非下锚处的绝缘子串由 3 片悬式绝缘子组成,污染较严重的地区可增加一片或改用防污型绝缘子。悬式绝缘子系列产品按机械破坏负荷分为 40 kN、70 kN、100 kN、120 kN、160 kN 五级。

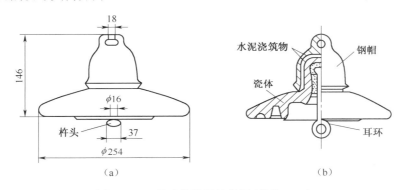

图 2-8-11 悬式绝缘子结构图(单位:mm)

悬式绝缘子只能承受拉力,对于承受压力和弯矩的地方则应采用棒式绝缘子。

棒式绝缘子的外形如图 2-8-12 所示,按使用情况可分为腕臂支撑用绝缘子和隧道悬挂定位用绝缘子;按使用环境分为普通型绝缘子、防污型绝缘子及双重绝缘型绝缘子三类。防污型棒式绝缘子按防污等级可分为轻污、中污和重污三种类型;双重绝缘型棒式绝缘子适用于 AT 供电区段,按其绝缘等级可分为普通、轻污、中污和重污四种类型。

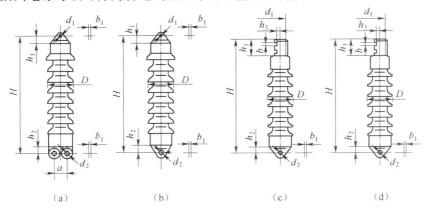

图 2-8-12 棒式绝缘子外形图

五、接触网防雷与防雷设备

《铁路电力牵引供电设计规范》规定:年均雷暴日超过 40 天的下列位置应设避雷器:分相和站场端部的绝缘锚段关节处、长度在 2 000 m 及以上的隧道两端、供电线或 AF 线的上网点,需要重点防护的设备。在强雷区,应设置独立的架空避雷线,架设高度由保护范围计算确定。

接触网常用避雷装置有氧化锌避雷器、阀型避雷器、管型避雷器和角隙避雷器、架空避雷线和避雷针等。氧化锌避雷器具有优异的非线性特性,在正常工作电压下,氧化锌电阻阀片呈现高阻抗状态,流过避雷器的电流只有微安级;当遭遇雷电过电压时,氧化锌电阻阀片处于导通状态,流过避雷器的电流可达数千安培,迅速将强大的雷电流释放到大地,消除雷电过电压对接触网的破坏作用。除此以外,氧化锌避雷器还具有通流能力大、残压低,无火花间隙、可直接与接触网并联,结构简洁、质量轻、体积小、动作快、耐污性好、运行维护方便等诸多优点。因此,在接触网中得到大量应用。

六、牵引网回流

牵引电流从变电所流出,经馈电线、隔离开关、开关引线、接触线(含载流承力索)、受电弓、列车主变压器、列车接地碳刷、列车轮对、钢轨及其他回流路径流回牵引变电所接地网,形成一个闭合的电流通路,流出牵引变电所的电流等于流入牵引变电所的电流。

供电方式不同,回流路径不同。

DR 供电方式的回流路径为钢轨和大地,钢轨是回流的主体。由于钢轨铺设在地面,与大地之间的电阻较小(要求 10 Ω 以下),且钢轨存在纵向电阻,导致部分回流流入大地形成地回流,地回流约占整个牵引回流的 30%～40%。在变电所附近,地回流又流回钢轨,并流入变电所的接地系统。由此可知,列车所在处和牵引变电所附近的钢轨具有较高的对地电位。

DRR 供电方式的回流路径为钢轨、大地、吸上线、回流线,与 DR 供电相比,流经钢轨和大地的回流减少了 50%～55%,流经土壤的回流只有 15%～20%,流经钢轨的回流只有 25%～35%,钢轨电位得到大幅度降低。

在 AT 供电系统中,回流路径分为长路径和短路径,长路径为 AF 线、大地,短路径为钢轨、大地、CPW 线、PW 线、区间 AT 变压器、AF 线等。理论上,AT 供电通过一个有源回路(负馈线和自耦变)向牵引回流提供路径,在自耦变压器的负载区域外应无电流流经钢轨。实际上,由于 AT 所的距离较大(10 km 左右),当列车位于两个 AT 所之间运行时,仍将有大约 10% 的回流流经钢轨和大地。因此,牵引回流依然存在于所有的 AT 区段中(与其他几种供电方式比较已大大减小了)。

牵引回流引入牵引变电所的方式有专用电缆和专用轨道两种。当采用专用电缆引入时,电缆应能全面承载牵引回流和近地点瞬时短路电流;当通过牵引变电所的铁路岔线引入时,应用扁钢将回流线与两钢轨相接,岔线的所有轨缝全部采用扁钢跨接焊牢,在站线接岔处,岔线的两根钢轨应通过扁钢连接,并与信号轨绝缘。

七、接触网的接地

单相交流电气化铁路为不对称高压电气电路,系统中的各导体(如钢轨与大地、接触线与回流线等)间均存在感性耦合、容性耦合、电导耦合,接触网会在其影响范围内的金属体中产生静电感应和电磁感应。为消除这些静电感应和电磁感应,保护人员和设备安全,必须将系统影响范围内的所有金属体接地。

牵引电流或短路电流流经钢轨时产生的钢轨对地电位不容忽视,应通过金属导电零件使钢轨与"大地"紧密电接触,以消除轨电位对人的伤害。

另外,接触网的绝缘元件在使用过程中会逐渐老化,绝缘强度下降后,易产生泄漏电流,泄漏电流将随老化程度逐渐增大,当泄漏电流达到一定程度时,会形成过渡电压。绝缘元件的裂纹、浸水、残缺、破坏还可能形成短路电流,当短路电流没有通畅的回路时,变电所保护装置难于动作,短路电流对设备和人员会造成危害。为消除因泄漏电流或短路电流造成的电能损耗和设备过热;消除因泄漏电流和短路电流形成的跨步电压,使保护装置准确快速动作,切断故障电流,接触网应设接地装置。

1. 支柱接地

支柱接地可分为集中接地和分散接地,集中接地是针对有架空地线或保护线的支柱而言的,所有支柱的非带电部分金属用金属导体互连后再与同杆架设的架空接地线或保护线连接,每隔一定间距,架空接地线或保护线分别接接地极或贯通地线,如图 2-8-13 所示。

分散接地是指每根支柱单独设置接地极的接地形式,普速接触网的支柱接地常用此种方式。在高速铁路中,考虑到泄漏电流或短路电流对信号系统的影响,支柱接地应纳入综合接地系统。

隧道内所有悬挂点的埋入杆件均要接地,它既可以采取单独(分散)接地方式,也可采取母线式(集中)接地方式。

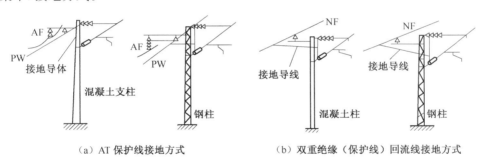

(a) AT 保护线接地方式　　　　　　(b) 双重绝缘(保护线)回流线接地方式

图 2-8-13　支柱接地方式示意图

2. 综合接地系统

与普速铁路比较,高速铁路在轨道电路、道床结构、牵引电流大小与分布等方面均发生了较大变化,如不采取相应技术措施,将对人员和设备造成实际损害,如烧毁混凝土支柱中的预应力钢筋、损伤信号设备绝缘等。为此,将处于架空接触网影响范围内的电气设备外壳、金属体、桥梁和隧道内的钢筋、变电所接地网、支柱基础以及电务系统的接地系统等均连接到沿轨道两侧敷设的贯通地线上,形成综合接地系统,如图 2-8-14 所示。

在综合接地系统中,桥、隧地段、车站范围及牵引变电所附近均沿铁路两侧敷设贯通地线,在适当地点将两侧贯通地线作横向连接,并满足以下要求:桥梁地段应通过梁体内的横向结构钢筋将两侧贯通地线作横向连接;隧道地段通过环向接地钢筋实现两侧贯通地线的横向连接;路基地段贯通地线间的横向连接,原则上在每段轨道电路的中间点设一处;有条件时,横向连接线与贯通地线同步埋设;条件不具备时,横向连接线可埋设于轨底不小于 0.6 m 处,并采用热镀(渗)锌钢管防护;横向连接线与贯通地线同材质、同截面;距铁路20 m范围内的铁路建筑物的接地装置均与综合接地系统的贯通地线可靠连接;在路肩、桥梁、隧道之外的地点埋设贯通地线时应设相应标志。应充分考虑人可能触及的导电体的接触电压、轨道电位,其值符合表2-8-1的安全要求。

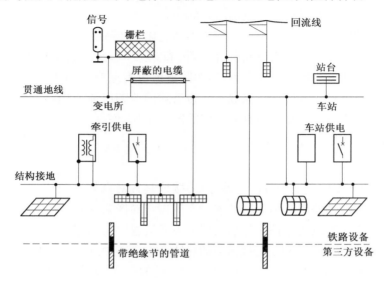

图 2-8-14　交流接触网的综合接地系统

表 2-8-1　接触电压、轨道电位容许值

运行状况	容许接触电压(V)	容许轨道电位(V)
长期运行($t>300$ s)	60	120
短时运行($t\leqslant300$ s)	65	130
故障状态($t\leqslant100$ ms)	842	1 684

　　为了在所有并行线路和回流线路中平均分配回流,贯通地线与横向连接线的连接点、PW线或NF线的引下线与扼流变压器或空芯线圈中性点的连接点宜在同一里程;为平衡牵引回流、降低钢轨电位,可间隔300~500 m将上、下行PW线或NF线并联;牵引变电所的回流引入绝缘电缆线不得少于两路(独立的回流),回流电缆的截面应满足另一回电缆故障情况下的最大载流量需要;防雷接地装置在贯通地线上的接入点与其他设备在贯通地线的接入点间距不应小于15 m;在牵引变电所、开闭所、AT所和分区所内,有供电设备应与接地系统相连接,以实现等电位和保护,等电位母线不应通过回流;牵引变电所围墙内外的管道附属设备的金属外皮应与变电所地线网相连。除此之外,还应充分利用线路附近的建筑、结构的基础作自然接地体,将有关牵引网导线接地,或者特设集中接地极;对AT供电方式,可以增设CPW线,对带回流线的直接供电方式,可以增设吸上线等。当然,在降低轨电位的种种措施中,凡涉及同钢轨相连接的,都要受到轨道电路要求的限制。

　　贯通地线在综合接地系统中起着至关重要的作用,其截面积的选择应能满足最大牵引回流和接触网短路瞬间(100 ms以下)大电流的热稳定要求。其材质应满足国家对土壤环境质量要求的有关规定,电阻率不应大于0.017 241 Ω·mm²/m(20 ℃);外护套可采用导电高分子材料或金属材料,应具有很好的耐酸、碱、盐腐蚀性能。当外护套采用导电高分子材料时,其体积电阻率不应大于0.7 Ω·cm;使用环境温度应满足−40~+60 ℃的要求。

第九节 刚性接触网的主要设备和结构

一、接 触 轨

接触轨由导电轨、绝缘支架、绝缘罩、端部弯头、端部接头、防爬器、安装底座等部分组成（图 1-1-1）。

1. 导电轨

导电轨有钢铝复合导电轨和低碳高导电率钢轨两大类。与低碳钢导电轨相比，钢铝复合导电轨具有以下优势：

（1）单位电阻小、网压损失和电能损耗低、供电距离长，因而可相对减少变电所数量，降低工程造价；

（2）具有较小的电感，提高了牵引供电系统保护的可靠性，使运行更加安全可靠；

（3）电阻率仅为钢导电轨的 24%，工作电流范围大（300～6 000 A）；

（4）发热量小，能降低隧道内的温升，有利于改善隧道内的环控通风；

（5）具有良好的耐磨性、抗腐蚀性、抗氧化性，使用寿命长；

（6）单位质量轻，可增大跨距，减少支撑点，有利于施工安装和日常维护。

2. 绝缘支架

绝缘支架包括上部绝缘支架、中部绝缘支架、下部绝缘支架、滑槽块、M16 螺栓、螺母及垫片等零部件，如图 2-9-1 所示。

绝缘支架均玻璃纤维增强树脂采用模压工艺制造而成。中部和下部绝缘支架通过各自接触面的齿槽咬合，经螺栓连接成为一体，齿槽咬合起到了垂直限位的作用；上部和中部绝缘支架也经螺栓连接成为一整体；中部支架的特殊结构防止了上部支架沿接触轨敷设方向左右摆动；下部支架的结构使绝缘支架整体具有良好的受力性能，满足受力要求。绝缘支架上的长孔可使绝缘支架在水平和垂直方向上都有一定的调整余量，便于调节接触轨中心与邻近走行轨内侧的距离以及接触轨轨底面与走行轨轨面的距离。安装完成后的接触轨并不与上、中部绝缘支架表面接触，而是与插

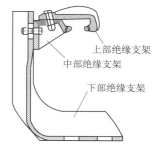

图 2-9-1 绝缘支架安装图

上部绝缘支架
中部绝缘支架
下部绝缘支架

入上、中部绝缘支架的滑槽块线接触，减小了接触轨和绝缘支架之间的摩擦阻力。有利于接触轨沿敷设方向自由伸缩，从而可降低绝缘支架和接触轨的损坏，延长绝缘支架和接触轨的使用寿命。接触轨和上部支架之间预留约 8 mm 的间隙，集电靴和接触轨之间有相互冲击时，靠接触轨自身的质量，可起到一定的缓冲作用，减小了对绝缘支架的附加弯矩。绝缘支架的绝缘部分应能承受紫外线，气温变化及空气污染。绝缘支架应能承受由开关操作或短路引起的过电压。

3. 绝缘保护罩

绝缘保护罩有一般保护罩、支撑处保护罩、端部弯头保护罩、电缆连接保护罩、温度接头保护罩等几种，如图 2-9-2 所示。

安装绝缘保护罩主要是为防止人员与接触轨及其他带电部分接触，保证集电靴无障碍通过。

保护罩的安装应罩住所有接触轨,安装范围包括正线、车辆段、停车场、联络线、折返线及渡线。

防护罩的材质为玻璃纤维加强聚酯(玻璃钢),其机械强度应确保体重 100 kg 的人在其上站立时不出现断裂,并能恢复到初始状态。其电气强度应能承受 10 000 V 测试电压而不击穿。防护罩应耐火、无烟、无毒、在高温条件下能自熄。

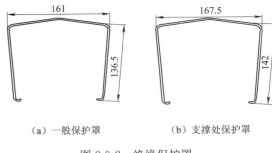

(a) 一般保护罩　　　(b) 支撑处保护罩

图 2-9-2　绝缘保护罩

温度接头处,接触轨的间隙也应设置保护罩。保护罩的顶部及侧部应连续无间隙。保护罩的设置应防止水进入温度接头及馈线电缆点,保护罩应能通过调节块保持与接触轨的适当距离。温度接头保护罩与接触轨保护罩之间在接触轨伸缩 100 mm 后也不应产生间隙。

接触轨支撑处的绝缘保护罩的断面尺寸比接触轨的其他保护罩的断面尺寸约大,安装时应先安装接触轨保护罩,然后将接触轨支撑处保护罩扣在接触轨保护罩上,两者相互重叠的长度约为 100~150 mm。温度变化时接触轨支撑处保护罩位置是固定不变的,接触轨保护罩由于紧紧扣在调整块上,因而要随着接触轨的伸缩作相应移动。

端部弯头处的防护罩安装高度应保持在走行轨轨面的标准高度。端部弯头处保护罩需要进行特殊加工,以适应端部弯头的需要。

4. 接头和端部弯头

(1) 接触轨的接头

接触轨的接头有普通接头和温度补偿接头两种,如图 2-9-3 所示。普通接头采用铝制鱼尾板连接固定导电轨,不预留温度伸缩缝,但要求接头与支持点的距离不小于 600 mm。温度补偿接头除采用铝制鱼尾板连接固定导电轨外,在两导电轨之间留有一定空隙,补偿接触轨的热胀冷缩,且外加电连接线。在隧道内,导电轨自由伸缩段长度按 150 m(即 10 根铝复合导电轨)考虑,地面及高架桥上导电轨自由伸缩段长度按 90 m(即 6 根铝复合导电轨)考虑。

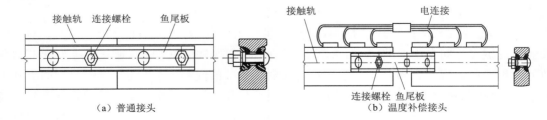

(a) 普通接头　　　　　　　　　　(b) 温度补偿接头

图 2-9-3　接触轨的接头及连接示意图

温度补偿接头的空气间隙的间隙是决定接触轨锚段长度的主要因素。设接触轨的标准锚段长度为 L,标准锚段长度间的温度补偿接头的空气间隙为 d,温度补偿接头的空气间隙施工误差为 s,环境温度及电流热引起的标准长度的导电轨的伸长量为

$$\Delta L_\theta = \alpha L \Delta t$$

为保证导电轨在锚段内能自由伸缩,不会因热膨胀造成破坏,应使温度补偿接头的空气间隙与导电轨的伸长量相适应,即

$$d \geqslant \alpha \cdot L \cdot \Delta t + |s|$$

整理得

$$L \leqslant \frac{d - |s|}{\alpha \cdot \Delta t} \qquad (2\text{-}9\text{-}1)$$

式中　L——接触轨标准锚段长度,一般指设计平均温度时导电轨长度(m);

　　　α——导电轨热膨胀系数;

　　　Δt——环境温度、牵引电流和故障短路电流引起的导电轨温度与平均温度的差值。

(2)接触轨的端部弯头

为保证集电靴顺利平滑通过接触轨的断轨处,在接触轨断轨处的端部须设置端部弯头,如图 2-9-4 所示。弯头有 5.2 m 长、1:50 坡度和 3.5 m 长、1:30 坡度两种,前者用于行车速度较高的正线区段,后者用于行车速度相对较低的停车场和车辆段内。设置不同的坡度是为了确保在不同行车速度下引导集电靴顺利和导电轨接触,减少集电靴"离轨"时产生电弧和"始触"时产生的冲击。

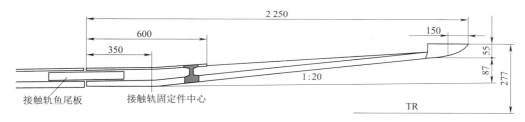

图 2-9-4　下磨式接触轨的端部弯头(单位:mm)

5. 接触轨的防爬器——中心锚结

接触轨的防爬器,其作用与柔性网的中心锚结相同,约束接触轨纵向移动,防止纵向力传递到接触轨支撑件上,如图 2-9-5 所示。

图 2-9-5　接触轨防爬器

防爬器的材质为不锈钢,它应有足够的夹紧力施加在接触轨上,以防止接触轨在该处产生滑动。为方便防爬器的安装和拆卸,防爬器的螺栓左右螺纹采用不同的旋向,一侧为左旋,另一侧为右旋,中间采用方形结构。在锚固之前,应使用非绝缘、耐高温油脂涂抹接触轨与防爬器的接触面。

一般情况下,防爬器应设置在两温度接头之间或温度接头与端部弯头之间,每个接触轨区段均应设置防爬器,防爬器的安装应尽量接近接触轨区段的中点,接触轨短轨部分也要设置防爬器。在高架桥的上坡起始端、坡顶、下坡终端等处均应安设防爬器。

6. 接触轨的支架间距(跨距)

接触轨的支架间距由导电轨的挠度决定的,其计算式为

$$f = \frac{5ql^4}{384EI} \tag{2-9-2}$$

式中 l——支架间距(m);

q——导电轨单位重量(N/m);

E——导电轨的弹性模量(N/m^2);

I——导电轨的转动惯量(m^4)。

一般而言,上磨式接触轨的支架间距采用 6 个轨枕间距,约 3.9 m;下磨式和侧磨式接触轨的支架间距采用 8 个轨枕间距,约 5.2 m;线路曲线半径大于 150 m 时,每 3.75 m 间隔安装一处;曲线半径小于 150 m 时,每 3.25 m 间隔安装一处。特殊地段,应根据设计规定进行设置。

二、架空刚性悬挂

架空刚性悬挂典型装配形式见图 1-1-3,由悬挂装置、支撑装置、绝缘子、汇流排及接触线等组成。

1. 汇流排

汇流排是刚性悬挂的关键部件,一般用铝合金材料制成,其横截面有"T"形和"π"形两种,如图 2-9-6 所示,每种形式都有单线和双线两种型号,标准汇流排有 PAC110 和 PAC80 两种,截面积 2 213 mm^2、铜当量截面积约为 1 400 mm^2,制造长度 10~14 m,燕尾槽夹紧力约100 N/cm。在安装时可以靠自然压力进行弯曲,在不借助机械扭弯的情况下允许的最小曲线半径为 80 m,在借助机械弯曲时,最小半径可达 45 m 或更小。特殊需求时应在出厂前设计制造完成。

若干标准长度的汇流排通过汇流排中间接头连接,构成刚性悬挂的一个锚段,在锚段终端采用汇流排端头形成锚段关节。锚段长度一般在 200~250 m 之间,500 m 范围内的拉出值约为±200 mm。

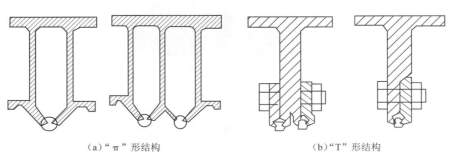

(a)"π"形结构   (b)"T"形结构

图 2-9-6   汇流排横截面示意图

2. 汇流排的接头

汇流排接头有中间接头和温度补偿接头。中间接头用于连接两根汇流排,如图 2-9-7(a)所示。由汇流排中间接头连接板和螺栓组成,保证被连接的两根汇流排对接良好,导电性能良好。

温度补偿接头如图 2-9-7(b)所示,也称伸缩部件,功能是消除温度变化引起的汇流排的伸缩。在刚性悬挂中,消除热胀冷缩影响的方式有两种:锚段关节及锚段中部安装伸缩部件。与接触轨一样,伸缩部件中间移动空间与施工误差是决定锚段长度的主要因素。因此,式(2-9-1)也可用于计算刚性悬挂的锚段长度。

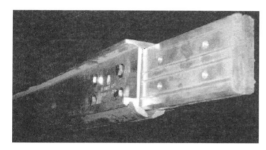 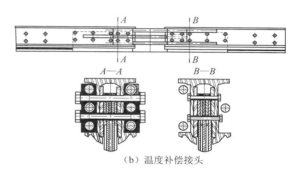

（a）中间接头　　　　　　　　　　　　　（b）温度补偿接头

图 2-9-7　汇流排接头示意图

另外,在锚段关节、线岔及刚柔过渡处,汇流排存在断口,为保证受电弓在断口处平滑顺畅通过,在断口处要安装汇流排端头部件,如图 2-9-8 所示。

3. 中心锚结

为了避免刚性接触网段在热胀冷缩过程中产生整体移动,影响整体稳定性,每个刚性悬挂段的中点均须设置中心锚结。刚性悬挂

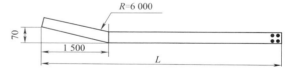

图 2-9-8　汇流排端头示意图(单位:mm)

的中心锚结由中心锚结线夹、绝缘线索、调节螺栓及固定底座组成。

"π"形结构架空刚性接触悬挂的中心锚结结构如图 2-9-9 所示。安装好的中心锚结应达到如下要求:

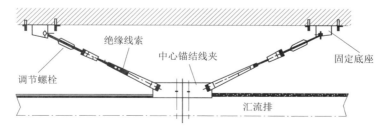

图 2-9-9　刚性接触悬挂的中心锚结

(1)中心锚结应处于汇流排中心线的正上方,基座中心偏离汇流排中心不得大于±30 mm;

(2)中心锚结线夹处接触线的工作面应平顺无负弛度;

(3)中心锚结绝缘子及拉杆受力均衡,与汇流排的夹角不大于45°;

(4)中心锚结与汇流排固定牢固,调节螺栓处于可调状态。

4. 锚段关节

刚性悬挂的锚段关节相对较简单,其实就是两组悬挂在空间上的重叠,但为了受电弓平稳通过锚段关节,在重叠区要安装4个悬挂点,如图2-9-10所示。

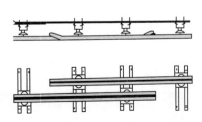

刚性悬挂锚段关节应满足以下技术条件:两支接触线在关节中间悬挂点处等高,转换悬挂点处非工作支比工作支高2～4 mm,保证受电弓在双向通过锚段关节时平滑、无拉弧现象;非绝缘锚段关节两支悬挂的拉出值为±100 mm,两支悬挂的中心线相距200 mm;绝缘锚段关节两支悬挂的拉出值为±150 mm,两支悬挂的中心线相距300 mm。

图2-9-10   刚性悬挂锚段关节示意图

5. 线岔

对于单开道岔,需由道岔"开口"方向确定汇流排走向,原则是在道岔区上空,正线刚性悬挂不中断,侧线悬挂的汇流排末端与正线悬挂的汇流排成200 mm的平行间隙,平行长度为2 000 mm。侧线悬挂的汇流排末端的端部向上弯曲,抬起2～4 mm,以避免当正线列车通过时产生碰撞。

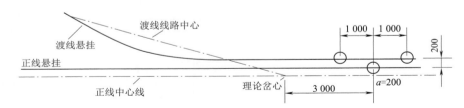

图2-9-11   刚性悬挂在单开道岔处的线岔布置(单位:mm)

单开线岔的控制点为距道岔理论岔心3 000 mm处的正线汇流排悬挂点,如图2-9-12所示,该点拉出值为200 mm。站线汇流排在道岔处的悬挂点以正线汇流排控制悬挂点为基点,在左右各1 000 mm处设置。

对于复式交叉渡线道岔处的刚性悬挂,汇流排按不交叉对向弯曲形成"非绝缘关节"形式实现道岔定位,要求两支汇流排严格等高,如图2-9-12所示。

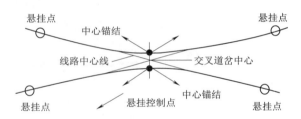

图2-9-12   刚性悬挂在交叉道岔处的线岔布置

两支汇流排在道岔交点共用一支悬挂点(控制悬挂点),拉出值根据相邻悬挂点和汇流排间距确定。跨据由其他道岔定位点确定后,根据控制悬挂点进行计算确定。两支渡线汇流排的中心锚结一般设置共用悬挂点处。弯曲处采用机械预弯汇流排,平面布置后计算该段汇流排的弯曲半径。

由于线岔的布置与道岔型号有关,道岔处悬挂点和汇流排走向设计完毕后需要根据拉出值、线间距等参数校验两汇流排是否能保证受电弓双向正常通过。

线岔安装完成后应满足以下技术条件:

① 线岔处在受电弓可能同时接触两支接触线范围内的两支接触线等高;

② 在始触点处,侧线接触线比正线接触线高出 2~4 mm;

③ 在受电弓双向通过时应平滑无撞击,无拉弧现象;

④ 单开道岔,悬挂点的拉出值距正线汇流排中心线为 200 mm;

⑤ 交叉渡线道岔处的线岔,在交叉渡线处两线路中心的交叉点处,两支悬挂的汇流排中心线分别距交叉点 100 mm;

⑥ 线岔处设电连接线一组。

三、刚性悬挂和柔性悬挂的过渡

刚性接触网和柔性接触网过渡主要发生在隧道出口处,过渡方式主要有:贯通式(图 2-9-13)和关节式过渡(图 2-9-14)两种,后者用于速度低于 80 km/h 的线路,前者的速度可高些。不管哪种形式均应确保受电弓在两种悬挂之间安全平滑地过渡。

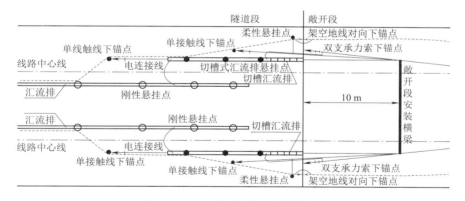

图 2-9-13　贯通式刚柔过渡接触网

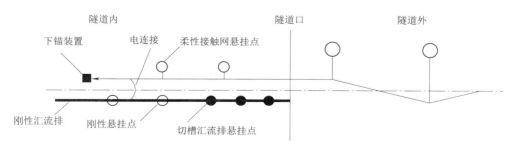

图 2-9-14　关节式刚柔过渡接触网

当与过渡装置连接的刚性接触网的长度小于 50 m 时,由于柔性悬挂补偿张力的作用,接触线有可能会滑进汇流排内,为了防止这种危险情况发生,应在汇流排内安装一专门配备的钩套来固定接触线,这时刚性接触网受到很大的纵向作用力,需在隧道顶上设置下锚装置来固定柔性悬挂,抵消柔性悬挂的补偿张力。为减小刚柔过渡产生的冲击,往往将汇流排切槽,形成切槽汇流排,以增加悬挂的弹性 如图 2-9-15 所示。

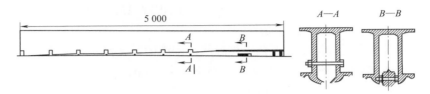

图 2-9-15   切槽汇流排(单位:mm)

刚柔过渡元件是在一个 5 m 长的刚性汇流排上做一些切口,以减少型材的垂直惰性,这样从柔性接触网过渡到刚性接触网的过程是一个弹性循序渐进的过渡过程,受电弓从其间通过时其受力惯性逐渐减小。

第十节   接触网零件

接触网零件是接触网设备、线索和部件的连接纽带,是零件将设备、线索、部件有机的连接在一起形成一个有机的系统,任何一个接触网零件的损坏都意味着接触网供电能力的下降或丧失。接触网零件不能缺、不能少、不能坏、不能张冠李戴。另外,接触网零件的结构和生产安装工艺涉及接触网的标准化和运营维护成本等诸多问题,应高度重视零件对于接触网的重要性。

一、接触网零件的分类

(1)按生产制造工艺,接触网零件可分为机加工件,砂型铸锻件、砂型铸造件,精密铸造件、挤压件和锻造件。

(2)按受力形式,接触网零件可分为受拉件、受压件、弯曲件、扭转件或复合受力件。

(3)按结构形式,接触网零件可分为夹板式、耳片式、夹环式、环杆式、杆座楔形式、梁式、构架式和轮式等零件。

(4)按功能和用途,接触网零件可分为悬吊零件、定位零件、连接零件、锚固零件、补偿零件、支撑零件、电连接零件、接地零件、隧道专用零件、抱箍零件等。

①悬吊零件用于悬吊线索及杆件的零件,主要有各类线夹、杆头鞍子、承力索座、悬吊滑轮、以及诸如钩头鞍子、定位管卡子、定位环线夹、吊环吊索线夹、单/双横向承力索线夹及滑动环等。

②定位零件是专门用于固定接触线位置的零件,它把接触线固定在相对于轨面有一定高度、相对于线路中心有一定偏移的位置上,主要有定位线夹、限位定位装置、长/短支持器、定位器、软定位器、定位齿座及定位连接头、连接板等。

③连接零件起连接作用,用于接触线对接触线、承力索对承力索、定位器对臂腕等相应部件及杆件的连接,主要有定位环、套管绞环、套管双耳、双耳连接器、连接板、滑动管接头、套环管接头以及接触线和承力索接头线夹等。

④锚固零件是指用于把承力索和接触线锚固到终端支柱或永久性建筑上的零件，主要有终端锚固线夹、终端锚固螺杆、锚臂杆、双耳楔形线夹、承锚及线锚固件、UT 型耐张线夹等。锚固零件要承受承力索或接触线的全部补偿张力，其强度应大于被固定的接触线或承力索的抗拉强度。

⑤补偿零件是指用于接触线和承力索下锚和张力补偿的零件，主要有补偿滑轮（棘轮）组、弹簧补偿器、坠砣及坠砣杆、限位杆（框架）、断线制动及止轮装置以及其他附属元件、杆件等，其主要作用是对接触线和承力索施加下锚张力。

⑥支撑零件是指支撑装置或支持装置所用的零件，主要有各类腕臂底座、腕臂、腕臂支撑、定位器及定位管支撑、杆头杆、吊柱、滑轮支架、软横跨线索调整杆、底座以及其他附属零件。

⑦电连接零件主要用于供电线向接触网供电的电连接或线索之间的电气接续，构成相应的电流路径，或使接触网各悬挂间、各线索间具有相同电位，主要有各种形状的电连接线夹。

⑧接地零件用于固定接地线或接地电缆的零件，如接地线连接线夹、地线卡、钢轨卡子、接地线夹等。

⑨隧道专用零件是指依据隧道特定环境设计和制造的、用于隧道内接触网系统的零件，如水平悬挂底座、防腐型调整螺栓、悬吊滑轮支架、隧道用悬吊滑轮、可调整底座、弓形腕臂、吊柱、固定底座、隧道用限位定位装置、隧道用非限位定位装置、重型锚臂装置、拉杆、转向轮、限制架等。

近年来，国内研制了不少新型接触网零件，如压接式吊弦线夹、多功能定位器等，同时也淘汰了一批老式零件，如楔式接头线夹，楔式电连接线夹等。还引进了许多国外的新型零件，如铝合金定位器、无螺栓线夹、锥形螺纹楔套式终锚线夹等。

二、对接触网零件的技术要求

接触网是露天机电设备，其零件的结构、材料应满足露天和隧道环境下的机电要求，如适应 $-40\sim+40\ ℃$ 的环境温度、排除积水的可能性、有较好的耐腐性及抗脆裂性、并做好各类材料间的电化学腐蚀防护。

接触网零件的机电性能对接触网的供电质量和安全有重要影响，特别是高速和重载接触网，线索张力大，牵引电流也大，多数零件要承受机电双重作用，其机械性能、电气性能、防腐性能、防振及防松性能对弓网集电质量和运行安全有重大影响。用于制造接触网零件的材质应具备强度高、韧性好、耐腐蚀的特点；零件本身应具有质量轻、结构简洁、耐振性好、可靠性高、生产和安装工艺简便的特点。

接触网零件中最重要的是网上零件，如定位器及定位线夹、承力索及接触线的终锚线夹和接头线夹、吊弦及吊弦线夹、电连接线夹等。这些零件与接触线或承力索直接相连，其中大部分零件均须考虑其导电性能，是接触网系统中直接影响供电质量和安全的最为重要的一部分零件。这些零件应满足以下技术要求：

结构形式能适应受电弓动态包络线要求；

具有良好的抗冲击性能和振动性能，疲劳寿命不得低于 2×10^6 弓架次；零件的最大工作荷重应承受正常工作条件下线索张力和其他零件张力、质量引起的机械荷载,以及由风、温度变化、覆冰引起的附加负载且具有足够的安全裕度(安全系数大于 2.0 以上);质量轻、耐腐蚀、在定位点处和线夹处不形成"集中荷载",导电性能好,少维护;能适应接触线在补偿范围内的伸缩变化;结构简单、安装方便;具有良好的电接续性能,环路电阻小,不形成电损蚀;具有良好的韧性。

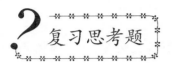

复习思考题

1. 符号 $H\dfrac{38}{8.7+2.6}$ 的含义是什么?

2. 接触网有哪几种支持形式?请画出腕臂支持与定位的结构简图。

3. 支柱按用途可分成哪几类?请画出它们的位置分布图。

4. 接触线有哪几种定位方式?什么地点使用软定位?

5. 定位装置的作用是什么?对定位装置有哪些技术要求?

6. 什么是拉出值?为什么要设拉出值?影响拉出值取值的因素有哪些?

7. 什么是导高?影响导高取值的因素有哪些?

8. 影响接触线坡度的因素有哪些?

9. 什么是锚段?

10. 接触网进行电分段的方式有哪些?电分段应遵守哪些基本原则?

11. 请简述列车自动断电过分相区的过程。

12. 什么是锚段关节?请画出直线区段五跨绝缘锚段关节的平面布置图。

13. 线岔的功能是什么?对交叉线岔有何技术要求?

14. 设计无交叉线岔应遵守什么样的布置原则?

15. 如何布置交叉线岔,其控制点有哪些?

16. 全补偿链型悬挂和半补偿链型悬挂的软横跨节点有何区别?

17. 带中性段的绝缘锚段关节式电分相是否设有隔离开关?若有,请说明其功能和操作注意事项。

18. 在 AT 供电方式中,长回流路径和短回流路径的含义是什么?

19. 高速接触网为什么要采用综合接地系统?对综合接地有何技术要求。

20. 定位管和定位器的安装应注意哪些问题?

21. 为什么要安装张力补偿装置?几种张力补偿装置各自有何优缺点?

22. 中心锚结的作用是什么?对中心锚结有何技术要求?

23. 什么是始触区?什么是无线夹区?二者有何关系?

24. 什么是接触悬挂?接触悬挂是如何分类的?

25. 请参照五跨绝缘锚段关节的技术要求写出五跨非绝缘锚段关节的技术要求,并画出其在直线区段的平面布置图。

26. 为什么要设置"刚柔"过渡段?请画出地铁"刚柔"过渡示意图。

27. 钢铝复合轨有何优点？

28. 接触轨为什么要设中心锚结？

29. 刚性悬挂是否应设置一定的弹性？为什么？

30. 刚性架空接触网由哪几部分组成？

31. "T"形和"π"形汇流排各自有何优缺点？

32. 如何确定接触轨的锚段长度和支架间距？请写出它们的计算公式。

33. 请画出刚性悬挂的线岔和锚段关节平面示意图。

第三章　接触网基础计算

接触网计算知识是从事接触网设计、施工和运维工作应必备的专业知识,计算内容包括机、电两个方面。机械计算主要包括气象条件的选择、单位负载计算、安装曲线绘制、最大许可跨距的确定锚段长度选择、支持结构预制与强度校验、支柱负载分析与强度校验、基础稳定性校验等;电气计算包括线索载流量计算、牵引网阻抗计算、三大(感性、容性、阻性)耦合计算等。本书不涉及电气计算,相关知识参考牵引供电系统分析。

接触网计算需要接触网的悬挂形式、供电方式、基础设施特征、运营车辆特征、集电器参数、线路数据,以及线路沿线的气象资料等技术资料。

第一节　计算气象参数的选择

接触网是露天设备,气象资料是接触网计算所需的最为重要的基础性资料。

计算气象参数是指依据接触网技术要求和线路所在区域的多年实际气象资料,利用统计学原理确定的、用于确定接触网技术参数的气象数据。计算气象参数与某地某时的实际气象参数不是一个概念,它是在拥有多年实际气象资料的基础上通过一定数理统计方法求出的"概率性气象参数"。

计算气象参数的选择涉及接触网工程投资和运营安全,对接触网的安全寿命和工程质量有重大影响,是一项严肃、复杂而细致的工作,需要大量(普速接触网不少于 20 年,高速接触网不少于 25 年)的原始气象资料,并须进行深入地实地调研。既不可将偶然出现的极端情况作为计算依据,也不可漏掉某些频繁出现的气候现象,计算气象条件的选择必须客观、科学、慎重。

一、原始气象资料的收集

原始气象资料一般从设计线路所经过地区的气象台(站)获取,并参考电力、通信等设计部门的气象资料,个别重点区域还应从当地居民中获取资料或信息。线路所在区域的既有电气化铁路的气象设计资料也是重要的参考资料之一。

二、典型气象分区

为了设计、制造的规范和统一,原水电部根据中国各地区气象条件,以影响架空输电线的三大因素:风速、温度、覆冰厚度作为整理条件,归纳出中国典型气象分区表,如表 3-1-1 所示。

表 3-1-1　中国典型气象分区表

典型气象区		I	II	III	IV	V	VI	VII	VIII	IX
大气温度（℃）	最　高	+40								
	最　低	−5	−10	−10	−20	−10	−20	−40	−20	−20
	覆　冰	—	−5							
	最大风	+10	+10	−5	−5	+10	−5	−5	−5	−5
	安　装	0	0	−5	−10	−5	−10	−15	−10	−10
	平均　外过电压	+15								
	平均　内过电压	+20	+15	+15	+10	+15	+10	−5	+10	+10
风速（m/s）	最大风	35	30	25	25	30	25	30	30	30
	覆　冰	10								15
	安　装	10								
	外过电压	15	10							
	内过电压	0.5×最大风速（不低于 15 m/s）								
覆冰厚度（mm）		—	5	5	5	10	10	10	15	20
覆冰密度（kg/m³）		900								

注：表中 I 区泛指浙江、福建东部、广东、广西等南方易受台风侵扰的地区；II 区泛指安徽、山东、江苏大部等华东地区；III 区泛指西南非重冰地区以及福建、广东等受台风影响较弱的地区；IV 区泛指华北及京、津、唐地区，西北大部；V 区泛指华东、西南、中南三个地区的广大山区；VI 区泛指湖北、湖南、河南以及华北平原的大部分地区；VII 区泛指东北大部分地区、张家口、承德等寒潮风较强的地区；VIII 区泛指山东、河南大部，湖南中部、广东北部等覆冰严重地区；IX 区指云贵高原重冰地区。

三、计算气象参数的选择方法

1. 最高温度与最低温度

根据线路通过地区气象部门所记录的不少于 25 年的气象资料，提取出每年的最高（最低）温度，将这些最高（最低）温度的算术平均值作为大气最高（最低）温度。考虑环境辐射热和牵引电流产生的焦耳热对导线物理性能的影响，计算最高温度一般取为大气最高气温的 1.5 倍。为简化计算，计算最高（最低）温度一般取为 5 的整倍数。

高速铁路的接触网系统按照最高工作温度 80 ℃ 设计，100 ℃ 校验。

计算最低温度关系到接触网线索在最低温度时的张力安全，应根据线路所经过地区的气象条件，以 25 年一遇选择最低温度。所谓"多少年一遇"是一个概率概念，25 年一遇即相当于 4% 的概率。一般而言，广东、广西、福建和浙江沿海地区取为 −5 ℃，长江流域及云、贵、川大部分地区取为 −10 ℃，华北平原的大部分地区取为 −20 ℃，河北、山东西北部、东北地区的南部等地取为 −30 ℃，东北地区北部及其他高寒地区则取为 −40 ℃，西北区域辽阔，应根据具体环境，在 −20～−40 ℃ 之间取值。

温度对接触网系统的影响是全方位的，除了影响线索的张力、弛度外，还会引起补偿装置 a、b 值，腕臂、定位器偏移、定位器坡度、导线高度、拉出值。研究还表明，接触线应力在 $100～130 \ \text{N/mm}^2$，温度在 $120～140 \ ℃$ 时，塑性变形和蠕变可能造成接触线的损伤，当应力超过 $130 \ \text{N/mm}^2$ 时，电解铜的微结构开始变化，在电流出入处，微结构变化明显。$120～140 \ ℃$ 的温度可能导致塑性变形的累积，将使导线抗拉强度降至 $275 \ \text{N/mm}^2$ 以下。过高温度会引起导线软化,导线软化温度是接触线选型和张力配置要重点考虑的内容之一。

2. 最大风速和出现最大风时的温度

气流会在架空导线后部(对风向而言)和上、下部形成涡流,这些涡流气旋会使导线产生一个向上(或向下)的力,当风向与导线垂直时,该力会在垂直面内交替作用于架空导线,对架空导线产生周期性的上下作用,造成导线在垂直面内上下振动。风速在 6～18 m/s 时较易引起线索的低频高幅振动,这种振动的破坏性较大,它一方面会增大接触网的机械负荷,另一方面还会造成高压线路与低压线路的电气短路,应力求避免。所以,风速的选取是设计接触网的一项重要工作,一般应遵守以下两个原则:

① 在一定风速作用下,接触网线索、设备和零部件不会因风的作用受到破坏,这样的风速称为基本结构风速。基本结构风速应为计算最大风速与线索或设备安全系数的积,是确定接触网线索和设备的机械强度的理论依据之一。

② 在一定风速作用下,接触线不会因风的作用脱离受电弓滑板的有效工作范围,弓网受流能够正常进行,这样的风速称为基本运行风速。基本运行风速是保证电气化铁路运输不被中断的最高风速,是确定接触网许可跨距的主要理论依据之一。

确定计算最大风速时一般应有 25 年以上的气象资料,并用平均法、变通法或数理统计法对这些原始资料进行统计分析。

平均法是将占有的气象资料以年份为单元,提取每年出现的最大风速值并按年份次序排列,再从第 1 年开始,每 5 年划分为一组,即,第一组为 1～5 年,第二组为 6～10 年,……依此类推,最后求出每组最大风速值的平均值,即

$$v_{\max} = \frac{\sum_{i=1}^{n/5} v_{i\max}}{n/5} \qquad (3\text{-}1\text{-}1)$$

式中　　$v_{\max}$——计算最大风速(m/s);

$\quad\quad n$——占有资料的年份数;

$\quad\quad n/5$——占有资料的组数,如遇小数可四舍五入;

$\quad\quad v_{i\max}$——第 i 组中的最大风速(m/s)。

变通法与平均法的主要区别在于对占有资料的分组方法不同。它也是从第 1 年开始,每 5 年为一组,但每组顺序只相隔 1 年,也就是说,第一组为 1～5 年,第二组为 2～6 年,第三组为 3～7 年,……,依此类推。求出每组最大风速值的平均值,即

$$v_{\max} = \frac{\sum_{i=1}^{n-4} v_{i\max}}{n-4} \qquad (3\text{-}1\text{-}2)$$

式中　　$n-4$——占有资料的组数,其余符号的意义同式(3-1-1)。

到目前为止,气象学还不能确定逐年最大风速之间的确切关系,因此准确地讲,数理统计法应为"经验频率法",其计算式为

$$p = \frac{m}{n+1} \qquad (3\text{-}1\text{-}3)$$

式中　　p——计算最大风速出现的概率;

$\quad\quad m$——将统计年份内出现的全部风速值按从大到小顺序排列的序号(不论每个风速数值是否相同,皆须占一个编号);

n——统计风速的总计数(拥有资料的年份数)。

根据设计条件所要求的概率 p 和拥有资料的年份数 n 就可求得风速递减序号 m，m 所对应的风速即为保证概率(多少年一遇)的选用值，即计算最大风速值。

气象资料所统计的风速是平坦空旷环境下，离地面 10 m 高处 10 min 自记录的平均风速值。平均风速与瞬时风速的关系是 $v_瞬 = 1.5 v_平$。

最大风速出现时的温度具有很大的离散性，地区差异大，即便是同一地区，也是时高时低，实际温度可相差 30 ℃ 以上，很难选取一个合适数值。根据中国气候南北差异大，南方多台风，北方多寒流的特点。南方宜取夏秋季某个月的平均气温，北方宜取冬春季某个月的平均气温作为最大风出现时的温度。上述两种气候对长江中下游及中原地区的影响都较严重，该区域应视具体情况选定。

3. 覆冰厚度及覆冰时的温度和风速

覆冰厚度是以承力索均匀覆上比重为 900 kg/m³ 的坚冰来表示的。然而，实际覆冰千差万别，比重不同，形状也不规则，必须进行相应换算。常用的换算方法为称重法，其计算公式为

$$b = \sqrt{R^2 + \frac{(g_{bc} - g_c) \times 10^9}{9.81 \pi \gamma_b}} - R \qquad (3\text{-}1\text{-}4)$$

式中　b——承力索标准覆冰厚度(mm)；

　　　R——承力索半径(mm)；

　　　g_c——无冰承力索的单位长度重量(kN/m)；

　　　g_{bc}——覆冰承力索的单位长度重量(kN/m)；

　　　γ_b——标准覆冰密度，取 900 kg/m³。

覆冰风速是很难测定的，根据经验和架空电力输电线设计规范，覆冰风速可取为 10 m/s；沿海及草原地区的风速稍大一些，可取为 15 m/s。沿海地区指距海岸线不超过 100 km 的地区，且不能越过山脉。

覆冰温度一般在 $-6 \sim 0$ ℃ 之间，接触网覆冰温度可取为 -5 ℃。

4. 其他计算气象参数

在接触网设计计算中，除了上述介绍的温度、风速、覆冰气象三要素外，还涉及接触网在特定状态和特定环境下的气象参数，这些气象参数包括接触线无弛度时的温度，定位器、吊弦处于最佳位置时的温度，隧道内温度与风速等。

理论和实践均表明：接触线无弛度或具有较小正弛度时，受电弓运行最为平稳。接触线出现负弛度时，受电弓滑板和接触线的磨耗均偏大。因此，在设计接触网时应使接触线长期处于无弛度或合理的正弛度状态，应尽量避免接触线出现负弛度。

影响接触线弛度的因素很多，如悬挂类型、张力大小、跨距长短、温度变化等。对于全补偿链型悬挂，因接触线弛度可通过吊弦长度和线索张力的合理设计得到较好控制，温度对接触线弛度的影响很小；对于简单悬挂和未(半)补偿链型悬挂，温度对接触线弛度的影响十分明显，为使一年中接触线处于最小正弛度和无弛度的时间最长，且在最低温度时不出现负弛度，接触线无弛度时的温度应偏向最低温度，根据经验，可按式(3-1-5)、式(3-1-6)取值。

简单链型悬挂接触线无弛度时的温度

$$t_0 = \frac{t_{max} + t_{min}}{2} - 10 \qquad (3\text{-}1\text{-}5)$$

弹性链型悬挂接触线无弛度时的温度

$$t_0 = \frac{t_{\max} + t_{\min}}{2} - 5 \qquad\qquad (3\text{-}1\text{-}6)$$

吊弦的最佳位置是指吊弦无纵向偏移,吊弦与承力索和接触线均保持垂直的位置;定位器(或腕臂)最佳位置是指定位器(或腕臂)投影与线路中心线垂直的位置。

大气温度对最佳位置的影响十分明显,应选取使吊弦和定位器(或腕臂)处于最佳位置时间最长且使悬挂在最高温度和最低温度时产生的纵向位移量相等的温度作为吊弦和定位器处于最佳位置时的温度,一般取为平均温度。

隧道气象参数主要考虑温度和风速,其取值与隧道长短有关。如果一个锚段只有部分在隧道之内,则该锚段的计算气象参数按隧道外计算气象参数取值;如果一个锚段全部位于隧道内且距隧道口 500 m 以上,则最高气温比隧道外最高气温低 10 ℃,最低气温比隧道外最低气温高 5 ℃。研究表明,当列车运行速度超过 140 km/h 时,电气列车在隧道内形成的空气微压波就会对接触网形成明显的作用,因此,隧道内风速主要考虑隧道内空气微压波对接触网悬挂结构和接触悬挂的影响。

第二节　单位负载计算

单位负载是指单位长度的接触悬挂的自重及其附加负载,这些负载包括自重、覆冰重、风负载等。单位负载是接触网计算的基础数据。

为方便描述和计算,一般将接触悬挂负载分为垂直负载和水平负载。垂直负载包括:线索自重、线索覆冰重、吊弦重等;水平负载主要指风负载及张力的水平分力等。不论是垂直负载还是水平负载,均认为是沿跨距均匀分布的。

一、垂直负载的计算

1. 线索单位自重

接触线单位自重的计算式为

$$g_j = S\gamma_j g_H \times 10^{-9} \qquad\qquad (3\text{-}2\text{-}1)$$

式中　g_j——接触线单位长度重力负载(kN/m);

　　　S——接触线横截面积(mm²);

　　　γ_j——接触线材质密度(kg/m³);

　　　g_H——重力加速度 9.81(m/s²)。

对多股绞线(如承力索),实际长度约比单股线长 2%～3%,一般按 2.5% 计算,所以,多股绞线的单位自重计算式为

$$g_c = 1.025S\gamma_c g_H \times 10^{-9} = 0.256\pi d^2 \gamma_c g_H \times 10^{-9} \qquad\qquad (3\text{-}2\text{-}2)$$

式中　d——多股绞线的标称直径(mm);

　　　γ_c——多股绞线材质密度(kg/m³)。

对于钢芯铝绞线,它由两种金属组成,其单位自重计算式为

$$g_c = 1.025(S_G\gamma_G + S_L\gamma_L)g_H \times 10^{-9} \qquad\qquad (3\text{-}2\text{-}3)$$

线索的单位自重可从产品说明书或相关设计手册中查得,在查用这些数据时应特别注意

所给数据的单位。只有当无相关资料或数据不准确时,才用以上公式进行计算。

2. 线索单位冰负载

(1)承力索单位冰负载

由图 3-2-1(a)可以很容易写出承力索单位冰负载

$$g_{cb}=\pi \cdot \gamma_b \cdot b(b+d)g_H \times 10^{-9} \qquad (3\text{-}2\text{-}4)$$

式中　g_{cb}——承力索单位冰负载(kN/m);

　　　b——承力索标准覆冰厚度(mm);

　　　d——承力索标称直径(mm);

　　　g_H——重力加速度(m/s²);

　　　γ_b——标准冰密度(kg/m³)。

(2)接触线单位冰负载

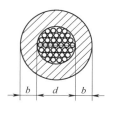
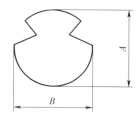

(a)承力索覆冰厚度　　(b)接触线断面图

图 3-2-1　线索覆冰计算用图

接触线单位冰负载的计算方法与承力索相同,考虑受电弓对接触线的作用,覆冰厚度取承力索覆冰厚度的一半,即

$$g_{jb}=\pi \cdot \gamma_b \cdot \frac{b}{2}\left(\frac{b}{2}+\frac{A+B}{2}\right)g_H \times 10^{-9} \qquad (3\text{-}2\text{-}5)$$

式中　g_{jb}——接触线单位冰负载(kN/m);

　　　A——接触线横断面高度(mm);

　　　B——接触线横断面宽度(mm)。

3. 吊弦及吊弦线夹的单位自重

根据经验,吊弦的单位自重取为 0.5×10^{-3} kN/m,并用特定符号 g_d 表示。实际上,吊弦单位自重应称为"吊弦密度"更为准确,因为它是一定长度(如一个锚段或一个跨距)内的吊弦总重量分摊到每米悬挂中的平均值。

二、水平负载的计算

接触悬挂的水平负载主要指风负载,它是指风吹到接触线、承力索、支柱上所产生的压力,称为风压。风以恒定风速垂直吹到单位面积上所形成的压力称为基本风压,其表达式为

$$q=\frac{1}{2}\rho v^2 \qquad (3\text{-}2\text{-}6)$$

式中　q——基本风压(kN/m²);

　　　ρ——空气密度(kg/m³);

　　　v——风速(m/s)。

基本风压不仅与风速有关,还与空气密度有关,不同海拔高度和不同地域的空气密度不同,理论风压值也就不同。沿海为 1/17,内陆为 1/16,高原地区为 1/18 或 1/19。

在接触网设计计算中,一般以 1 m³ 空气在一个标准大气压力下,温度为 15 ℃时的空气密度 $\rho=1.25$ kg/m³(即内陆理论风压值)作为计算标准,此时,风压与风速之间的关系为

$$q=0.625v^2 \qquad (3\text{-}2\text{-}7)$$

这里需要强调一点,世界各国基本风压值的计算方法和标准是不相同的,在涉外工程中一定要注意相互间的差别并正确换算各国基本风压值,否则会给工程造成巨大损失。

1. 线索单位风负载

根据式(3-2-7),再将线索直径及其风载体型系数一并考虑,线索单位风负载

$$P = 0.625Kdv^2 \times 10^{-6} \tag{3-2-8}$$

式中 K——风载体型系数,如表 3-2-1 所示;

   d——线索直径(mm);

   v——计算风速(m/s)。

计算在线索覆冰状态下的单位风负载时,其计算直径应为$(d+2b)$。

表 3-2-1   风载体型系数参考取值表

序号	类别	被吹物形状和截面	体型系数
1	混凝土支柱	环形截面	0.7
2		矩形或工字形截面	1.3
3	实腹式钢柱	环形截面	0.7
4		H 形截面	1.3
5	格构式钢柱	由角钢组成的矩形断面钢柱	0.8
6		由钢管组成的矩形断面钢柱	0.64
7	格构式横梁	由角钢组成的矩形断面横梁	0.8
8		由钢管组成的三角形断面横梁	0.58
9	线 索	链型悬挂	1.25
10		简单悬挂和附加导线	1.2

注:1. 当链型悬挂采用双接触线,且间距为 100 mm 时,风载体型系数取 1.85;

   2. 为了简便,没有写出格构式钢柱的风载体型系数计算式,而是直接给出两个常用数据。

2. 支柱风负载

支柱风负载的计算式为

$$P_Z = 0.625KSv^2 \times 10^{-3} \tag{3-2-9}$$

式中 S——支柱迎风面面积(m²),支柱为桁架构件时,按构件面积逐一计算。

接触网风负载的大小与接触网所处环境有密切关系。在风受到约束的特殊地段(如高架桥、高路堤地段,山口、河谷地带),必须考虑地形和高度对风负载的影响,用风负载高度修正系数(表 3-2-2)对式(3-2-8)和式(3-2-9)进行修正。

表 3-2-2   风负载高度修正系数

离地面或海平面高度	地面粗糙度			
	A	B	C	D
5	1.09	1.00	0.65	0.51
10	1.28	1.00	0.65	0.51
15	1.42	1.13	0.65	0.51
20	1.52	1.23	0.74	0.51
30	1.67	1.39	0.88	0.51
40	1.79	1.52	1.00	0.60

注:A 为海岛、海岸、湖岸、近海和沙漠地区;B 为乡村、田野、丛林、丘陵以及房屋比较稀的乡镇或城市郊区;C 为有密集建筑的城市市区;D 为有密集建筑群且建筑较高的城市市区。

修正后,式(3-2-8)为

$$P = 0.625 K \mu_z d v^2 \times 10^{-6} \tag{3-2-10}$$

式中　μ_z——风负载高度修正系数(表 3-2-2)。

三、单位合成负载

单位合成负载是单位垂直负载和单位水平负载的矢量和。由于接触悬挂的主要负载由承力索承担,吊弦仅将接触线的垂直负载传给承力索,理论上并不考虑接触线水平负载对承力索的影响,因此,单位合成负载是针对承力索而言的。

(1)无冰、无风时的合成负载

$$q_o = g_j + g_c + g_d \tag{3-2-11}$$

合成负载的方向为铅垂方向。

(2)覆冰时的合成负载

$$q_b = \sqrt{(q_0 + g_{cb} + g_{jb})^2 + P_{cb}^2} \tag{3-2-12}$$

合成负载与铅垂方向的夹角

$$\varphi = \arctan \frac{P_{cb}}{q_0 + g_{cb} + g_{jb}} \tag{3-2-13}$$

(3)最大风速时的合成负载

$$q_{v_{max}} = \sqrt{q_0^2 + P_{cv_{max}}^2} \tag{3-2-14}$$

合成负载与铅垂方向的夹角

$$\varphi = \arctan \frac{P_{cv_{max}}}{q_0} \tag{3-2-15}$$

式中　g_{cb}——承力索单位覆冰负载(kN/m);

g_{jb}——接触线单位覆冰负载(kN/m);

g_j——接触线单位自重负载(kN/m);

g_c——承力索单位自重负载(kN/m);

g_d——吊弦及线夹负载,取 0.5×10^{-3}(kN/m);

q_0——链型悬挂在无冰无风时的合成负载(kN/m);

$P_{cv_{max}}$——承力索在最大风时的单位风负载(kN/m);

P_{cb}——承力索在覆冰时的单位风负载(kN/m)。

【例 3.1】　单位负载计算。

试计算处于典型第Ⅱ气象区的"JTM-120+CTM-150"全补偿链型悬挂的各类单位负载。

解:查表 3-1-1 可知:$v_{max} = 30$ m/s,$v_b = 10$ m/s,$b = 5$ mm;

查表 2-3-2 可知:$g_j = 13.50 \times 10^{-3}$ kN/m;$A = B = 14.4$ mm;

查表 2-3-5 可知:$g_c = 10.65 \times 10^{-3}$ kN/m;$d_c = 14.0$ mm。

(1)接触悬挂无冰无风时的单位负载

$q_0 = g_c + g_j + g_d = 10.65 \times 10^{-3} + 13.50 \times 10^{-3} + 0.5 \times 10^{-3} = 24.65 \times 10^{-3}$(kN/m)

(2)接触悬挂在覆冰时的各类单位负载

① 承力索单位冰负载

$g_{cb} = \pi \cdot \gamma_b \cdot b(b+d) g_H \times 10^{-9} = 3.14 \times 900 \times 5 \times (5+14) \times 9.81 \times 10^{-9}$

$\quad = 2.63 \times 10^{-3}$(kN/m)

② 接触线单位冰负载

$$g_{jb} = \pi \cdot \gamma_b \cdot \frac{b}{2}\left(\frac{b}{2} + \frac{A+B}{2}\right)g_H \times 10^{-9} = 3.14 \times 900 \times 2.5 \times (2.5 + 14.4) \times 9.81 \times 10^{-9}$$
$$= 1.17 \times 10^{-3} (kN/m)$$

③ 覆冰时,承力索的单位风负载

$$P_{cb} = 0.625 K d_{cb} v_b^2 \times 10^{-6} = 0.625 \times 1.25 \times (14 + 2 \times 5) \times 10^2 \times 10^{-6}$$
$$= 1.875 \times 10^{-3} (kN/m)$$

④ 接触悬挂覆冰时的单位合成负载

$$q_b = \sqrt{(q_0 + g_{cb} + g_{jb})^2 + P_{cb}^2}$$
$$= \sqrt{(24.65 \times 10^{-3} + 2.63 \times 10^{-3} + 1.17 \times 10^{-3})^2 + (1.87 \times 10^{-3})^2}$$
$$= 3.4 \times 10^{-2} (kN/m)$$

⑤ 覆冰时,单位合成负载的方向

$$\varphi = \arctan \frac{P_{cb}}{q_0 + g_{cb} + g_{jb}} = \arctan \frac{1.875 \times 10^{-3}}{28.42 \times 10^{-3}} = 3.78°$$

(3)接触悬挂在最大风时的各类单位负载

① 最大风时,承力索的单位风负载

$$P_{v_{max}} = 0.625 K d_c v_{max}^2 \times 10^{-6} = 0.625 \times 1.25 \times 14 \times 30^2 \times 10^{-6}$$
$$= 9.84 \times 10^{-3} (kN/m)$$

② 最大风时,接触悬挂的单位合成负载

$$q_{v_{max}} = \sqrt{q_0^2 + P_{cv_{max}}^2} = \sqrt{(24.65 \times 10^{-3})^2 + (9.84 \times 10^{-3})^2}$$
$$= 3.0 \times 10^{-2} (kN/m)$$

③ 最大风时,单位合成负载的方向

$$\varphi = \arctan \frac{P_{cv_{max}}}{q_0} = \arctan \frac{9.84 \times 10^{-3}}{24.62 \times 10^{-3}} = 21°$$

通过以上计算可知,该悬挂的最大合成负载出现在覆冰时,$q_{max} = q_b = 3.4 \times 10^{-2} (kN/m)$。

第三节　简单悬挂的机械计算

一、简单悬挂的弛度和张力计算

弛度是指悬挂线索在重力作用下所成导曲线的最低点与两悬挂点连线的垂直距离,如图 3-3-1(a)所示。两悬挂点高度相等的悬挂称为等高悬挂,两悬挂点高度不相等的悬挂称为不等高悬挂。不等高悬挂有两个弛度 f_1 和 f_2,如图 3-3-1(b)所示。

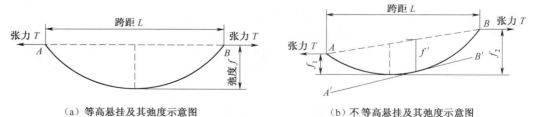

（a）等高悬挂及其弛度示意图　　　　（b）不等高悬挂及其弛度示意图

图 3-3-1　等高悬挂和不等高悬挂的弛度、张力、跨距示意图

不等高悬挂的弛度也可用斜弛度 f' 来表示,它是两悬挂点连线与平行于该连线且与导曲线相切的直线之间的垂直距离。弛度的大小与悬挂点间的距离(跨距)和线索所受张力的大小有关。张力是外力在线索内部产生的内应力。

1. 等高悬挂的弛度和张力计算

由于架空导线的跨距比直径大 1 000 倍以上,刚度影响已微乎其微,因此,可将架空导线等效为一根理想的、柔软的、质量均匀分布的线段 AB。其受力分析如图 3-3-2 所示。图中 A、B 为悬挂点,l 为跨距,f 为弛度,V_A、V_B 为悬挂点的垂直分力,T_A、T_B 为悬挂点的水平分力,H_A、H_B 为悬挂点的合力。

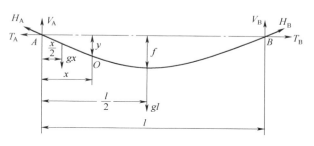

图 3-3-2　简单悬挂受力分析图

由图 3-3-2 写出架空导线的力学平衡和力矩平衡方程式,化简整理后可得架空导线的曲线方程

$$y = \frac{gx(l-x)}{2T} \qquad (3\text{-}3\text{-}1)$$

将 $x = \frac{l}{2}$ 代入式(3-3-1),可得简单悬挂的弛度计算式

$$f = \frac{gl^2}{8T} \qquad (3\text{-}3\text{-}2)$$

由式(3-3-2)可得简单悬挂的张力计算式

$$T = \frac{gl^2}{8f} \qquad (3\text{-}3\text{-}3)$$

将式(3-3-3)代入式(3-3-1)可得导曲线方程的另一种表达形式

$$y = \frac{4f \cdot x \cdot (l-x)}{l^2} \qquad (3\text{-}3\text{-}4)$$

式(3-3-4)是研究柔性架空接触网的理论基础,在后续内容中将有许多地方用到它。导曲线方程是抛物线方程,其成立的条件:线索是柔软的、质量是均布的。当实际研究对象(如刚性悬挂)不能满足这一假定条件时,就不能应用它来分析问题。

(1)架空导线的张力变化

任取导线的一微单元段 $\mathrm{d}l$ 作为分析对象,其受力如图 3-3-3 所示。

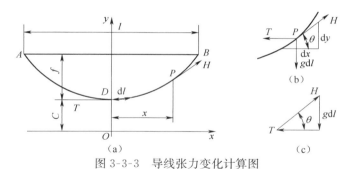

图 3-3-3　导线张力变化计算图

由图可知,微单元段在自身重力 $g\mathrm{d}l$ 和切向张力 H 作用下处于平衡状态,即

$$H\cos\theta=T \tag{3-3-5}$$

$$H\sin\theta=g\mathrm{d}l \tag{3-3-6}$$

因

$$\frac{1}{\cos\theta}=\sqrt{1+\tan^2\theta}$$

而

$$\tan\theta=\frac{\mathrm{d}y}{\mathrm{d}x}=\frac{4f}{l}-\frac{8fx}{l^2} \tag{3-3-7}$$

将式(3-3-7)代入式(3-3-5)可得

$$H=T\cdot\sqrt{1+\left(\frac{4f}{l}-\frac{8fx}{l^2}\right)^2} \tag{3-3-8}$$

由式(3-3-8)可知,架空导线的张力是变化的,悬挂点的张力最大,跨中最低点的张力最小。由于 $f\ll l$,$(4f/l)^2$ 是一个很小的数,实际工程中常将其忽略不计,认为线索在整个跨距内的张力均等于水平张力。

(2)架空导线的长度计算

为节约材料和成本,接触线和承力索都是根据锚段实际长度定制的,因此需要对架空导线的实际长度进行精确计算。由图 3-3-3 可知

$$\mathrm{d}l=\sqrt{\mathrm{d}x^2+\mathrm{d}y^2}=\sqrt{1+\left(\frac{\mathrm{d}y}{\mathrm{d}x}\right)^2}\cdot\mathrm{d}x \tag{3-3-9}$$

对式(3-3-4)求导,可得

$$\mathrm{d}y=\frac{4f(l-2x)}{l^2}\mathrm{d}x \tag{3-3-10}$$

将(3-3-10)式代入(3-3-9)化简整理得

$$\mathrm{d}l=\sqrt{1+\frac{16f^2(l-2x)^2}{l^4}}\cdot\mathrm{d}x \tag{3-3-11}$$

对 $\mathrm{d}l$ 在 $\left(0,\dfrac{l}{2}\right)$ 范围内积分,并乘以 2,可得一个跨距内的导线实际长度

$$L=2\int_0^{\frac{l}{2}}\sqrt{1+\left[\frac{4f(l-2x)}{l^2}\right]^2}\cdot\mathrm{d}x=l+\frac{8f^2}{3l}$$

即

$$L=l+\frac{8f^2}{3l} \tag{3-3-12}$$

式中　L——线索实际长度(m);

　　　f——线索的弛度(m);

　　　l——跨距长度(m)。

由此可知:架空导线的实际长度大于其所在跨距的长度。

2. 不等高悬挂的弛度和张力计算

(1)不等高悬挂的弛度计算

不等高悬挂的弛度计算有分解法和斜弛度法。分解法的实质是将不等高悬挂从悬挂最低点一分为二,将一个不等高悬挂看成两个等高悬挂各取一半的叠加,然后应用等高悬挂弛度计

算方法计算不等高悬挂的弛度;斜弛度法是直接求不等高悬挂的斜弛度。可以证明:不等高悬挂的斜弛度等于相同悬挂条件(线索、跨距、张力均相同)的等高悬挂的弛度。

① 分解法

在图 3-3-4 中,最低点左侧弛度为 f_1,跨距为 $2l_1$ 的等高悬挂的一半,由式(3-3-2)可得

$$f_1 = \frac{g}{8T}(2l_1)^2 = \frac{gl_1^2}{2T} \tag{3-3-13}$$

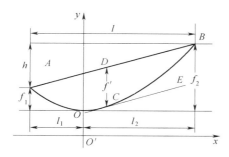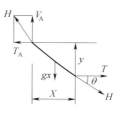

图 3-3-4 不等高悬挂受力分析图

同样,最低点右侧弛度为 f_2,跨距为 $2l_2$ 的等高悬挂的一半,由式(3-3-2)可得

$$f_2 = \frac{g}{8T}(2l_2)^2 = \frac{gl_2^2}{2T} \tag{3-3-14}$$

两悬挂点高度差

$$h = f_2 - f_1 = \frac{g}{2T}(l_2^2 - l_1^2) = \frac{g}{2T}(l_2 + l_1)(l_2 - l_1) = \frac{g \cdot l}{2T}(l_2 - l_1)$$

所以

$$l_2 - l_1 = \frac{2Th}{gl}$$

由此可得

$$l_1 = \frac{l}{2} - \frac{Th}{gl} \tag{3-3-15}$$

$$l_2 = \frac{l}{2} + \frac{Th}{gl} \tag{3-3-16}$$

将(3-3-15)和(3-3-16)分别代入(3-3-13)和(3-3-14)式,化简整理后可得

$$f_1 = f\left(1 - \frac{h}{4f}\right)^2 \tag{3-3-17}$$

$$f_2 = f\left(1 + \frac{h}{4f}\right)^2 \tag{3-3-18}$$

式中　h——不等高悬挂两悬挂点的高度差(m);

　　　f——等高悬挂的弛度(m),由式(3-3-2)计算。

② 斜弛度法

欲求出不等高悬挂的斜弛度 f',必先求出图 3-3-4 中 C 和 D 两点的坐标。由前推导可知,架空导线的曲线方程为一二次方程,故可设

$$y = \frac{gx^2}{2T} + s \tag{3-3-19}$$

式中　s——一个与坐标原点选取有关的常数。

根据斜弛度的定义可知,曲线上 C 点的曲线斜率与直线 AB 的斜率 h/l 是相等的,即

$$\frac{\mathrm{d}y}{\mathrm{d}x}=\frac{g x_\mathrm{C}}{T}=\frac{h}{l}$$

由此可得

$$x_\mathrm{C}=\frac{Th}{gl} \tag{3-3-20}$$

将(3-3-20)代入(3-3-21)得

$$y_\mathrm{C}=\frac{g}{2T}\left(\frac{Th}{gl}\right)^2+s \tag{3-3-21}$$

另外,直线 AB 的方程可写为

$$y-(f_1+s)=\frac{h}{l}\left[x-(-l_1)\right]$$

由此可得 D 点坐标为

$$y_\mathrm{D}=\frac{h}{l}(x_\mathrm{D}+l_1)+(f_1+s)$$

将 $l_1=\dfrac{l}{2}-\dfrac{Th}{gl}$ 和 $x_\mathrm{D}=x_\mathrm{C}=\dfrac{Th}{gl}$ 代入上式得

$$y_\mathrm{D}=f_1+\frac{h}{2}+s \tag{3-3-22}$$

将式(3-3-17)代入(3-3-22)得

$$y_\mathrm{D}=f\left(1-\frac{h}{4f}\right)^2+\frac{h}{2}+s \tag{3-3-23}$$

根据斜弛度的定义有

$$f'=y_\mathrm{D}-y_\mathrm{C}=\left[f\left(1-\frac{h}{4f}\right)^2+\frac{h}{2}+s\right]-\left[\frac{g}{2T}\left(\frac{Th}{gl}\right)^2+s\right]=f \tag{3-3-24}$$

由此可知,不等高悬挂的斜弛度等于悬挂条件(线索、跨距、张力)相同的等高悬挂的弛度。不仅如此,研究还表明:不等高悬挂两悬挂点连线上的任一点与导曲线的垂直距离只与跨距、导线材质、张力以及该点横坐标有关,而与悬挂点的高度差无关。这一结论对不等悬挂的弛度计算以及吊弦长度预制计算都具有很重要的实际意义。

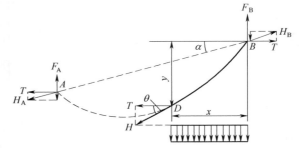

图 3-3-5　不等高悬挂张力差分析图

(2)不等高悬挂的张力差

在图 3-3-5 中,取 B 点为坐标原点,对 D 点取矩,列力矩平衡方程

$$F_\mathrm{B}\cdot x-\frac{1}{2}g x^2-H_\mathrm{B}\cdot y\cdot\cos\alpha+H_\mathrm{B}\cdot x\cdot\sin\alpha=0$$

整理上式,并将式(3-3-24)代入,可得

$$y=\frac{h}{l}x+\frac{4f\cdot x(l-x)}{l^2} \tag{3-3-25}$$

式(3-3-25)为不等高悬挂的导曲线方程,对其求导可得曲线上任一点的斜率

$$\tan\theta = \frac{dy}{dx} = \frac{h}{l} + \frac{4f}{l} - \frac{8f}{l^2}x \tag{3-3-26}$$

导曲线上任一点的实际张力

$$H = \frac{T}{\cos\theta} = T \cdot \sqrt{1 + \tan^2\theta} = T\sqrt{1 + \left(\frac{h}{l} + \frac{4f}{l} - \frac{8f}{l^2}x\right)^2} \tag{3-3-27}$$

将 $x=l$ 和 $x=0$ 分别代入式(3-3-27)中,可得两悬挂点 A、B 的实际张力

$$H_A = T \cdot \sqrt{1 + \left(\frac{h}{l} - \frac{4f}{l}\right)^2} \tag{3-3-28}$$

$$H_B = T \cdot \sqrt{1 + \left(\frac{h}{l} + \frac{4f}{l}\right)^2} \tag{3-3-29}$$

比较两式可以看出:不等高悬挂两悬挂点之间存在张力差,两悬挂点高度差越大,两悬挂点的张力差也就越大。当高差达到一定值时,在低悬挂点将产生一个方向向上的合力,该力称为上拔力。

经推导可知,简单悬挂产生上拔力的条件是

$$h \geqslant 4f \tag{3-3-30}$$

链型悬挂产生上拔力的条件是

$$l < \sqrt{\frac{2Z_x h}{W_x}} \tag{3-3-31}$$

式中　h——悬挂点或定位点高度差(m);

　　　f——不等高悬挂的斜弛度(m);

　　　l——跨距(m);

　　Z_x——换算张力(kN);

　　W_x——换算负载(kN/m)。

上拔力对支柱和支持结构的稳定极为不利,在工程设计中应加以验算,如果存在上拔力就应调整设计参数(加大跨距或降低高差)予以消除。

(3)不等高悬挂的线索长度

与等高悬挂线索实际长度计算方法相同,先求微分段长度,再通过积分求得线索实长,其计算式为

$$L = l + \frac{8f'^2}{3l} + \frac{1}{2} \cdot \frac{h^2}{l} \tag{3-3-32}$$

式中　L——不等高悬挂线索实际长度(m);

　　　l——不等高悬挂的跨距长度(m);

　　　f'——不等高悬挂的斜弛度(m);

　　　h——不等高悬挂两悬挂点或定位点的高差(m);

二、简单悬挂的安装曲线

接触网是露天设备,线索的张力、弛度以及装置(支持装置、定位装置、补偿装置)的空间位置均会随温度变化而变化,将这种变化绘制在相应直角坐标系中所形成的曲线称为接触网安装曲线。安装曲线是接触网施工和运营维护的理论依据。

接触网的主要安装曲线有弛度—温度曲线、张力—温度曲线、补偿安装曲线、腕臂安装曲

线和定位器安装曲线。

1. 架空导线的物理状态方程

要绘制张力—温度曲线,必须找出张力—温度之间的内在联系:温度上升(或下降)后,导线会伸长(或缩短),张力会降低(或增加)。设导线的线胀系数为 α,温度上升 Δt 后,导线伸长量

$$\Delta L_a = \alpha \cdot \Delta t \cdot l \tag{3-3-33}$$

温度上升 Δt 后,导线伸长,弛度增加、张力减小。设导线伸长前后的张力分别为 T_1 和 T_x,导线截面积为 S、弹性系数为 E,则导线内部的应力就从 T_1/S 减小为 T_x/S,由此引起的弹性收缩

$$\Delta L_E = \frac{T_1 - T_x}{E \cdot S} \cdot l \tag{3-3-34}$$

因此,温度上升 Δt 后,导线长度的变化量

$$\Delta L = \Delta L_a - \Delta L_E = \alpha \cdot \Delta t \cdot l - \frac{T_1 - T_x}{E \cdot S} \cdot l \tag{3-3-35}$$

另外,设导线在温度上升前所对应的合成负载为 q_1,温度上升 Δt 后所对应的合成负载为 q_x,导线在两种状态下的弛度分别为

$$f_1 = \frac{q_1 l^2}{8 T_1}; \qquad f_x = \frac{q_x l^2}{8 T_x}$$

将以上两式分别代入式(3-3-12)可得

$$L_1 = l + \frac{q_1^2 l^3}{24 T_1^2}; \qquad L_x = l + \frac{q_x^2 l^3}{24 T_x^2}$$

则,在温度变化前后导线的长度变化为

$$\Delta L = L_x - L_1 = \frac{q_x^2 l^3}{24 T_x^2} - \frac{q_1^2 l^3}{24 T_1^2} \tag{3-3-36}$$

式(3-3-35)和式(3-3-36)描述的是同一个量,显然有

$$\frac{q_x^2 l^3}{24 T_x^2} - \frac{q_1^2 l^3}{24 T_1^2} = \alpha \cdot \Delta t \cdot l - \frac{T_1 - T_x}{E \cdot S} \cdot l \tag{3-3-37}$$

化简整理,并将 $\Delta t = t_x - t_1$ 代入式(3-3-37)可得

$$\frac{q_x^2 l^2}{24 T_x^2} - \frac{q_1^2 l^2}{24 T_1^2} = \alpha(t_x - t_1) + \frac{T_x - T_1}{E \cdot s} \tag{3-3-38}$$

式(3-3-38)即是架空导线的物理状态方程,简称状态方程,通常写成

$$t_x = \left(t_1 - \frac{q_1^2 l^2}{24 \alpha T_1^2} + \frac{T_1}{\alpha ES} \right) + \frac{q_x^2 l^2}{24 \alpha T_x^2} - \frac{T_x}{\alpha ES} \tag{3-3-39}$$

式中　q——悬挂的单位负载(kN/m);

　　　T——悬挂线索的张力(kN);

　　　t——大气温度(℃);

　　　α——悬挂线索的线胀系数(1/℃);

　　　S——悬挂线索的横截面积(mm^2);

　　　E——悬挂线索的弹性模量(MPa);

　　　1——下标,起始状态;

　　　x——下标,待求状态。

在状态方程起始条件确定后,便可求出 t_x 与 T_x 的对应关系,绘制出张力—温度安装曲线。

2. 状态方程起始条件的确定

状态方程起始条件应包括导线的临界状态,即导线具有最大张力,但没有超过许用张力;导线具有最大弛度,但没有超过容许弛度。衡量导线具有最大张力但没有超过许用张力这一临界状态的标准是临界跨距;衡量导线具有最大弛度但没有超过允许弛度这一临界状态的标准是临界温度。

(1)临界跨距

临界跨距是指导线即将产生最大张力时的跨距,导线最大张力既可产生在最低温度时,也可产生在最大附加负载(最大覆冰或最大风)时。

根据临界跨距的定义,设导线在最低温度时的状态参数为

$$t_1 = t_{min}; q_1 = g_j; T_1 = T_{max} \quad (起始状态)$$

导线在覆冰时的状态参数为

$$t_x = t_b; q_x = q_b; T_x = T_{max} \quad (待求状态)$$

将以上两种状态的参数代入(3-3-18),并用 l_{lj} 代替 l,则有:

$$\left(\frac{q_b^2}{24T_x^2} - \frac{g_j^2}{24T_1^2} \right) l_{lj}^2 = \alpha(t_b - t_{min}) + \frac{T_x - T_1}{E \cdot s}$$

因 $T_x = T_1 = T_{max}$,化简整理得临界跨距的理论计算式

$$l_{lj} = T_{max} \sqrt{\frac{24\alpha(t_b - t_{min})}{q_b^2 - g_j^2}} \tag{3-3-40}$$

式中　T_{max}——线索最大许用张力(kN);

　　　α——线胀系数(1/℃);

　　　t_b——覆冰时温度(℃);

　　　q_b——覆冰时线索单位合成负载(kN/m);

　　　g_j——悬挂线索单位自重(kN/m)。

求出临界跨距后,将实际跨距与临界跨距进行比较,以此确定状态方程的起始条件。

在实际工程中跨距数量很多,若都比较一次、计算一次,其工作量是巨大的,而且每个实际跨距都对应一条张力温度曲线,曲线数量也会很多,使用起来会很不方便。观察可知,对于同一锚段内的接触悬挂而言,因所有定位器(链型悬挂包括腕臂)都可随温度变化自由转动,各跨张力随温度变化的规律是相同的。为减少计算工作量和图纸量、方便使用,可在众多实际跨距中选出一个典型跨距值与临界跨距进行比较,以此判定整锚段悬挂的状态方程的起始条件,被选作代表的典型跨距称为当量跨距。

(2)当量跨距

由上述分析可知,当量跨距是一假设的理论跨距,该跨距的张力随温度变化的规律能代表整锚段内所有实际跨距的张力随温度变化的规律。确定当量跨距的方法有平均法、张力相等法和数理统计法。我国采用的是张力相等法。

① 平均法

$$l_D = \frac{\sum_{i=1}^{n} l_i}{n} \tag{3-3-41}$$

② 张力相等法

$$l_{\mathrm{D}} = \sqrt{\sum_{i=1}^{n} l_i^3 \Big/ \sum_{i=1}^{n} l_i}$$ (3-3-42)

③ 数理统计法

$$l_{\mathrm{D}} = l_{\mathrm{cp}} + \frac{2}{3}(l_{\max} - l_{\mathrm{cp}})$$ (3-3-43)

以上三式中 l_i——锚段内某实际跨距的长度(m);

$\quad\quad\quad\quad n$——锚段内的跨距数;

$\quad\quad\quad\quad l_{\mathrm{cp}}$——锚段的平均跨距(m),由式(3-3-21)计算;

$\quad\quad\quad\quad l_{\max}$——锚段内的最大跨距(m)。

为简化计算,当量跨距一般取为 5 的整倍数。

(3)状态方程起始条件的确定

在状态方程式(3-3-38)中,假设 $l \to 0$,则有

$$T_x = T_1 - \alpha ES(t_1 - t_x)$$

由此可知,当跨距很小(小于临界跨距)时,张力 T_x 取决于温度 t_x,而与负载 q_x 无关,导线的最大张力 $T_{\max}$ 出现在最低温度时。

在状态方程式(3-3-38)中,两边同时除以 l^2,并设 $l \to \infty$,则有

$$\frac{q_x^2}{24T_x^2} - \frac{q_1^2}{24T_1^2} = 0 \Rightarrow T_x^2 = \frac{q_x^2 T_1^2}{q_1^2} \Rightarrow T_x = \frac{q_x}{q_1}T_1$$

由此可知,当跨距很大(大于临界跨距)时,张力 T_x 取决于负载 q_x,而与温度 t_x 无关,导线的最大张力 $T_{\max}$ 出现在最大附加负载时。

通过以上分析可知,在求出当量跨距和临界跨距后,比较二者的大小即可得到简单悬挂状态方程的起始条件。即

① 当 $l_{\mathrm{D}} < l_{\mathrm{lj}}$ 时,最大张力 $T_{\max}$ 出现在最低温度 $t_{\min}$ 时,取 $t_{\min}$ 对应的状态为状态方程的起始条件;

② 当 $l_{\mathrm{D}} > l_{\mathrm{lj}}$ 时,最大张力 $T_{\max}$ 出现在覆冰(或最大风)时,取 t_{b}(或 t_v)对应的状态为状态方程的起始条件;

③ 当 $l_{\mathrm{D}} = l_{\mathrm{lj}}$ 时,最大张力 $T_{\max}$ 既可能发生在最低温度时,也可能发生在最大覆冰(或最大风)时,任取一种状态为起始条件均可。

需要注意的是应用当量跨距判定状态方程起始条件的前提(腕臂,定位器随温度变化能自由偏转),有些架空导线(如回流线、负馈线、保护线等附加导线)是不满足这一前提的,此时只能应用实际跨距与临界跨距进行比较来确定状态方程的起始条件。

(4)临界温度

对于大跨距架空导线(如电力输电线,接触网中的捷接线等),其控制条件不再是线索张力而是线索在最高温度和最大覆冰时的弛度,此时,应以临界温度作为判据。

临界温度是一理论计算温度,它是指导线即将出现最大弛度时的温度,最大弛度既可能出现在最高温度时,也可能出现在最大覆冰时。

根据临界温度的定义,可设

$$t_1 = t_{\mathrm{b}}, \quad q_1 = q_{\mathrm{b}}, \quad T_1 = T_{\mathrm{b}}; \quad t_x = t_{\mathrm{lj}}, \quad q_x = g, \quad T_x = T_{t_{\max}}$$

将以上参数代入式(3-3-18),有

$$\left(\frac{g^2}{24T_{t_{max}}^2}-\frac{q_b^2}{24T_b^2}\right)l^2=\alpha(t_{lj}-t_b)+\frac{T_{t_{max}}-T_b}{E\cdot s} \tag{3-3-44}$$

导线在最大覆冰时的弛度为

$$f_b=\frac{q_b l^2}{8T_b} \tag{3-3-45}$$

导线在临界温度时的弛度为

$$f_{lj}=\frac{g l^2}{8T_{t_{max}}} \tag{3-3-46}$$

根据定义,应有(3-3-45)=(3-3-46),由此可得

$$T_{t_{max}}=T_b\cdot\frac{g}{q_b} \tag{3-3-47}$$

将式(3-3-47)代入式(3-3-44)化简得临界温度的计算式

$$t_{lj}=t_b+\frac{T_b-T_{t_{max}}}{\alpha\cdot E\cdot S}=t_b+\frac{T_b}{\alpha\cdot E\cdot S}\left(1-\frac{g}{q_b}\right) \tag{3-3-48}$$

式中 t_b——线索覆冰时的温度(℃);

T_b——线索覆冰时的张力(kN);

q_b——线索覆冰时的单位合成负载(kN/m);

g——线索在最高计算温度时的单位合成负载(kN/m);

$T_{t_{max}}$——线索在最高计算温度时的张力(kN)。

由此可得出状态方程起始条件的判定方法:

① 当 $t_{lj}>t_{max}$ 时,取 t_b 作为起始状态;

② 当 $t_{lj}<t_{max}$ 时,取 t_{max} 作为起始状态;

③ 当二者相等时,可任取一种状态为起始条件。

(5)简单悬挂导线安装曲线的绘制步骤

① 选择计算气象条件。

② 计算悬挂的单位负载和单位合成负载。

③ 计算当量跨距 l_D(附加导线无此步骤)。

④ 计算临界跨距 l_{lj} 或临界温度 t_{lj}。

⑤ 比较 l_D 与 l_{lj}(或 t_{lj} 与 t_{max})的大小,确定状态方程的起始条件。

⑥ 将不同的 T_x(一般从最大许用张力开始、每间隔 1 kN 取值一次)值代入状态方程,计算 T_x-t_x 对应数据,并填入表 3-3-1 中。

⑦ 根据张力—温度曲线表绘制张力—温度曲线图。

⑧ 从张力—温度曲线图中选取温度为整数的点所对应的张力值,填入表 3-3-2 中。

表 3-3-1 张力—温度曲线表

t_x	t_{min}	…				t_{max}
T_x	T_{max}	…	6	5	4	…

表 3-3-2 弛度—温度曲线表(跨距为 l_i)

f_x					
t_x					
T_x					

将表 3-3-2 中的 T_x 值和实际跨距值 l_i 代入弛度计算式,计算出不同温度对应的弛度值,并将计算结果填入表 3-3-2 中,依据该表绘制弛度—温度曲线图。

第四节 链型悬挂的机械计算

一、链型悬挂的结构特征及计算模型

链型悬挂由承力索、吊弦、接触线组成,承力索和接触线之间通过吊弦相互作用,承力索除承受自身垂直负载外,还要承受接触线垂直负载。承力索的张力、弛度受接触线负载影响;接触线的弛度受承力索的张力和弛度影响。接触线、吊弦、承力索三者之间存在复杂的力学关系。

为简化理论分析,对链型悬挂理论分析模型做如下假设:

(1)负载沿跨距均匀分布,不考虑集中载荷。

(2)接触线、承力索均为硬锚,不考虑实际悬挂的具体情况。

(3)吊弦仅将接触线的垂直负载传给承力索,不考虑接触线水平负载对承力索的影响,接触线的水平负载完全由定位器传给支柱。

(4)两第一吊弦(与定位点相邻的左右吊弦)间的接触线平行升降。

依据以上假设,做出链型悬挂计算模型,如图 3-4-1 所示。

设接触线无弛度时,承力索的弛度为 F_{c0},张力为 T_{c0}(图中实线部分)。当温度变化后,承力索的弛度为 F_{cx},张力为 T_{cx}(图中虚线部分),由图 3-4-1 可知接触线的弛度为

$$f=(F_{cx}-F_{c0})-\Delta h \qquad (3\text{-}4\text{-}1)$$

根据假设条件(4),结合图 3-4-1 可知,Δh 实际上是第一吊弦($x=e$)处承力索两纵坐标 y_{c0} 和 y_{cx} 的差值。将 $x=e$ 代入导曲线方程式(3-3-4)可得

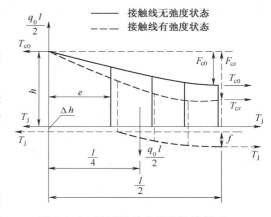

图 3-4-1 链型悬挂的简化计算模型

$$y_{c0}=\frac{4F_{c0}\cdot e(l-e)}{l^2} \qquad (3\text{-}4\text{-}2)$$

$$y_{cx}=\frac{4F_{cx}\cdot e(l-e)}{l^2} \qquad (3\text{-}4\text{-}3)$$

$$\Delta h=y_{cx}-y_{c0}=\frac{4e(l-e)(F_{cx}-F_{c0})}{l^2} \qquad (3\text{-}4\text{-}4)$$

将式(3-4-4)代入式(3-4-1),得

$$f=(F_{cx}-F_{c0})-\Delta h=(F_{cx}-F_{c0})\left[1-\frac{4e(l-e)}{l^2}\right]=(F_{cx}-F_{c0})\cdot\frac{(l-2e)^2}{l^2}$$

令

$$\varphi=\frac{(l-2e)^2}{l^2} \qquad (3\text{-}4\text{-}5)$$

则

$$f=\varphi(F_{cx}-F_{c0}) \qquad (3\text{-}4\text{-}6)$$

将式(3-4-6)代入式(3-4-1),得

$$\Delta h = (1-\varphi)(F_{cx}-F_{c0}) \tag{3-4-7}$$

由式(3-4-5)可知,φ 表明了定位点附近第一吊弦位置与跨距的关系,反映了链型悬挂的结构特征,被称为链型悬挂结构系数。

由式(3-4-6)可知,在链型悬挂结构确定的条件下,接触线弛度受承力索弛度变化量的影响,结构系数表明了这种影响程度,结构系数越大影响越明显。因此,在实际工程中可通过调整结构系数(调整第一吊弦位置或调整跨距大小)来调节承力索对接触线弛度的影响。

由式(3-4-7)可知,在链型悬挂结构确定的条件下,接触线高度也要受承力索弛度变化的影响,结构系数越小,承力索弛度变化量对接触线高度的影响就越明显。

综上所述可以看出,链型悬挂结构系数具有重要的理论意义和工程意义,理论上,结构系数将承力索和接触线之间的相互影响有机联系起来,将链型悬挂"归算"为简单悬挂,从而可使用简单悬挂的分析和计算方法来解决链型悬挂的分析和计算问题,避免了链型悬挂内部线索间复杂的力学分析,大大降低了链型悬挂理论分析难度。工程上,可通过改变链型悬挂结构系数来调整链型悬挂的结构特性,改变承力索弛度变化对接触线弛度和高度的影响。

二、链型悬挂的弛度计算

在图 3-4-1 中,取半跨链型悬挂在任意温度下的状态(图 3-4-1 中虚线部分)为分析对象,以承力索悬挂点为中心列力矩平衡方程式,有

$$T_{cx} \cdot F_{cx} - T_j(h+\Delta h) - \frac{q_x l}{2} \cdot \frac{l}{4} + T_j(h+\Delta h+f) = 0$$

化简整理得

$$F_{cx} = \frac{\left(q_x + q_0 \cdot \dfrac{\varphi T_j}{T_{c0}}\right)l^2}{8(T_{cx}+\varphi T_j)} \tag{3-4-8}$$

式中　F_{cx}——承力索弛度(m);

　　　φ——链型悬挂结构系数;

　　T_{cx}——任意温度时,承力索的张力(kN);

　　T_{c0}——接触线无弛度时,承力索的张力(kN);

　　q_x——任意温度时,链型悬挂的单位合成负载(kN/m);

　　q_0——接触线无弛度时,链型悬挂的单位合成负载(kN/m);

　　T_j——接触线张力(一般取接触线张力的最大设计值)(kN);

　　　l——跨距(m)。

在式(3-4-8)中,令

$$W_x = q_x + q_0 \frac{\varphi T_j}{T_{c0}} \tag{3-4-9}$$

$$Z_x = T_{cx} + \varphi T_j \tag{3-4-10}$$

则式(3-4-8)可改写为

$$F_{cx} = \frac{W_x l^2}{8Z_x} \tag{3-4-11}$$

将式(3-4-11)与式(3-3-2)比较可知:只需将简单悬挂弛度计算式中的单位负载 g 换为

W_x、张力 T 换为 Z_x 就可得出链型悬挂承力索的弛度计算式。因此,W_x 被称作换算负载、Z_x 被称作换算张力。

由于换算负载、换算张力、结构系数的引入,链型悬挂承力索的弛度计算与简单悬挂线索的弛度计算从形式上完全统一了。

在式(3-4-8)中,当 $T_{cx}=T_{c0}$ 时,接触线处于无弛度状态。将 $T_{cx}=T_{c0}$ 代入式(3-4-8)化简整理可得

$$F_{c0}=\frac{q_0 l^2}{8T_{c0}} \tag{3-4-12}$$

式中 F_{c0}——接触线无弛度时,承力索的弛度(m);

其余符号的物理意义同式(3-4-8)。

三、半补偿链型悬挂的安装曲线

1. 半补偿链型悬挂的状态方程

在半补偿链型悬挂中,接触线的张力为常数,承力索张力随温度变化而变化,因此,只分析承力索张力与温度之间的对应关系。

由于引入了换算负载和换算张力,故可依据简单悬挂状态方程(3-3-38)直接写出半补偿链型悬挂的状态方程

$$\frac{W_x^2 l_D^2}{24Z_x^2}-\frac{W_1^2 l_D^2}{24Z_1^2}=\alpha(t_x-t_1)+\frac{Z_x-Z_1}{ES}$$

由于 $Z_1=T_{c1}+\varphi T_j$,$Z_x=T_{cx}+\varphi T_j$,所以 $Z_x-Z_1=T_{cx}-T_{c1}$

故上式可改写为

$$\frac{W_x^2 l_D^2}{24Z_x^2}-\frac{W_1^2 l_D^2}{24Z_1^2}=\alpha(t_x-t_1)+\frac{T_{cx}-T_{c1}}{ES} \tag{3-4-13}$$

式(3-4-13)通常写成

$$t_x=\left(t_1-\frac{W_1^2 l_D^2}{24\alpha Z_1^2}+\frac{T_{c1}}{\alpha ES}\right)+\frac{W_x^2 l_D^2}{24\alpha Z_x^2}-\frac{T_{cx}}{\alpha ES} \tag{3-4-14}$$

2. 起始条件的确定

由于链型悬挂增加了一根或多根承力索,与简单悬挂相比,其单位负载增大许多,跨距不再是决定线索张力的首要因素,继续将"临界跨距"作为状态方程起始条件的判据显然是不合理的,所以引入"临界负载"作为链型悬挂状态方程起始条件的判据。

临界负载是指链型悬挂线索即将产生最大张力时的合成负载,最大张力既可能出现在最大覆冰时,也可能出现在最低温度时。

根据临界负载的定义,取最低温度为起始状态,最大覆冰为待求状态,即

$$t_1=t_{min},\quad W_1=W_{t_{min}}=q_0\left(1+\frac{\varphi T_j}{T_{c0}}\right),\quad Z_1=Z_{t_{min}}=T_{cmax}+\varphi T_j$$

$$t_x=t_b,\quad W_x=W_b=q_{lj}+q_0\,\frac{\varphi T_j}{T_{c0}},\quad Z_x=Z_b=T_{cmax}+\varphi T_j$$

$$T_{cb}=T_{ct_{min}}=T_{cmax};\quad Z_b=Z_{t_{min}}=Z_{max}$$

将这些已知条件代入式(3-4-13),化简整理得

$$q_{lj} = -q_0 \frac{\varphi T_j}{T_{c0}} + \sqrt{\frac{24\alpha Z_{max}^2 (t_b - t_{min})}{l_D^2} + W_{t_{min}}^2} \qquad (3\text{-}4\text{-}15)$$

利用式(3-4-15)计算出临界负载后,将其与链型悬挂的最大合成负载相比较,判定状态方程的起始条件,即

① 当 $q_{max} \leqslant q_{lj}$ 时,选取 t_{min} 对应的状态作为起始状态;

② 当 $q_{max} = q_{lj}$ 时,任取 t_{min} 或 t_b 对应的作为起始状态;

③ 当 $q_{max} \geqslant q_{lj}$ 时,选取 t_b 对应的状态作为起始状态(选取 q_{max} 对应的状态为起始条件)。

如果令式(3-4-15)中的 $\varphi = 0$ 或 $T_j = 0$,可求出简单悬挂的临界负载。如果将 T_j 考虑为变量 T_{jx}[可以证明 $T_{jx} = T_{jmax} - \alpha_j E_j S_j (t_x - t_{min})$],可求出未补偿链型悬挂的临界负载。对于未补偿链型悬挂,由于 $Z_x - Z_1 \neq T_{cx} - T_{c1}$,所以

$$q_{lj} = -q_0 \frac{\varphi T_{j0}}{T_{c0}} + \frac{Z_b}{Z_{t_{min}}} \cdot \sqrt{\frac{24\alpha Z_{t_{min}}^2 (t_b - t_{min})}{l_D^2} + W_{t_{min}}^2} \qquad (3\text{-}4\text{-}16)$$

其中　　　　　　$Z_b = T_{cmax} + \varphi T_{jb}, Z_{t_{min}} = T_{cmax} + \varphi T_{jt_{min}}, \quad W_{t_{min}} = q_0 \left(1 + \frac{\varphi T_{jt_{min}}}{T_{c0}}\right)$

3. 接触线无弛度时,承力索张力的计算

在前面多次提到接触线无弛度时承力索张力 T_{c0} 这一概念,在式(3-4-15)中,其他参数均为已知或可求出,但到此为止,T_{c0} 的求法还不可知,因此,下面专门讲解 T_{c0} 的求解方法。T_{c0} 的求解方法有经验法、插入法、状态方程法三种。

(1)经验法

对于精度要求不高的接触网工程,可采用经验法,其计算公式

$$T_{c0} = \eta T_{cmax} \qquad (3\text{-}4\text{-}17)$$

式中　T_{cmax}——承力索最大允许张力(kN);

η—— 经验系数,与材质特性有关,钢承力索为 0.8,铜承力索为 0.75。

经验法计算出的 T_{c0} 值,存在 2% 以内的误差。

(2)插入法(校验法、渐近法)

首先,假设最低温度或者最大覆冰所对应的状态为起始状态,以接触线无弛度时的状态为待求状态,代入状态方程,写出 t_0 与 T_{c0} 的对应关系式。

如,选取覆冰状态为起始状态,即

$$t_1 = t_b, W_1 = q_b + q_0 \frac{\varphi T_j}{T_{c0}}, \quad Z_1 = Z_{max} = T_{cmax} + \varphi T_j$$

$$t_x = t_0, W_x = q_0 \left(1 + \frac{\varphi T_j}{T_{c0}}\right), Z_x = T_{c0} + \varphi T_j$$

将上述条件代入式(3-4-10)得

$$t_0 = t_b + \frac{\left(q_0 + q_0 \dfrac{\varphi T_j}{T_{c0}}\right)^2 l_D^2}{24\alpha (T_{c0} + \varphi T_j)^2} - \frac{\left(q_b + q_0 \cdot \dfrac{\varphi T_j}{T_{c0}}\right)^2 l_D^2}{24\alpha (T_{cmax} + \varphi T_j)^2} - \frac{T_{cmax} - T_{c0}}{\alpha ES} \qquad (3\text{-}4\text{-}18)$$

在式(3-4-18)中,设一个 T_{c0} 的期望值 T_{c01}(可用经验法确定此值),求出对应的 t_{01},将 t_{01} 与已知的 t_0 比较,如不等,则再设一个 T_{c0} 的期望值 T_{c02} 代入式(3-4-18),求出 T_{c02} 对应的 t_{02},重复上述步骤,直至计算结果与已知的 t_0 相等或非常接近为止。

其次,将求得的 T_{c0} 值代入式(3-4-15),求出临界负载 q_{lj};

最后，校验假定的起始条件是否正确。

当假设覆冰为起始条件时，若求出的 $q_{lj}<q_{max}$，说明原假定的起始条件正确，T_{c0} 有效，否则应重新假设起始条件进行计算。

当假设最低温度为起始条件时，若求出的 $q_{lj}>q_{max}$，说明原假定的起始条件正确，T_{c0} 有效，否则应重新假设起始条件进行计算。

(3)状态方程法

设最低温度 t_{min} 为起始条件，即

$$t_1=t_{min},\quad T_{c1}=T_{cmax},\quad Z_1=T_{cmax}+\varphi T_j,\quad W_1=q_1+q_0\frac{\varphi T_j}{T_{c0}}$$

接触线无弛度时的状态为待求状态，即

$$t_x=t_0,\quad T_{cx}=T_{c0},\quad Z_x=T_{c0}+\varphi T_j,\quad W_x=q_0+q_0\frac{\varphi T_j}{T_{c0}}$$

代入式(3-4-13)，整理出一个关于 T_{c0} 的三次方程

$$T_{c0}^3+AT_{c0}^2+BT_{c0}+C=0 \tag{3-4-19}$$

其中

$$A=\alpha ES(t_0-t_1)+\frac{q_1^2 l_D^2 ES}{24(T_{cmax}+\varphi T_j)^2}-T_{cmax}$$

$$B=\frac{q_1 q_0 \varphi T_j l_D^2 ES}{12(T_{cmax}+\varphi T_j)^2}$$

$$C=\frac{q_0^2 l_D^2 ES}{24}\left[\frac{\varphi^2 {T_j}^2}{(T_{cmax}+\varphi T_j)^2}-1\right]$$

解此三次方程，求出 T_{c0} 值。

以上三种方法中，经验法最简单，但误差较大；插入法可人工解析、但精度稍差；状态方程法计算最为准确，但一般没有解析解，只能依靠计算软件完成。

4. 起始条件的校验

如前所述，半补偿链型悬挂状态方程的起始条件是用最大合成负载与临界负载进行比较确定的，最大合成负载在“最低温度、覆冰、最大风速”三种状态下均可能出现。为保证接触悬挂在最恶劣气象条件下的安全可靠性，必须考虑到所有可能产生最大张力的情况。因此，必须对选取的起始条件做相应的技术校验。校验内容和方法如下：

① 当选定最低温度为起始条件时，必须对最大风和覆冰状态下的张力进行校验；

② 当选定覆冰为起始条件时，必须对最大风状态下的张力进行校验；

③ 当选定最大风为起始条件时，必须对覆冰状态下的张力进行校验；

④ 在最低温度时，悬挂线索无附加负载，无论是选定覆冰为起始条件，还是选定最大风为起始条件，均不用校验最低温度时的线索张力。

在校验相应条件的最大张力时，如果出现承力索在覆冰或最大风速时的张力超过允许值，则应重新选取起始条件。

5. 承力索安装曲线的计算与绘制

半补偿链型悬挂的承力索张力和弛度均随温度变化而变化，为了施工的实际需要，还需对未安装接触线的承力索(称为无载承力索)的张力和弛度进行研究。这样，在半补偿链型悬挂

中,承力索就有两类、四种安装曲线,即有载承力索的张力—温度和弛度—温度曲线,无载承力索的张力—温度和弛度—温度曲线。

(1)有载承力索的张力—温度曲线

在半补偿链型悬挂状态方程中,先假定一个张力 $T_{cx1}(0 < T_{cx1} \leqslant T_{cmax})$,算出相对应的 t_{x1} 值,将算出的值填入张力—温度曲线表(见表 3-3-1)。并在张力—温度直角坐标系中绘出该曲线,这就是有载承力索的张力—温度曲线。

一般而言,最大允许张力和接触线无弛度时承力索的张力是必算点,除此而外,为计算简便和精确,应取张力 T_{cx} 为整数,且每隔 1 kN 计算一个 t_x 值。

(2)有载承力索的弛度—温度曲线

从有载承力索的张力—温度曲线中,选取 t_x 为整数值对应的 T_{cx},并将其填入弛度—温度曲线表(见表 3-3-2)中,代入式(3-4-8),计算出 t_x 和 T_{cx} 所对应的 F_{cx},并填入弛度—温度曲线表。依据弛度—温度曲线表,在弛度—温度直角坐标系中绘出有载承力索的弛度—温度曲线。其中 t_0、T_{c0} 所对应的点是必选点,该弛度即为 F_{c0}。

(3)无载承力索的张力—温度曲线

将接触线无弛度时的状态作为起始状态,即
$$t_1 = t_0, q_{c1} = q_0, T_{c1} = T_{c0}$$

将无载承力索在温度 t_0 时的状态作为待求状态,即
$$t_x = t_0, q_x = g_c, T_{cx} = T_{cw0}$$

将上述条件代入式(3-4-14)整理可得无载承力索的状态方程
$$t_0 = \left(t_0 - \frac{q_0^2 l_D^2}{24\alpha T_{c0}^2} + \frac{T_{c0}}{\alpha Es} \right) + \frac{g_c^2 l_D^2}{24\alpha T_{cw0}^2} - \frac{T_{cw0}}{\alpha Es} \tag{3-4-20}$$

由式(3-4-20)可求得关于无载承力索在 t_0 时的张力 T_{cw0} 的三次方程,即
$$T_{cw0}^3 + mT_{cw0}^2 + n = 0 \tag{3-4-21}$$

其中
$$m = \frac{q_0^2 l_D^2 ES}{24 T_{c0}^2} - T_{c0}$$

$$n = -\frac{g_c^2 l_D^2 ES}{24}$$

由式(3-4-20)求出无载承力索在 t_0 时的张力 T_{cw0} 后,将 t_0、g_c、T_{cw0} 作为起始条件,将无载承力索在任意温度下的状态作为待求状态,代入状态方程,得
$$t_x = \left(t_0 - \frac{g_c^2 l_D^2}{24\alpha T_{cw0}^2} + \frac{T_{cw0}}{\alpha Es} \right) + \frac{g_{cx}^2 l_D^2}{24\alpha T_{cwx}^2} - \frac{T_{cwx}}{\alpha Es} \tag{3-4-22}$$

式中　T_{cw0}——无载承力索在温度 t_0 时的张力(kN);

T_{cwx}——无载承力索在任意温度时的张力(kN);

g_c——无载承力索在 t_0 时的单位负载(kN/m);

g_{cx}——任意温度时,无载承力索的单位负载(kN/m);

α——承力索的线胀系数(m/℃);

E——承力索的弹性系数(MPa);

s——承力索的横截面积(mm²);

t_0——接触线无弛度时的温度(℃)。

由式(3-4-22)可求得无载承力索的张力—温度曲线表,绘制无载承力索的张力—温度曲线图。

(4)无载承力索的弛度—温度曲线

在绘制出无载承力索的张力—温度曲线图后,可由 $F_{cw.x} = (g_c l_i^2)/(8T_{cw.x})$ 求得该曲线,方法同有载承力索弛度—温度曲线的计算绘制办法。

6. 接触线安装曲线

在半补偿链型悬挂中,接触线的张力为一常数,但弛度和接触线高度受承力索的影响,会随温度变化而变化,需对其变化规律进行分析研究。

(1)接触线弛度—温度曲线

由式(3-4-6)可知,$f = \varphi(F_{cx} - F_{c0})$,当知道承力索弛度—温度曲线后即可得到接触线弛度—温度曲线。

(2)悬挂点处接触线的高度变化

由式(3-4-7)可知,$\Delta h = (1-\varphi)(F_{cx} - F_{c0})$,当知道承力索弛度—温度曲线后即可得到接触线在定位点处的高度变化曲线。

7. 半补偿链型悬挂安装曲线的计算与绘制步骤

(1)计算悬挂的各类单位负载,确定最大合成负载。

(2)计算并确定当量跨距。

(3)计算接触线无弛度时,承力索的张力。

(4)计算临界负载,比较临界负载与最大合成负载的大小,判定状态方程的起始条件。

(5)计算最大覆冰或最大风时承力索的张力,校验起始条件。

(6)计算并绘制有载承力索的张力—温度曲线。

(7)计算并绘制有载承力索各实际跨距的弛度—温度曲线。

(8)计算并绘制接触线各实际跨距的弛度—温度曲线。

(9)计算并绘制接触线在定位点附近,第一吊弦范围内的高度变化曲线。

(10)计算并绘制无载承力索的张力—温度曲线。

(11)计算并绘制无载承力索各实际跨距的弛度—温度曲线。

四、全补偿链型悬挂的安装曲线

对于全补偿链型悬挂,承力索和接触线的张力均为常数,不存在张力—温度曲线;但温度变化会引起线索伸缩,该伸缩量大部分消耗于补偿坠砣的上下移动,少量消耗于线索弛度,引起线索弛度变化,这种变化在实际工程中一般忽略不计;在较大附加负载(主要指冰负载)作用下,线索弛度会发生比较明显变化,对弓网受流质量有一定影响。因此,全补偿链型悬挂主要考虑附加负载对线索弛度的影响。

1. 无附加负载时,承力索的弛度—温度曲线

由弛度计算式可直接写出全补偿链型悬挂承力索的弛度计算式

$$F_{c0} = \frac{W_0 l_i^2}{8Z} = \frac{q_0 l_i^2}{8T_c}$$

$$(3-4-23)$$

式中　W_0——无附加负载时的换算负载，$W_0 = q_0 \left(1 + \dfrac{\varphi T_j}{T_c} \right)$　(kN/m)；

$\quad\quad Z$——换算张力，$Z = T_c + \varphi T_j$　(kN)；

$\quad\quad T_c$——承力索的补偿张力(kN)；

$\quad\quad T_j$——接触线的补偿张力(kN)；

$\quad\quad l_i$——所在跨的跨距值(m)；

$\quad\quad q_0$——无附加负载时的单位合成负载(kN/m)。

2. 有附加负载时，承力索的弛度—温度曲线

附加负载主要指冰负载和风负载。由于风负载主要使线索发生水平偏移，冰负载使线索"下沉"，因此，计算全补偿链型悬挂弛度时只考虑冰负载。由此可得

$$F_{cb} = \frac{W_b l_i^2}{8Z} \tag{3-4-24}$$

式中　W_b——链型悬挂覆冰时的换算负载，$W_b = q_b + q_0 \dfrac{\varphi T_j}{T_c}$　(kN/m)；

$\quad\quad q_b$——覆冰时的单位合成负载(kN/m)。

3. 接触线的弛度与定位点高度变化曲线

在覆冰作用下，承力索弛度会增大，接触线高度和弛度也会发生相应变化，根据式(3-4-7)，并忽略覆冰风负载的影响，可得

$$\Delta h = (1 - \varphi) \frac{(g_{cb} + g_{jb}) l^2}{8(T_c + \varphi T_j)} \tag{3-4-25}$$

$$f = \varphi \frac{(g_{cb} + g_{jb}) l^2}{8(T_c + \varphi T_j)} \tag{3-4-26}$$

式中　g_{cb}——承力索单位冰负载(kN/m)；

$\quad\quad g_{jb}$——接触线单位冰负载(kN/m)。

【例 3.2】　预弛度设置

法国高速受流试验表明，对于简单链型悬挂，接触线设置 l‰ 的预弛度对受流更为有利。现有 JTM-95＋CTM120 全补偿简单链型悬挂，跨距为 50 m，承力索工作张力为 21 kN，接触线工作张力为 24 kN，定位点与第一吊弦的间距为 5 m，如图 3-4-2 所示。若想为该锚段的接触线设置 l‰ 的预弛度，试问：

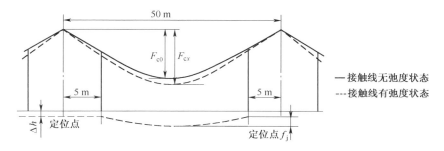

图 3-4-2　接触线预弛度设置示意图

(1)施工时应对承力索施加多大的张力？

(2)当承力索恢复到工作张力时,定位点处接触线的高度有何变化?

解:(1)根据题意可知,接触线的预弛度 $f=0.05$ m;

由式(3-4-5)知,结构系数 $\varphi=\dfrac{(l-2e)^2}{l^2}=\dfrac{(50-2\times5)^2}{50^2}=0.64$;

由表 2-3-2 和表 2-3-5 分别查得接触线和承力索的单位重量后,求该悬挂的单位合成负载为

$$q_0=g_c+g_d+g_j=8.49\times10^{-3}+0.5\times10^{-3}+10.80\times10^{-3}=1.98\times10^{-2}(\text{kN/m})$$

调整好后,接触线有 50 mm 的预弛度,此时,承力索的弛度由式(3-4-8)可求得

$$F_{cx}=\dfrac{q_0\left(1+\dfrac{\varphi T_j}{T_c}\right)l^2}{8(T_c+\varphi T_j)}=\dfrac{q_0l^2}{8T_c}=\dfrac{1.98\times10^{-2}\times50^2}{8\times21}=0.294\ 6(\text{m})$$

施工时,接触线无弛度,承力索的弛度由公式(3-4-6)可求得

$$F_{c0}=F_{cx}-\dfrac{f}{\varphi}=0.294\ 6-\dfrac{0.05}{0.64}=0.216\ 5(\text{m})$$

因 $F_{c0}=\dfrac{q_0l^2}{8T_{c1}}$,将以上各已知条件代入,化简整理后解方程,可得

$$T_{c1}=28.58\text{ kN}$$

考虑施工时的方便和可能,取 $T_{c1}=29.25$ kN。

也就是说,施工时对承力索施加了 29.25 kN 的张力,其附加张力

$$\Delta T=T_{c1}-T_c=29.25-21=8.25(\text{kN})$$

(2)由式(3-4-7)可知

$$\Delta h=(1-\varphi)(F_{cx}-F_{c0})=(1-0.64)(0.294\ 6-0.216\ 5)$$

即,附加张力 ΔT 取消后,定位点处接触线的高度降低了 28 mm。

根据式(3-4-6)可以验算接触线弛度为

$$f=\varphi(F_{cx}-F_{c0})=0.64(0.294\ 6-0.216\ 5)=49.98(\text{mm})$$

即,接触线拥有 49.98 mm 的预弛度,与要求的 50 mm 预弛度非常稳合。

第五节　接触悬挂弹性及抬升量计算

一、悬挂弹性和悬挂抬升量的理论计算

迄今为止,各国提出了不少计算悬挂弹性的理论公式,主要以单弦法为主,即将接触悬挂看作"一根单弦",其计算公式如下:

简单悬挂的弹性

$$e_x=\dfrac{x(l-x)}{T_j\cdot l}\tag{3-5-1}$$

简单链型悬挂的弹性

$$e_x=\dfrac{x(l-x)}{(T_j+T_c)\cdot l}\tag{3-5-2}$$

弹性链型悬挂的弹性

$$e_x=\dfrac{x(l-x)}{(T_c+\varphi T_j)l}\tag{3-5-3}$$

两吊弦间的悬挂弹性

$$e_{\mathrm{d}} = \frac{x(a-x)}{a \cdot T_{\mathrm{j}}} \qquad (3\text{-}5\text{-}4)$$

复链型悬挂的弹性

$$e_x = \frac{x(l-x)}{(T_{\mathrm{j}} + T_{\mathrm{c}} + T_{\mathrm{a}})l} \qquad (3\text{-}5\text{-}5)$$

式(3-5-1)～式(3-5-5)中，T_{j}——接触线的张力(N)；

　　　　　　　　T_{c}——承力索的张力(N)；

　　　　　　　　T_{a}——辅助承力索的张力(N)；

　　　　　　　　l——跨距长度(m)；

　　　　　　　　a——两吊弦间的距离(m)；

　　　　　　　　φ——链型悬挂结构系数；

　　　　　　　　x——抬升力作用点距接触线定位点间的距离(m)。

将 $x = \dfrac{l}{2}$ 代入以上诸式中，可得到各种悬挂的最大弹性 $e_{\max}$ 计算式。

简单悬挂的最大弹性

$$e_{\max} = \frac{l}{4T_{\mathrm{j}}} \qquad (3\text{-}5\text{-}6)$$

简单链型悬挂的最大弹性

$$e_{\max} = \frac{l}{4(T_{\mathrm{j}} + T_{\mathrm{c}})} \qquad (3\text{-}5\text{-}7)$$

弹性链型悬挂的最大弹性

$$e_{\max} = \frac{l}{4(T_{\mathrm{c}} + \varphi T_{\mathrm{j}})} \qquad (3\text{-}5\text{-}8)$$

复链型悬挂的最大弹性

$$e_{\max} = \frac{l}{4(T_{\mathrm{j}} + T_{\mathrm{c}} + T_{\mathrm{a}})} \qquad (3\text{-}5\text{-}9)$$

根据定义式，可得出与式(3-5-1)～式(3-5-5)对应的接触悬挂的静态抬升量

简单悬挂的静态抬升量

$$\Delta h_x = \frac{P \cdot x(l-x)}{T_{\mathrm{j}} \cdot l} \qquad (3\text{-}5\text{-}10)$$

简单链型悬挂的静态抬升量

$$\Delta h_x = \frac{P \cdot x(l-x)}{(T_{\mathrm{j}} + T_{\mathrm{c}}) \cdot l} \qquad (3\text{-}5\text{-}11)$$

弹性链型悬挂的静态抬升量

$$\Delta h_x = \frac{P \cdot x(l-x)}{(T_{\mathrm{c}} + \varphi T_{\mathrm{j}})l} \qquad (3\text{-}5\text{-}12)$$

复链型悬挂的静态抬升量

$$\Delta h_x = \frac{P \cdot x(l-x)}{(T_{\mathrm{j}} + T_{\mathrm{c}} + T_{\mathrm{a}})l} \qquad (3\text{-}5\text{-}13)$$

式(3-5-10)～式(3-5-13)中，Δh_x——接触悬挂的静态抬升量(mm)；

　　　　　　　　P——作用于接触线上的受电弓抬升力(N)。

从计算处理方法上看,以上计算方法与简单悬挂的实际情况最为相符,但对于链型悬挂误差较大。依照式(3-5-1)～式(3-5-5)的计算方法,定位点处和吊弦安装处的弹性为零,这与实际情况显然不符。实际情况是:在受电弓抬升力作用下,定位点的接触线会有抬升,吊弦也会"上浮",因此,需结合悬挂的具体结构对以上计算进行修正。工程测试表明,低速情况下,抬升量的理论计算值往往大于实测值,高速情况下,理论值多小于实测值。

二、单链型悬挂的动态抬升量

根据"单弦法",将单链型接触悬挂"等效"为单根柔软导线,如图 3-5-1 所示。

设悬挂两端承受张力 $T_c+T_j=T$,悬挂单位负载 m、受电弓走行速度为 v、抬升力 F,且 F 是时间 t 和地点 x 的函数,即

$$F=F\delta(x-vt) \tag{3-5-14}$$

式中 $\delta(x-vt)$——单位冲激函数。

从图 3-5-1 所示的悬挂中任取一微分段 ab,设微分段长 $\mathrm{d}x$,距原点距离为 x。采用"分离体法"分析作用在其上的外力与加速度。

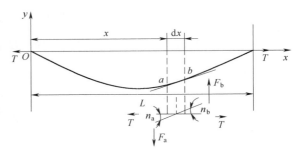

在受电弓抬升力作用下,接触线只有上下运动没有前后运动,亦即微分段 $\mathrm{d}x$ 没有沿 x 轴方向运动,该微分段两端的水平张力应相等,且等于导线的外加张力 T。在垂直方向,设作用于微分段两端的垂直分力分别为 F_a 和 F_b,根据牛顿第二定律应有

图 3-5-1　简单链型悬挂抬升量分析

$$F_a-F_b=T(\tan\theta_b-\tan\theta_a)=T\left(\frac{\partial y}{\partial x}\right)_{x+\mathrm{d}x}-T\left(\frac{\partial y}{\partial x}\right)_x=T\frac{\partial^2 y}{\partial x^2}\cdot\mathrm{d}x \tag{3-5-15}$$

根据牛顿运动定律有

$$m\cdot\mathrm{d}x\frac{\partial^2 y}{\partial t^2}=T\frac{\partial^2 y}{\partial x^2}\cdot\mathrm{d}x-F\delta(x-vt)\cdot\mathrm{d}x \tag{3-5-16}$$

令

$$\sqrt{\frac{T}{m}}=C_P \tag{3-5-17}$$

则式(3-5-16)可改写为

$$\frac{\partial^2 y}{\partial t^2}=C_P^2\frac{\partial^2 y}{\partial x^2}-\frac{F}{m}\delta(x-vt) \tag{3-5-18}$$

式(3-5-18)为接触悬挂的振动微分方程,它描述了在移动受电弓作用下单链型悬挂的振动状态,其中,C_P 即为振动波在接触线上的传播速度,即波动传播速度。

利用分离变量法和行波法,连同两端固定这一边界条件以及原来处于静止状态这一初始条件解该微分方程,可得接触线的动态抬升量的表达式

$$y=\frac{1}{1-\frac{v^2}{C_P^2}}\left(\sum_{n=1}^{\infty}\frac{2Pl}{n^2\pi^2 T}\sin\frac{n\pi x}{l}\sin\frac{n\pi vt}{l}-\sum_{n=1}^{\infty}\frac{2Plv}{n^2\pi^2 TC_P}\sin\frac{n\pi x}{l}\sin\frac{n\pi C_P t}{l}\right) \tag{3-5-19}$$

当受电弓的移动速度为零时,由式(3-5-19)可得受电弓对接触线产生的静态抬升量

$$y_{v=0} = \frac{P}{T}\left(\sum_{n=1}^{\infty}\frac{2l}{n^2\pi^2}\sin\frac{n\pi x}{l}\sin\frac{n\pi s}{l}\right) \tag{3-5-20}$$

式(3-5-20)中，$s=vt$，表示受电弓静止前走行的距离（距原点的距离）。

因式(3-5-20)中的无穷三角级数$\sum_{n=1}^{\infty}\frac{2l}{n^2\pi^2}\sin\frac{n\pi x}{l}\sin\frac{n\pi s}{l}$是函数$s\left(1-\frac{x}{l}\right)$的傅立叶级数展开式，所以，式(3-5-20)可改写为

$$y = \frac{P}{T}\cdot s\left(1-\frac{x}{l}\right) \quad (s\leqslant x) \tag{3-5-21}$$

由式(3-5-21)可求得受电弓静止于x点时，该点处的静抬升量

$$y_x = y_{vt=x} = \frac{P}{T}x\left(1-\frac{x}{l}\right) = \frac{P\cdot x}{T\cdot l}(l-x) \tag{3-5-22}$$

根据接触悬挂的具体结构和张力情况，将不同张力的表达式代入式(3-5-22)，即可得到接触悬挂的静态抬升量计算公式，式(3-5-10)～式(3-5-13)。

式(3-5-19)括号内第一项表明了静止受电弓作用下的接触线在跨距内各点抬升量的分布变化情况，如图3-5-2所示。

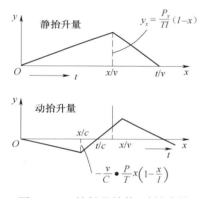

图 3-5-2　接触悬挂静、动抬升量

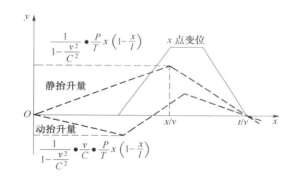

图 3-5-3　接触悬挂的动态抬升量

式(3-5-19)括号内第二项具有随时间变化的有限值，此时接触线的抬升量（即动抬升量）不同于静抬升量，它随受电弓的移动而变化，该项表明了动态受电弓作用下的接触线的振动情况，即接触线的动抬升量，如图3-5-3所示。

从上述分析可知，受电弓在移动过程中对接触悬挂抬升的贡献由两部分组成：静抬升和动抬升。在一个跨距内，任一点的动抬升量是随时间变化的，从式(3-5-19)可以看出，当速度增大时，不仅括号中表征振动影响的第二项的值随着增大，而且括号外的乘积因子也随着增大。这说明：列车运行速度越高，接触悬挂的振动越大，接触线的动抬升量（即振幅）越大。当运行速度接近波动传播速度时，接触线的振幅将为无穷大。由此反推可知：要提高列车的运行速度，必须增大接触悬挂的波动传播速度，使其远大于列车运行速度，从而降低接触悬挂的振动和接触线的动态振幅。

值得注意的是，该数学模型是一简化数学模型，很难得到精确的数量判定，而且这一数学关系式仅考虑了单弓受流情况，不能说明双弓及多弓的情况。但从这一简化模型中可以看出：接触悬挂的动态抬升量除与列车运行速度有关外，还与接触悬挂的单位质量、受电弓的归算质量、受电弓抬升力等因素有关。同时，该数学模型很好地将接触悬挂的波动传播速度、跨距、张力、列车运行速度联系起来，对工程设计具有一定的指导作用。

第六节　最大许可跨距的确定

最大许可跨距的确定是比较复杂的,因为跨距的取值与受电弓自振频率、接触网自振频率、列车运行速度之间存在某些内在关系,这些内在关系还有待于进一步研究。跨距还与弓网磨耗、跨中风偏、接触力标准偏差、悬挂弹性、结构高度及最短吊弦长度有关,理论上精确计算还很困难。另外、跨距的大小同样涉及经济技术两个方面,大跨距可相对降低投资,但跨中弹性大、接触线磨耗偏大,悬挂弹性差异大,接触线承受较大的弯曲应力、寿命缩短;小跨距可降低悬挂的弹性差异,减小接触力标准偏差,但会增大工程投资,在相同长度内的定位点数增加,产生冲击和振动的概率增大,定位点的磨耗增大、锚段张力差增加。因此,合理确定跨距长度是弓网受流理论和接触网工程设计的重要内容之一,一般通过弓网系统仿真来确定。

一般而言,确定跨距长度时应综合考虑以下因素:

(1)接触悬挂的类型;

(2)线材材料及形状;

(3)承力索和接触线张力及拉出值大小;

(4)基本运行风速的大小;

(5)受电弓的弓头尺寸和列车横向位移;

(6)线路状况(横断面、纵断面);

(7)支柱型号与材质;

(8)接触悬挂的最大允许弹性及弹性差异;

(9)相邻跨距的大小;

(10)结构高度及最短吊弦长度。

在无特殊要求的情况下,应选用最大许可跨距。最大许可跨距是指考虑预期车辆运行最高速度、受电弓特性和基本运行风速下,能确保接触线不离开受电弓滑板工作范围的跨距。

为保证在设计(基本运行风速)条件下,接触线不会超出受电弓滑板的最大工作范围,需对最大许可跨距进行风偏移校验。对于高速铁路接触网,还须进行最大弹性和弹性不均匀系数校验(图 2-3-14)。

目前尚未掌握接触网线索受到风吹后的运动规律,其基本风偏是在一定假设条件下采用静力学分析法求得的。这些假设条件包括:

(1)不考虑风对线索的动态作用,只考虑风在水平面内以最大速度吹到线索上的瞬间作用,并将这一瞬间状态作为静止状态来研究分析。

(2)不考虑补偿装置对导线弛度和张力的影响,即假定悬挂线索在支柱处死固定。

(3)不考虑导线的弹性伸长。

根据以上假设,可得出架空导线的风偏移计算模型,如图 3-6-1 所示。

当风水平作用在线索上时,线索从位置 C' 被吹到位置 B,在自身重力 g_j,水平风力 P_j 以及悬挂点支持力作用下处于平衡状态。据相似三角形原理,有

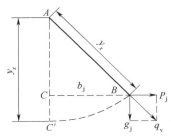

图 3-6-1　悬挂线索风偏移计算模型

$$\frac{b_{\mathrm{j}}}{y_x}=\frac{P_{\mathrm{j}}}{q_{\mathrm{v}}} \tag{3-6-1}$$

由导曲线方程式(3-3-1)可知

$$y_x=\frac{q_{\mathrm{v}}\cdot x\cdot(l-x)}{2T_{\mathrm{j}}} \tag{3-6-2}$$

将(3-6-2)代入式(3-6-1)可得线索的基本风偏移计算式

$$b_{\mathrm{j}x}=\frac{P_{\mathrm{j}}\cdot x\cdot(l-x)}{2T_{\mathrm{j}}} \tag{3-6-3}$$

式中　$b_{\mathrm{j}x}$——架空导线的基本风偏移值(mm)；

　　　P_{j}——架空导线所承受的风负载(kN/m)；

　　　x——研究点距定位点的距离(m)；

　　　l——跨距长度(m)；

　　　T_{j}——架空导线的水平张力(kN)。

将 $x=\dfrac{l}{2}$ 代入式(3-6-3)，可得单根架空导线的最大风偏移值

$$b_{\mathrm{jmax}}=\frac{P_{\mathrm{j}}l^2}{8T_{\mathrm{j}}} \tag{3-6-4}$$

一、简单悬挂的风偏移和最大允许跨距

1. 直线区段，等"之"字布置时的接触线风偏移

在直线区段，当跨距所在两定位点的"之"字值相等时，导线任一点相对于受电弓中心线的偏移值由两部分组成，一部分是风的贡献 y_1，由式(3-6-3)可求得；另一部分是"之"字值的贡献 y_2，如图 3-6-2(a)所示。

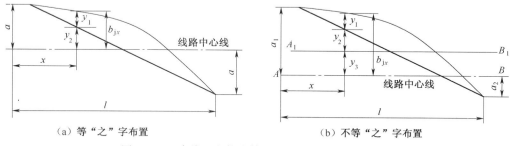

　(a) 等"之"字布置　　　　　　　　　　(b) 不等"之"字布置

图 3-6-2　直线区段拉出值对悬挂线索风偏移的影响

由图 3-6-2 可知

$$y_2=\frac{a\cdot(l-2x)}{l} \tag{3-6-5}$$

$$b_{\mathrm{j}x}=y_1+y_2=\frac{P_{\mathrm{j}}x(l-x)}{2T_{\mathrm{j}}}+\frac{a(l-2x)}{l} \tag{3-6-6}$$

令

$$\frac{\mathrm{d}(b_{\mathrm{j}x})}{\mathrm{d}x}=0$$

求得

$$x=\frac{l}{2}-\frac{2aT_{\mathrm{j}}}{p_{\mathrm{j}}l} \tag{3-6-7}$$

将(3-6-7)代入式(3-6-6)整理,化简得

$$b_{jmax}=\frac{P_jl^2}{8T_j}+\frac{2a^2T_j}{P_jl^2}+\gamma_j \tag{3-6-8}$$

式中　b_{jmax}——接触线最大风偏移(m);

　　　P_j——接触线单位风负载(kN/m);

　　　l——跨距(m);

　　　T_j——接触线张力(kN);

　　　γ_j——定位点支柱偏移(m);

　　　a——拉出值(m)。

式(3-6-8)中,γ_j是直接加上的风荷载作用下支柱在接触线高度处垂直线路方向的水平挠度,一般不应超过支柱高度的 1.5/100,设计速度 200 km/h 及以下线路不应大于 50 mm,设计速度 250～350 km/h 线路不应大于 25 mm。

2. 直线区段,不等"之"字值布置时的接触线风偏移

对于不等"之"字值布置的接触导线,其偏移值由三部分组成,由图 3-6-2(b)可知

$$b_{jx}=y_1+y_2+y_3$$

其中 y_1 为基本风偏,是风作用的结果;y_2 和 y_3 均是"之"字值的贡献,y_2 是等"之"字布置时的偏移,y_3 是两定位点"之"字值的绝对值差。

由图 3-6-2(b)可知,平移 AB 到 A_1B_1 后,两定位点相对于 A_1B_1 的距离

$$a=\frac{a_1+a_2}{2} \tag{3-6-9}$$

$$y_1=\frac{p_j\cdot x\cdot(l-x)}{2T_j} \tag{3-6-10}$$

$$y_2=\frac{a\cdot(l-2x)}{l}=\frac{(a_1+a_2)(l-2x)}{2l} \tag{3-6-11}$$

$$y_3=a_1-a=\frac{a_1-a_2}{2} \tag{3-6-12}$$

故

$$b_{jx}=\frac{P_jx(l-x)}{2Tj}+\frac{(a_1+a_2)(l-2x)}{2l}+\frac{a_1-a_2}{2} \tag{3-6-13}$$

令　$\frac{d(b_{jx})}{dx}=0$,求得 x 后代入(5)得

$$b_{jmax}=\frac{P_jl^2}{8Tj}+\frac{(a_1+a_2)^2T_j}{2P_jl^2}+\frac{a_1-a_2}{2}+\gamma_j \tag{3-6-14}$$

式中　b_{jmax}——不等"之"字布置时,接触线的风偏值;

　　　a_1,a_2——两定位点的拉出值(m)。

其余符号的物理意义同式(3-6-8)。

3. 圆曲线区段接触线的风偏移

由图 3-6-3 可知:$\triangle AOB\backsim\triangle BOC$,所以 $y_1:\frac{l}{2}=\frac{l}{2}:(2R-y_1)$　由于 $2R\gg y_1$ 故

$$y_1=\frac{l^2}{8R} \tag{3-6-15}$$

式中 y_1——跨中受电弓中心与两定位点处受电弓中心连线的垂直距离；

l——跨距长度(m)；

R——曲线半径(m)。

无风时,跨中接触线与受电弓滑板中心的距离

$$y_2 = y_1 - a = \frac{l^2}{8R} - a \tag{3-6-16}$$

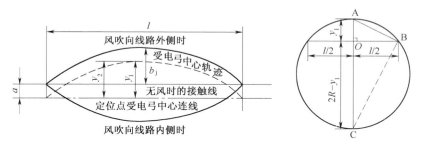

图 3-6-3 曲线段接触网受风偏移示意图

有风时,接触线相对于受电弓滑板中心的偏移

$$b'_{jx} = b_{jx} \pm y_2 \tag{3-6-17}$$

式(3-6-17)中,"+"表示风由曲线外侧吹向曲线内侧；"-"表示风由曲线内侧吹向曲线外侧。

将式(3-6-3)和式(3-6-16)代入式(3-6-17),再将支柱挠度(γ_j)考虑进去,从而得到曲线接触线最大风偏移值为

$$b_{jmax} = \frac{P_j l^2}{8T_j} \pm \left[\frac{l^2}{8R} - a \right] + \gamma_j \tag{3-6-18}$$

应用式(3-6-18)计算接触线风偏移时,一定要注意接触线与受电弓中心线的相对位置,当 $\frac{l^2}{8R} - a > 0$ 时,接触线与受电弓中心线相割,此时应计算风吹向曲线内侧的值(取+号)；当 $\frac{l^2}{8R} - a < 0$ 时,接触线与受电弓中心线相离,此时应校验风吹向曲线外侧的情况(取-号)。

4. 简单悬挂的最大许可跨距

由公式(3-6-8)可得直线区段等"之"字布置时的最大许可跨距

$$l_{max} = 2\sqrt{\frac{T_j}{P_j} \left[(b_{jmax} - \gamma_j) + \sqrt{(b_{jmax} - \gamma_j)^2 - a^2} \right]} \tag{3-6-19}$$

由公式(3-6-14)可写出直线区段不等"之"字布置的最大许可跨距

$$l_{max} = 2\sqrt{\frac{T_j}{P_j} \left[(b_{jmax} - \gamma_j) + \sqrt{(b_{jmax} - \gamma_j)^2 - (\frac{a_1 + a_2}{2})^2} \right]} \tag{3-6-20}$$

由公式(3-6-18)可写出曲线区段的最大许可跨距

$$l_{max} = 2\sqrt{\frac{2T_j}{P_j + \frac{T_j}{R}} (b_{jx} - \gamma_j + a)} \tag{3-6-21}$$

式(3-6-19)~式(3-6-21)中 l_{max}——最大许可跨距(m)；

T_j——接触线张力(kN)；

a——拉出值；

b_{jmax}——接触线最大偏移值；

γ_j——支柱在接触线定位点处的偏移。

为提高接触网运营的安全性,充分考虑电气列车、线路和自然条件等的不利影响,《铁路电力牵引供电设计规范》规定:接触线的最大受风偏移值为 450 mm(依据我国干线铁路用标准受电弓弓头尺寸确定,当不为该型受电弓时应分别校验确定);最大许可跨距不宜大于 65 m;山口、谷口、高路堤和桥梁等风口范围内的最大跨距不宜大于 50 m;分相和锚段关节所在的跨距应比正常跨距值小 5~10 m,主要是考虑非支过渡时的安全。

二、链型悬挂的风偏移和最大许可跨距

链型悬挂的风偏移与悬挂结构、线材材料及形状、接触线和承力索受力、风负载大小、拉出值、线路情况有关,加之承力索和接触线相互作用,情况比简单悬挂复杂得多。世界各国对此有不同的算法,我国主要利用当量理论法和平均法对链型悬挂风偏移进行计算。

1. 当量理论计算法

当量理论计算法是将链型悬挂中的接触线和承力索以及联系它们的吊弦看成一个整体,利简单悬挂风偏移计算公式计算链型悬挂风偏移的一种简便方法。该方法抛开了承力索和接触线之间的烦琐约束,只在简单悬挂风负载前乘以一个小于 1 的当量系数 m,便可得到链型悬挂风偏移计算式。当量系数 m 的取值与线材的物理特性有关,铜接触线的 $m=0.9$,钢铝线的 $m=0.85$。

根据当量理论计算法,可轻松写出链型悬挂的风偏移计算式:

(a)直线区段,等"之"字值布置时的接触线风偏移和最大可能跨距

$$b_{jmax}=\frac{mP_jl^2}{8T_j}+\frac{2a^2T_j}{mP_jl^2}+\gamma_j \tag{3-6-22}$$

$$l_{max}=2\sqrt{\frac{T_j}{mp_j}\left[b_{jx}-\gamma_j+\sqrt{(b_{jx}-\gamma_j)^2-a^2}\right]} \tag{3-6-23}$$

(b)直线区段,不等"之"字值布置时的接触线风偏移和最大可能跨距

$$b_{jmax}=\frac{mP_jl^2}{8T_j}+\frac{(a_1+a_2)^2T_j}{2mP_jl^2}+\frac{a_1-a_2}{2} \tag{3-6-24}$$

$$l_{max}=2\sqrt{\frac{T_j}{mP_j}\left[(b_{jmax}-\gamma_j)+\sqrt{(b_{jmax}-\gamma_j)^2-(\frac{a_1+a_2}{2})^2}\right]} \tag{3-6-25}$$

(c)曲线区段的接触线风偏移和最大可能跨距

$$b_{jmax}=\frac{l^2}{8}(\frac{mP_j}{T_j}+\frac{1}{R})-a-\gamma_j \tag{3-6-26}$$

$$l_{max}=2\sqrt{\frac{T_j}{mP_j+\frac{T_j}{R}}(b_{jx}-\gamma_j+a)} \tag{3-6-27}$$

式(3-6-22)~式(3-6-27)中　b_{jmax}——接触线的最大风偏移值(mm);

P_j——接触线单位风负载(kN/m);

l——跨距(m);

l_{max}——最大可能跨距值(m);

T_j——接触线张力(kN);

a,a_1,a_2——两定位点的拉出值(m);

γ_j——支柱在接触线定位点处的偏移(m)。

2. 平均值计算法

为了分析承力索对接触线风偏移的贡献,可先研究单根承力索和单根接触线的受风偏移,然后根据它们的比值来判定它们之间的相互影响度,根据这种理念推导出的计算链型悬挂风偏移的方法称之为平均值计算法。

对于单根的接触线和承力索,由式(3-6-4)可直接写出

$$b_j = \frac{P_j l^2}{8T_j} \tag{3-6-28}$$

$$b_c = \frac{P_c l^2}{8T_c} \tag{3-6-29}$$

由此可得承力索和接触线风偏移的比值

$$\frac{b_j}{b_c} = \frac{P_j/T_j}{P_c/T_c} \tag{3-6-30}$$

由(3-6-30)可以看出,承力索和接触线相互作用的性质。当 $b_j/b_c > 1$,亦即 $P_j/T_j > P_c/T_c$ 时,承力索将通过吊弦减小接触线的风偏移;当 $b_j/b_c < 1$,亦即 $P_j/T_j < P_c/T_c$ 时,承力索将通过吊弦将接触线拉过去;当 $b_j/b_c = 1$,亦即 $P_j/T_j = P_c/T_c$ 时,承力索和接触线的风偏移值相等,彼此无干扰。

为考虑承力索风偏移对接触线风偏移的影响,可取单根接触线的风偏值(3-6-28)式与单根承力索的风偏值(3-6-29)式和的平均值,并将其代入简单悬挂接触线风偏移计算公式(3-6-8),写出平均值计算法的链型悬挂接触线风偏移计算式

$$b_{jx} = \frac{1}{2} \cdot \left(\frac{P_j}{T_j} + \frac{P_c}{T_c} \right) \cdot \frac{l^2}{8} + \frac{2a^2}{\frac{1}{2} \cdot \left(\frac{P_j}{T_j} + \frac{P_c}{T_c} \right) l^2} + \gamma_j \tag{3-6-31}$$

式中　P_j——接触线单位风负载(kN/m);

　　　P_c——承力索单位风负载(kN/m);

　　　T_j——接触线张力(kN);

　　　T_c——承力索张力(kN);

　　　l——跨距(m);

　　　γ_j——支柱在接触线定位点处的偏移(m)。

【例 3.5】　最大许可跨距和风偏移计算

某半补偿链型悬挂 GJ-70+CT-100,接触线补偿张力 $T_j = 10$ kN,位于曲线半径 $R = 600$ m 的曲线区段,最大设计风速 $v_{max} = 25$ m/s,导线高度 $H_j = 6\,000$ mm,支柱挠度 $\gamma_j = 20$ mm。请依据《铁路电力牵引供电设计规范》(TB 10009—2005)的相关规定,确定该悬挂的最大跨距值。

解:《铁路电力牵引供电设计规范》(TB 10009—2016)第 5.4.5 条规定:接触网支柱跨距应根据悬挂类型、曲线半径导线最大受风偏斜值和运营条件等综合确定。第 5.4.6 条规定:直线区段,接触线应按"之"字形布置,支柱处的拉出值宜采用 200~300 mm;曲线区段,接触线一般由受电弓中心向外侧拉出,并宜使接触线与受电弓中心轨迹相割,对于半径较大的曲线区段,宜按"之"字形布置。

由式(3-6-26)和式(3-6-27)可知,计算最大许可跨距必需的已知条件包括:接触线补偿张力、接触线单位风负载、曲线半径、最大风偏移、支柱在定位点处的偏移、拉出值。在上述条件中,只有拉出值是未知的,需对其进行讨论确定。

在曲线区段,接触线在定位点的拉出值

$$a = c + m$$

根据《铁路线路设计规范》，取外轨超高为 120 mm，则因外轨超高引起的受电弓中心与线路中心的偏移

$$c = \frac{H_{\mathrm{j}} \cdot h}{L_{\text{轨道}}} = \frac{6\,000 \times 120}{1\,440} = 500 \ (\mathrm{mm}) = 0.5 \ \mathrm{m}$$

显然，欲使接触线与受电弓中心轨迹相割，定位点接触线的投影位于曲线线路中心线内侧，受电弓中心轨迹线外侧，m 只能为负值，即 $m < 0$。

在曲线区段，定位点处接触线的投影一般位于曲线线路中心线外侧，而在跨中，接触线的投影则位于曲线线路中心线内侧。若定位点接触线和跨中接触线的投影与线路中心线的距离相等，则接触线在定位点和跨距中点对线路中心线的偏移量

$$m = \frac{l^2}{16R}$$

若二者不相等，则跨中接触线投影与线路中心线的偏移量

$$m_{\mathrm{z}} = \frac{l^2}{8R} - m_{\mathrm{s}}$$

式中 l——跨距（m）；

　　R——曲线半径（m）；

　　m_{s}——定位点处接触线投影与曲线线路中心线的偏移量。

为简化计算，现假设接触线在定位点处和跨距中点处的投影距线路中心线的距离相等，即

$$m = \frac{l^2}{16R} = \frac{l^2}{16 \times 600} \tag{3-6-32}$$

定位点拉出值

$$a = c - m = 0.5 - \frac{l^2}{16 \times 600} \tag{3-6-33}$$

根据题意计算出接触线的单位风负载

$$P_{\mathrm{j}} = 0.625 a k v_{\max}^2 \frac{A+B}{2} \times 10^{-6} = 0.625 \times 1.25 \times 0.85 \times 25^2 \times \frac{11.8+12.8}{2} \times 10^{-6}$$

$$= 0.51 \times 10^{-2} (\mathrm{kN/m})$$

将以上数据代入（3-6-26），并取铜接触线的当量系数为 0.9，得

$$0.45 = \frac{l_{\max}^2}{8} \left(\frac{0.9 \times 0.51 \times 10^{-2}}{10} + \frac{1}{600} \right) + \frac{l_{\max}^2}{16 \times 600} - 0.5 - 0.02$$

解得 $l_{\max} = 51.21$ m。取最大跨距值为 50 m。

将 50 m 跨距值分别代入式（3-6-32）和式（3-6-33），可求得定位点处，接触线投影与线路中心线的偏移值 $m = 260$ mm，拉出值 $a = 240$ mm。

另外，$\frac{l^2}{8R} - a = \frac{50^2}{8 \times 600} - 0.24 = 0.28 > 0$，说明接触线与受电弓中心轨迹相割，符合《铁路电力牵引供电设计规范》（TB 10009—2016）的规定，证明取 50 m 的最大跨距是合理的。

第七节   锚段长度的选取

一、选取锚段长度需要考虑的因素

锚段长度对接触网的工程投资和技术性能有重要影响。锚段长度越长、在一定公里数内

的锚段数就越少、锚段关节也就越少，工程投资就越低；但锚段长度过长也会带来诸多技术问题：导线位移和张力差偏大、补偿装置可能失去补偿作用、事故影响范围大、供电灵活性较差。同样，锚段长度越短，在一定公里数内的锚段数就越多，锚段关节也就越多，一方面使工程投资增加，另一方面使接触网结构变得复杂，影响弓网运行安全的隐患增加。因此，合理选择锚段长度是接触网设计的一个重要内容。

一般说来，选择锚段长度应综合考虑以下因素：

(1)气象因素，如最高温度、最低温度，吊弦、定位器和腕臂处于最佳位置时的温度，最大风速，覆冰厚度；

(2)补偿张力的大小及导线张力差；

(3)接触线在定位点的纵向位移和横向位移；纵向位移使线夹两边产生张力差，使线夹承受较大的剪切应力；横向位移使接触线拉出值产生变化、定位器坡度和导高产生变化；

(4)补偿装置的结构形式、有效工作范围和补偿效率；

(5)导线的架设高度、抗拉强度、弹性系数和截面积；

(6)锚段关节的结构形式，两悬挂间的空气绝缘间隙及其所允许的偏移值；

(7)线路条件。

上述七大因素可归结为张力差、设备、结构等三类，这三类因素是选择锚段长度的主要依据。在曲线区段以张力差为确定依据；在直线区段以结构和设备为确定依据。因为在直线区段，导线伸缩引起的张力差较小，特别是全补偿链型悬挂，如果仍以张力差为依据，则锚段长度偏长，可能导致补偿装置失效，绝缘锚段关节处两组悬挂的空气绝缘间隙不达标。

二、导线张力差分析与计算

线索受温度变化的影响会产生伸缩，这种位移将导致吊弦、腕臂、定位器等偏离其最佳空间位置，从而在定位线夹、吊弦线夹、承力索安装底座(或钩头鞍子)两边产生张力差。工程实践表明：因吊弦、定位器和腕臂所引起的张力差约占补偿张力的5%～8%；因补偿装置传动效率以及补偿坠砣本身质量误差引起的张力差约占补偿张力的30%。

张力差的存在会增加线索、支柱、支持结构、零件的机械负载，增大接触悬挂弹性的差异，影响受电弓运行的平稳性和受流质量，因此，设计规范规定：承力索和接触线的张力差应控制在补偿张力的10%以内。

1. 吊弦偏斜引起的接触线张力差分析

在未补偿、半补偿、全补偿三种链型悬挂中，半补偿链型悬挂的吊弦发生偏移的情况最为严重，因接触线随温度变化产生的纵向位移最大，而承力索处于自然受力状态，几乎不发生纵向位移，处于承力索和接触线间的吊弦就会发生明显偏斜，故分析吊弦引起的张力差时均以半补偿链型悬挂为例。

由于实际的悬挂结构情况复杂，为构建吊弦张力差分析计算模型，特作如下假设：

(1)锚段内各跨距长度相同；

(2)吊弦长度相同，为各实际吊弦长度在跨距内的平均值；

(3)吊弦质量均匀分布在跨距中，悬挂无集中荷载，也不考虑附加负载的影响；

(4)线夹与所夹持线索间不发生相对滑动。

据此，绘出吊弦张力差分析计算模型，如图 3-7-1 所示。

在图 3-7-1(a)中,取距中心锚结 n 跨的跨距作为研究对象,由于采用了平均吊弦概念,所以一跨内的所有吊弦的偏移量相同、受力相同,可将其"归算"为一根吊弦,并对此"吊弦"进行受力分析,如图 3-7-1(b)所示。图 3-7-1 中,θ_n 表示吊弦在跨距内的平均偏斜角;c_x 表示吊弦的平均长度;$n \cdot \Delta l$ 表示吊弦偏移量;P_n 表示吊弦偏移对接触线产生的平均拉力;g_j 表示接触线单位自重;l 表示跨距长度。

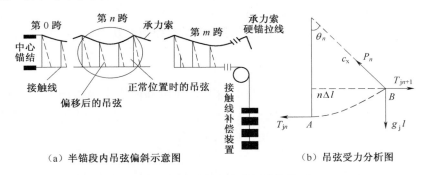

（a）半锚段内吊弦偏斜示意图   （b）吊弦受力分析图

图 3-7-1 吊弦张力差分析计算模型

由图 3-7-1 可知

$$T_{jn} + P_n \sin\theta_n - T_{jn+1} = 0 \qquad (3-7-1)$$

$$P_n \cos\theta_n - g_j l = 0 \qquad (3-7-2)$$

将式(3-7-2)代入式(3-7-1),化简得

$$\Delta T_{jn} = T_{jn} - T_{jn+1} = -g_j l \cdot \tan\theta_n \qquad (3-7-3)$$

由图 3-5-1(b)可知

$$\tan\theta_n = \frac{n \cdot \Delta l}{\sqrt{c_x^2 - (n \cdot \Delta l)^2}} \qquad (3-7-4)$$

将式(3-7-4)代入式(3-7-3)得

$$\Delta T_{jn} = -g_j l \cdot \frac{n \cdot \Delta l}{\sqrt{c_x^2 - (n \cdot \Delta l)^2}} \qquad (3-7-5)$$

规范规定吊弦偏移最大值不得超过吊弦长度的 1/3,故吊弦偏移对吊弦长度而言是一个"小"量,可作近似处理,即

$$\sqrt{c_x^2 - (n \cdot \Delta l)^2} \approx c_x$$

因此,第 n 跨吊弦偏斜所引起的张力差可表示为

$$\Delta T_{jn} = -g_j l \cdot \frac{n \cdot \Delta l}{c_x} \qquad (3-7-6)$$

设从中心锚结到补偿器处的半锚段内有 m 个跨距,则半锚段内因吊弦偏斜所引起的张力变化总量为

$$\Delta T_{jd} = \sum_{n=1}^{m} \Delta T_{jn} = -\sum_{n=1}^{m} \frac{n g_j l \cdot \Delta l}{c_x} \qquad (3-7-7)$$

因为

$$\sum_{n=1}^{m} n = \frac{m(m+1)}{2}$$

所以

$$\Delta T_{jd} = \frac{-m(m+1) g_j l \cdot \Delta l}{2c_x} \qquad (3-7-8)$$

若只考虑温度引起的接触线伸缩量,则接触线在一个跨距内的实际位移量应为温度变化引起的长度变化量 $\alpha \cdot \Delta t \cdot l$ 和消耗于弛度上的长度 λ 之差,即

$$\Delta l = \alpha \cdot l \cdot \Delta t - \lambda \tag{3-7-9}$$

由 $L = l + \dfrac{8f^2}{3l}$ 可推得 $\lambda = \dfrac{8(f_{tr}^2 - f_{td}^2)}{3l}$,可知 λ 是一个很小的数,往往不计其影响,令 $\lambda = 0$,将(3-7-9)代入(3-7-8),并注意到 $L = ml$,化简整理可得

$$\Delta T_{jd} = \frac{-\alpha \cdot \Delta t \cdot L \cdot (L+l)g_j}{2c_x} \tag{3-7-10}$$

式中　ΔT_{jd}——吊弦偏斜所引起的接触线张力增量(kN);

　　　　L——半锚段长度(m);

　　　　l——跨距长度(m);

　　　　g_j——接触线单位自重(kN/m);

　　　　α——接触线的线胀系数(m/℃);

　　　　Δt——平均温度与计算温度之差(℃);

　　　　c_x——吊弦平均长度(m),其计算式为

$$c_x = c_{min} + \frac{F_0}{3} = h - \frac{2F_0}{3} \tag{3-7-11}$$

　　　　c_{min}——最短吊弦长度(m);

　　　　h——接触悬挂的结构高度(m);

　　　　F_0——接触线无弛度时,承力索的弛度(m)。

若再考虑线索的弹性伸长,则吊弦引起的张力增量 ΔT_{jd} 为

$$\Delta T_{jd} = \frac{-\alpha \cdot \Delta t \cdot L(L+l)g_j}{2c_x + \dfrac{2}{3} \cdot \dfrac{L(L+l)g_j}{ES}} \tag{3-7-12}$$

式中　E——接触线的弹性模量(GPa);

　　　　S——接触线的横截面积(mm²)。

2. 腕臂与定位器的偏转量计算

温度变化时,腕臂(定位器)会随承力索(接触线)的伸缩产生偏转,这种偏转在一定范围内是允许的、也是必需的。但当这种偏转达到一定程度时,腕臂、定位器及其线夹会承受较大的张力分量,在悬挂中形成"硬点"、影响受流质量,甚至导致线索从线夹中脱落或线夹断裂的严重事故。因此,接触网的设计、施工和运营维护均需关注腕臂和定位器的偏转,使其偏转方向和偏移量符合要求。

为保证在计算最高温度和计算最低温度范围内腕臂和定位器具有合理的偏移方向和偏转量,必须对腕臂和定位器随温度变化所产生的位移进行分析,并根据各类线索的线胀系数和弹性特性计算和绘制出腕臂(定位器)安装曲线。如图 3-7-2、图 3-7-3 所示。

腕臂(定位器)安装曲线的计算式为

$$\Delta a = \frac{T}{E}\left(\frac{1}{s} - \frac{1}{s_0}\right) \cdot x + \alpha \cdot x \cdot \Delta t \tag{3-7-13}$$

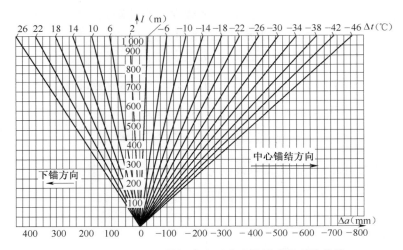

图 3-7-2　JTM-95 镁铜合金承力索旋转腕臂安装曲线

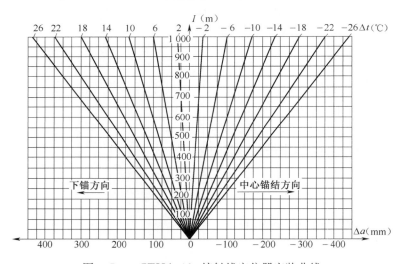

图 3-7-3　CTHA-120 接触线定位器安装曲线

或者

$$\Delta a = \theta \cdot x + \alpha \cdot x \cdot \Delta t \qquad (3\text{-}7\text{-}14)$$

式中　Δa——距中心锚结距离为 x 处的承力索或接触线的位移量；

　　　　T——承力索或接触线的补偿张力；

　　　　s_0——新线横截面面积；

　　　　s——导线发生伸缩后的实际面积；

　　　　E——导线弹性系数；

　　　　x——腕臂（定位器）安装位置距中心锚结的距离；

　　　　α——导线的线胀系数；

　　　　Δt——安装温度与平均温度的差；

　　　　θ——新线延伸率，可参考表 2-7-1 取值。

由式（3-7-14）可见，距离中心锚结越远，腕臂和定位器的偏移量越大，因此，要控制腕臂或定位器的偏移量,主要控制所研究锚段的长度,同时,腕臂和定位器所允许的偏移量与线路条件和腕臂或定位器的长度有关,腕臂和定位器越长,在偏移相同位移的情况下,其形成的张力差越小。

3. 定位器偏移引起的接触线张力差分析

在直线区段,接触线一般按正、反定位交替安装,定位器偏移引起的总张力差很小,只有几十牛顿,一般可忽略;在曲线区段,定位器均处于受拉状态,定位器偏移造成的张力差较大,应进行分析并加以控制。

曲线区段,定位器偏移后的受力如图 3-7-4 所示。

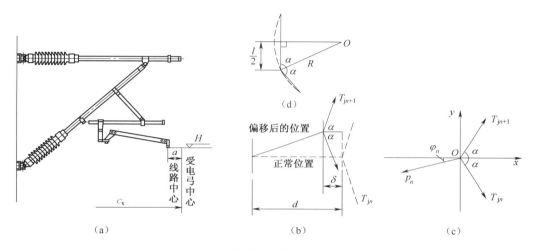

图 3-7-4　定位器偏斜后的受力分析

图 3-7-4(a)为定位器的安装形式(正定位);图 3-7-4(b)中,虚线表示定位器处于最佳位置(与线路中心线垂直),此时,定位器只承受接触线张力的曲线分力。实线表示定位器发生偏移后的位置,定位点在纵向上发生了 Δa 的位移(图中未标注),在横向上发生了 δ 的位移,二者之间有如下关系

$$\delta = d - \sqrt{d^2 - \Delta a^2} \tag{3-7-15}$$

定位器受力如图 3-7-4(c)所示,列出力学平衡方程

$$\sum F_y = 0 \quad p_n\cos\varphi_n - T_{jn+1}\cos\alpha + T_{jn}\cos\alpha = 0 \tag{3-7-16}$$

$$\sum F_x = 0 \quad p_n\sin\varphi_n - T_{jn+1}\sin\alpha + T_{jn}\sin\alpha = 0 \tag{3-7-17}$$

将 $\dfrac{(1)\times\sin\varphi_n - (2)\times\cos\varphi_n}{\cos\varphi_n\cos\alpha}$ 可得

$$T_{jn} = \frac{\tan\alpha - \tan\varphi_n}{\tan\alpha + \tan\varphi_n} \cdot T_{jn+1} \tag{3-7-18}$$

由图 3-7-4(d)可知

$$\tan\alpha \approx \frac{R}{\dfrac{l}{2}} = \frac{2R}{l} \tag{3-7-19}$$

由图 3-7-4(c)可知

$$\tan\varphi_n \approx \sin\varphi_n = \frac{n \cdot \Delta l}{d} \tag{3-7-20}$$

将(3-7-19)和(3-7-20)代入式(3-7-18)化简整理后得

$$T_{jn} = \frac{1 - \dfrac{nl\Delta l}{2Rd}}{1 + \dfrac{nl\Delta l}{2Rd}} T_{jn+1} \qquad (3\text{-}7\text{-}21)$$

设半锚段内有 m 个跨距,则有 $m-1$ 个定位点,可依据式(6)写出 $T_{j1} \sim T_{jm-1}$ 的表达式,将其逐一相加,由于它们都是递归的,彼此相加后得

$$T_{j1} = \frac{1 - \dfrac{m(m-1)l\Delta l}{4Rd}}{1 + \dfrac{m(m-1)l\Delta l}{4Rd}} T_{jm}$$

因

$$\Delta T_{jw} = T_{j1} - T_{jm},\ \Delta l = l \cdot \alpha \cdot \Delta t,\ ml = L$$

故

$$\Delta T_{jw} = \frac{-\alpha \cdot \Delta t \cdot L(L-l)}{2Rd + 0.5\alpha \cdot \Delta t \cdot L(L-l)} T_{jmax} \qquad (3\text{-}7\text{-}22)$$

式中　T_{jmax}——接触线许用张力,如考虑吊弦张力差,可取为 $\left(T_{jmax} + \dfrac{2}{3}\Delta T_{jd}\right)$;

　　　　L——半锚段长度(m);

　　　　R——曲线半径(m);

　　　　d——定位器长度(m);

　　　　a——拉出值(m);

　　　　l——跨距长度(m);

　　　　α——接触线的线胀系数(m/℃);

　　　　Δt——平均温度与计算温度之差(℃)。

式(3-7-22)适用于曲线区段只考虑温度变化引起的定位器偏移造成的张力差计算。

将 $\tan\alpha = \dfrac{l}{2a}$、$\tan\varphi_n = \dfrac{n\Delta l}{d}$ 代入(3-7-18)式并化简,可得直线区段定位器全部受拉时造成的张力差计算式

$$\Delta T_{jw} = \frac{-\alpha \cdot \Delta t \cdot L(L-l)}{\dfrac{l^2}{2a} \cdot d + 0.5\alpha \cdot \Delta t \cdot L(L-l)} \qquad (3\text{-}7\text{-}23)$$

4. 典型悬挂的张力差计算

(1)简单悬挂接触线张力差计算

简单悬挂没有吊弦,计算接触线张力差时只考虑定位器的影响,并考虑接触线弹性形变所引起的导线伸缩,其张力差计算式为

$$\Delta T_{jj} = \frac{\Delta T_{jw}}{1 - \dfrac{2}{3} \cdot \dfrac{\Delta T_{jw}}{E \cdot S \cdot \alpha \cdot \Delta t}} \qquad (3\text{-}7\text{-}24)$$

式中　ΔT_{jj}——简单悬挂接触线的张力差;

　　　　E——接触线的弹性模量;

　　　　S——接触线的横截面积。

（2）半补偿链型悬挂接触线张力差计算

在半补偿链型悬挂中，接触线张力差由两部分组成：吊弦偏移引起的张力差和定位器偏移引起的张力差，如再将接触线弹性变形考虑在内，则半锚段内接触线张力差计算式为

$$\Delta T_{j} = \frac{\Delta T_{jd} + \Delta T_{jw}}{1 - \frac{2}{3} \cdot \frac{\Delta T_{jd} + \Delta T_{jw}}{E \cdot S \cdot \alpha \cdot \Delta t}} \qquad (3\text{-}7\text{-}25)$$

式中　ΔT_{j}——半锚段内接触线因温度和弹性变化所引起的总张力差；

　　　ΔT_{jd}——吊弦偏移造成的张力差。

（3）全补偿链型悬挂张力差分析

在全补偿链型悬挂中，承力索和接触线均会产生张力差。接触线的张力差计算与半补偿接触线张力差计算式完全相同，只是在计算吊弦偏移所引起的张力差时，需注意承力索和接触线的线胀系数的差异。如果承力索和接触线的材质相同，则吊弦不会引起张力差；如果二者材质不同，则承力索和接触线因温度变化所发生的位移量不同，吊弦的偏移量为

$$\Delta l = (\alpha_{j} - \alpha_{c}) \cdot \Delta t \cdot l \qquad (3\text{-}7\text{-}26)$$

承力索张力差则可参考定位器偏移张力差的计算方法，即

$$\Delta T_{cq} = \frac{\Delta T_{cw}}{1 - \frac{2}{3} \cdot \frac{\Delta T_{cw}}{E \cdot S \cdot \alpha \cdot \Delta t}} \qquad (3\text{-}7\text{-}27)$$

式中　ΔT_{cq}——全补偿链型悬挂承力索的张力差；

　　　ΔT_{cw}——只考虑温度变化引起的承力索张力差，由式（3-7-28）计算；

　　　E——承力索的弹性模量；

　　　S——承力索的横截面积；

　　　α——承力索的线胀系数。

在直线区段，由于承力索沿线路中心布置，因平腕臂发生偏转所引起的张力差很小（半锚段内只有几十牛），可不用考虑。在曲线区段，平腕臂（或水平拉杆）随温度变化发生偏转所引起的导线张力差的计算方法与定位器偏转所引起张力差的计算方法相同，其计算式可写为

$$\Delta T_{cw} = \frac{-\alpha \cdot \Delta t \cdot L(L-l)}{2Rd + 0.5\alpha \cdot \Delta t \cdot L(L-l)} T_{cmax} \qquad (3\text{-}7\text{-}28)$$

式中　T_{cmax}——承力索补偿张力（N）；

　　　d——平腕臂或水平拉杆长度（m）；

　　　α——承力索的线胀系数（m/℃）。

5. 张力差的应用

【例 3.3】　张力差计算

半补偿链型悬挂 GJ-70+GLCB$\frac{80}{173}$，结构高度 $h = 1.7$ m、$t_{max} = +40$ ℃、$t_{min} = -40$ ℃、$t_{d} = 0$ ℃、$v_{max} = 27$ m/s，定位器计算长度 $d = 1.5$ m，直线区段拉出值为 ±300 mm；曲线区段拉出值为 +400 mm，吊弦无滑动。接触线额定张力 $T_{j} = 8.5$ kN、线胀系数 $\alpha = 17 \times 10^{-6}$ 1/℃、弹性系数 $E = 98$ GPa、单位重量 $g_{j} = 0.744 \times 10^{-2}$ kN/m。试计算该悬挂张力差。

解:① 求吊弦平均长度 c_x

因

$$c_x = h - \frac{2}{3}F_0, \quad F_0 = \frac{q_0 l^2}{8 T_{c0}}$$

$q_0 = g_c + g_j + g_d = 0.615 \times 10^{-2} + 0.774 \times 10^{-2} + 0.05 \times 10^{-2} = 1.439 \times 10^{-2} (kN/m)$

取接触线无弛度时承力索的张力 $T_{c0} = 12$ kN,将计算结果填入表 3-7-1 中。

表 3-7-1　弛度与吊弦平均长度计算值(单位:m)

曲线半径	600	700、800	900,1 000,1 200,1 800	∞
跨距长度	50	55	60	65
弛　　度	0.375	0.454	0.540	0.634
吊弦平均长度	1.450	1.397	1.340	1.277

② 确定计算温差 Δt

计算温差有两个:$\Delta t_1 = t_{max} - t_d$ 和 $\Delta t_2 = t_{min} - t_d$,由于吊弦和定位器处于最佳位置时的温度 t_d 是依据当地气象条件,取一年中保持时间最长的温度计算出的平均值,它未必是最高温度和最低温度的平均值,也就是说,$|\Delta t_1|$ 和 $|\Delta t_2|$ 未必相等,大多数情况下,二者是不相等的。那么,使用哪个数据作为计算依据呢?

一般而言,$|\Delta t_1| = |\Delta t_2|$ 时,按 Δt_2 计算出的张力差大些,此时应以 Δt_2 作为计算条件;$|\Delta t_1| \neq |\Delta t_2|$ 时,则应分别计算,并进行比较,求出张力差最严重的情况。

为减少计算工作量,本例题只研究了 $|\Delta t_1| = |\Delta t_2|$ 的情况,因 $\Delta t_1 = 40$ ℃,$\Delta t_2 = -40$ ℃,所以,取 $\Delta t_2 = -40$ ℃作为计算条件。

③ 计算 ΔT_{jd} 和 ΔT_{jw}

将题目告知的已知条件代入相关计算式计算出吊弦、定位器造成的张力差值,结果见表 3-7-2、表 3-7-3、表 3-7-4。

表 3-7-2　$\Delta t_2 = -40$ ℃时 ΔT_{jd} 的计算值($\times 10^{-2}$ kN)

L(m)	R(m)			
	600	700、800	900,1 000,1 200,1 800	∞
100	2.62	2.81	3.02	3.27
200	8.72	9.23	9.82	10.50
300	18.32	19.28	20.39	21.69
400	31.4	32.96	14.73	36.84
500	47.98	50.25	52.86	55.96
600	68.04	71.16	74.76	79.04
700	91.59	95.70	100.43	106.08
800	118.63	123.85	129.88	137.08

表 3-7-3　$\Delta t_2 = -40\ ℃$ 时 ΔT_{jw} 的计算值（$\times 10^{-2}$ kN）

L(m)	R(m)							
	600	700	800	900	1 000	1 200	1 800	∞
100	1.60	1.23	1.08	0.85	0.77	0.64	0.43	0.19
200	9.51	7.89	6.91	5.93	5.34	4.45	2.97	1.46
300	23.41	19.69	17.25	15.03	13.54	11.30	7.55	3.78
400	42.72	36.19	31.76	27.94	25.10	20.97	14.04	7.09
500	66.70	56.78	49.9	43.93	39.64	33.17	22.26	11.30
600	94.43	80.71	71.07	62.73	56.65	47.52	31.99	16.31
700	124.88	107.11	94.53	83.63	75.67	63.57	42.96	21.99
800	156.95	135.07	119.50	105.93	96.00	80.85	54.87	28.18

表 3-7-4　$\Delta t_2 = -40\ ℃$ 时 ΔT_j 的计算值（$\times 10^{-2}$ kN）

L(m)	R(m)							
	600	700	800	900	1 000	1 200	1 800	∞
100	4.21	4.03	3.68	3.86	3.78	3.65	3.44	3.46
200	18.04	16.95	15.99	15.61	15.07	14.15	12.70	11.96
300	40.75	38.11	35.77	34.71	33.28	31.12	27.50	21.97
400	71.07	66.49	62.39	60.39	57.83	53.96	47.43	37.64
500	107.5	100.79	94.67	91.66	87.80	81.95	71.99	57.83
600	148.5	139.61	131.42	127.36	122.15	114.20	100.54	82.83
700	192.4	181.52	171.38	166.35	159.82	149.79	132.41	113.01
800	237.7	2250.2	213.33	207.51	199.78	187.84	166.92	148.88

根据表 3-7-4 可绘制出半补偿简单链型悬挂 GJ-70＋GLCB80/173 中接触线的张力差曲线，此处省略。

【例 3.4】　张力差曲线表的应用

某半补偿链型悬挂，接触线张力差与线路数据如表 3-7-5 所示，线路条件如图 3-7-5 所示，试计算下面两种情况的张力差，从计算结果能得出什么结论？

① 中心锚结设在 A 处，补偿器设在 B 处；

② 中心锚结设在 B 处，补偿器设在 A 点。

表 3-7-5　某半补偿链型悬挂接触线张力差数据表（单位：N）

L(m)	R(m)							
	100	200	300	400	500	600	700	800
600	42	180	408	711	1 076	1 485	1 924	2 377
800	39	160	358	624	947	1 314	1 714	2 133
1 000	38	150	333	578	878	1 222	1 598	1 998
1 200	37	142	311	540	820	1 142	1 498	1 878
直线	35	119	351	428	647	904	1 192	1 508

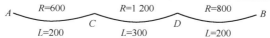

图 3-7-5　某半补偿链型悬挂所在线路条件示意图解

解:① 中心锚结位于 A 处,补偿装置位于 B 处

$$\Delta T_{j} = \Delta T_{jAC} + \Delta T_{jCD} + \Delta T_{jDB}$$

ΔT_{jAC} 是线路半径 600 m,距中心锚结 200 m 处的张力差,查表 3-7-5 可知

$$\Delta T_{jAC} = 180(N)$$

ΔT_{jCD} 是线路半径 1 200 m,距中心锚结 200 m(C)和 500 m(D)两点间的张力差,从表 3-7-5 中查得 C 点对中心锚结的张力差为 142 N,D 点对中心锚结的张力差为 820 N,则

$$\Delta T_{jCD} = 820 - 142 = 678(N)$$

同理可得

$$\Delta T_{jDB} = 1\,714 - 947 = 767(N)$$

由此求得

$$\Delta T_{j} = \Delta T_{jAC} + \Delta T_{jCD} + \Delta T_{jDB} = 180 + 678 + 767 = 1\,625(N)$$

② 中心锚结在 B 处,补偿装置在 A 处

依照上述方法可计算出

$$\Delta T_{j} = \Delta T_{jBD} + \Delta T_{jDC} + \Delta T_{jCA} = 160 + (820 - 142) + (1\,924 - 1\,076) = 1\,686(N)$$

通过计算可以得出以下三点结论:

(a)在同一线路条件下,中心锚结设置地点不同,悬挂线索的张力差不同;

(b)中心锚结设置在小曲线半径处可减少线索张力差;

(c)中心锚结的位置应通过悬挂线索张力差计算确定,在锚段长度一定的情况下,可减少张力差,在张力差要求一定的情况下,可调整锚段长度。

三、根据补偿装置调整距离确定锚段长度

根据补偿装置确定锚段长度的主要依据是补偿装置的调整距离,即补偿坠砣的上下移动空间,该空间大小受接触悬挂的线索补偿张力、线胀系数、补偿坠砣串长度、补偿装置安装方式等因素的制约。对于有限制框架的补偿装置以限制框架上底座安装处距轨面高度为计算范围,对于无限制框架的补偿装置以接触线下锚底座距轨面的高度为计算范围。

设补偿装置限制框架上底座安装处距轨面高度为 H,坠砣杆长度为 l_1,补偿滑轮传动比为 n,线索的新线延伸率为 θ,则补偿坠砣的有效动作范围为

$$l_2 = H - l_1$$

接触悬挂的伸缩范围为

$$l_3 = \frac{l_2}{n} = \frac{H - l_1}{n}$$

半锚段允许长度

$$L \leqslant \frac{l_3}{\alpha \cdot \Delta t + \theta} = \frac{H - l_1}{n(\alpha \cdot \Delta t + \theta)} \tag{3-7-29}$$

【例 3.5】 利用补偿装置确定锚段长度

设某全补偿链型悬挂,补偿装置限制框架上底座安装处距轨面高度为 4 800 mm,接触线补偿张力为 28.5 kN,采用 1∶3 棘轮补偿下锚,接触线的新线延伸率为 6×10^{-4},线胀系数为 17×10^{-6}。请依据以上条件确定该悬挂的锚段长度。

解:

1. 确定补偿坠砣的数量

$$m = \frac{28.5 \text{ kN}}{3 \times 25 \times 10 \text{ N}} = 38$$

2. 确定补偿坠砣总长度和坠砣杆长度

(1) 假设使用混凝土坠砣，则补偿坠砣总长度为 $38 \times 110 = 4\,180$ (mm)。

(2) 假设使用铸铁补偿坠砣，则补偿坠砣总长度为 $38 \times 35 = 1\,330$ (mm)。

一般情况下，坠砣杆长度可在补偿坠砣总长度基础上加 222 mm。则选用混凝土坠砣时，坠砣杆长度为 4 402 mm 的坠砣杆；选用铁坠砣时，坠砣杆长度为 1 552 mm。

3. 确定锚段长度

为计算方便，坠砣杆长度可取整数。

(1) 对于混凝土坠砣

$$L \leqslant \frac{4\,800 - 4\,400}{3(17 \times 10^{-6} \times 50 + 6 \times 10^{-4})} = 91 \text{(m)}$$

(2) 对于铸铁坠砣

$$L \leqslant \frac{4\,800 - 1\,500}{3(17 \times 10^{-6} \times 60 + 6 \times 10^{-4})} = 747 \text{(m)}$$

由计算可知，对补偿张力较大的高速接触网，混凝土坠砣的安装空间受到限制，只能采用 HT150 二级热镀锌铁质补偿坠砣，以增加补偿装置的活动范围，增加锚段长度。同时，还可以看出，为确保补偿装置的有效动作，半锚段长度的最大取值不会超过 750 m，一般取为 700 m。

四、根据锚段关节间隙允许偏差量确定锚段长度

在锚段关节处，悬挂纵向移动造成的腕臂偏转是相向的，即高温时两腕臂靠拢或远离，低温时两腕臂远离或靠拢，是远离还是靠拢取决于锚段关节处支柱腕臂的装配结构。

设旋转腕臂底座至承力索底座间的距离为 d，腕臂允许旋转裕度为 l'，则由图 3-7-5 可知，承力索允许的纵向位移量为

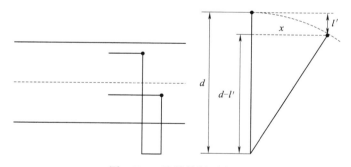

图 3-7-5 腕臂旋转示意图

$$x = \sqrt{d^2 - (d - l')^2} \tag{3-7-30}$$

设半锚段长度为 L，新线延伸率为 θ，则锚段关节处，承力索的伸成量为

$$x = (\alpha \cdot \Delta t + \theta) \cdot L \tag{3-7-31}$$

显然有式(3-7-30)=式(3-7-31)即

$$\sqrt{d^2 - (d - l')^2} = (\alpha \cdot \Delta t + \theta) \cdot L \tag{3-7-32}$$

由式(3-7-32)可得

$$L = \frac{\sqrt{d^2 - (d - l')^2}}{\alpha \cdot \Delta t + \theta} \tag{3-7-33}$$

式中,L 为半锚段长度,m;d 为旋转腕臂(水平拉杆或定位器)长度,m;α 为承力索或接触线的线胀系数;Δt 为最高(或最低)温度与腕臂(或定位器)处于正常位置时温度的差;θ 为新线延伸率;l' 为允许旋转裕度。

【例 3.6】 利用腕臂旋转裕度确定锚段长度

设腕臂旋转裕度为 100 mm,腕臂安装底座至承力索座的距离分别为 2 500 mm 和 3 700 mm。请根据铜承力索的物理参数,确定锚段长度。

解:

将已知条件代入式(5-4-16)得

$$L_1 = \frac{\sqrt{d_1^2 - (d_1 - l')^2}}{\alpha \cdot \Delta t + \theta} = \frac{\sqrt{2.5^2 - (2.5 - 0.1)^2}}{17 \times 10^{-6} \cdot 30 + 6 \times 10^{-4}} = \frac{0.7}{11.1 \times 10^{-4}} = 630(\text{m})$$

$$L_2 = \frac{\sqrt{d_2^2 - (d_2 - l')^2}}{\alpha \cdot \Delta t + \theta} = \frac{\sqrt{3.7^2 - (3.7 - 0.1)^2}}{17 \times 10^{-6} \cdot 30 + 6 \times 10^{-4}} = \frac{0.854}{11.1 \times 10^{-4}} = 769(\text{m})$$

根据计算可知,为确保锚段关节处两组悬挂间的有效绝缘间隙,半锚段长度的最大值不宜超过 750 m。

第八节 支柱负载分析与容量校验

支柱负载是指处于工作状态的支柱所受到的各种力。按时间特性可分为固定负载和变化负载;按方向特性可分为垂直负载和水平负载。固定负载是指支柱投入使用后就一直存在的负载,其大小基本不随时间改变,如悬挂自重、直线"之"字力、曲线分力等;变化负载是指时有时无的负载,如风负载、冰负载等。垂直负载主要包括悬挂自重、悬挂覆冰重,这类负载的特点是垂直向下;水平负载主要包括悬挂风负载、支柱风负载、直线"之"字力、曲线力等,这类负载的特点是水平作用于支柱。

一、支柱负载分析的原则

支柱负载分析就是研究实际工作状态下的支柱的负载分布状况,并进行相应的理论计算,找出这些负载对支柱基础面可能形成的最大弯矩,为设计、选用或者校验支柱容量提供理论依据。因此,支柱负载分析一般应遵守以下三条基本原则:

(1)以支柱的实际工作状态为研究对象,分析支柱在极端工作条件下的受力和安全性。

(2)极端工作条件是指结构风速、最大标准覆冰厚度、最低温度条件,三者均有可能使支柱产生最大弯矩,应根据支柱所处环境和装配结构,选择对支柱最为不利的条件进行负载计算,找出其可能受到的最大负载和最大弯矩。

(3)对每一种新型支柱或者新型装配结构都应进行负载分析与计算,确保支柱的安全稳定性。支柱及其装配结构千差万别,应在掌握基本原则和基本算法的基础上,具体问题具体分析。

支柱负载分析需要相应的技术资料,这些技术资料主要包括:支柱类型、安装环境、装配形式和结构尺寸、悬挂类型及其参数、设计气象条件等。

二、支柱负载计算

1. 垂直负载计算

垂直负载包括安装在支柱上的各类零部件、设备以及悬挂线索的自重和覆冰重,如支持装置、定位装置、接触悬挂、附加线索等的自重和覆冰重。

(1)支持和定位装置自重

支持和定位装置自重 Q_0 应根据支柱装配图逐一核算。为方便练习,本书设定中间柱的支持和定位装置自重 $Q_0=0.5$ kN/套;转换柱和中心柱的支持和定位装置自重 $Q_0=0.6$ kN/套。

(2)支持和定位装置覆冰重

支持和定位装置覆冰重 Q_b 为斜腕臂、平腕臂、定位管的覆冰总重

$$Q_b = S_b \cdot \gamma_b \cdot b (\text{kN}) \tag{3-8-1}$$

式中　S_b——斜腕臂、平腕臂、定位管覆冰面积的总和(m^2);

　　　γ_b——覆冰密度,取为 9 kN/m^3;

　　　b——覆冰厚度(m),一般取为承力索标准覆冰厚度的 2 倍。

(3)接触悬挂自重

接触悬挂自重 Q_g 与悬挂类型有关,应根据具体悬挂进行分析计算。单链型接触悬挂自重包括承力索、接触线、吊弦的重量。

$$Q_g = n q_0 l \tag{3-8-2}$$

(4)接触悬挂覆冰重

接触悬挂覆冰重 Q_{gb} 与悬挂类型有关,应根据具体悬挂进行分析计算。单链型接触悬挂的覆冰重包括承力索和接触线的覆冰重量。

$$Q_{gb} = n q_b l \tag{3-8-3}$$

式(3-8-2)和式(3-8-3)中　q_0——接触悬挂单位自重(kN/m);

　　　　　　　　　　　　　q_b——接触悬挂单位覆冰重 (kN/m);

　　　　　　　　　　　　　n——所分析支柱上的悬挂组数;

　　　　　　　　　　　　　l——支柱两侧的跨距长度(m)。

当支柱两侧跨距不相等时,l 取两跨距的平均值。另外,若有附加导线还要计算附加导线的自重和覆冰重。

2. 水平负载计算

支柱所受水平负载包括支柱风负载,悬挂线索风负载,悬挂线索张力的分力(直线"之"字力、曲线分力、下锚分力)等。

(1)支柱风负载

支柱风负载的计算方法见式(3-2-9)。

(2)线索风负载

由式(3-2-10)知,线索风负载

$$P = 0.625 K \mu_Z \cdot d \cdot v^2 \cdot l \times 10^{-6} \tag{3-8-4}$$

式中　P——悬挂线索传给支柱的风负载(kN);

　　　K——风载体型系数(表 3-2-1);

　　　μ_Z——风负载高度修正系数(表 3-2-2);

　　　d——线索的直径(mm);

　　　v——计算风速(m/s)。

(3)直线"之"字力

直线区段,接触线按"之"字形布置,接触线张力将产生一个垂直于支柱的水平分力,该力

通过定位装置和支持装置传给支柱,如图 3-8-1 所示。

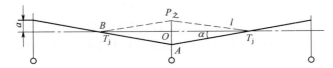

图 3-8-1   支柱"之"字力分析图

由图 3-8-1 可知

$$P_{\text{之}} = \frac{4T_{\text{j}}}{l}a \qquad (3\text{-}8\text{-}5)$$

式中 T_{j}——接触线张力(kN);

l——跨距(m);

a——拉出值(m)。

当支柱两边跨距不等时

$$P_{\text{之}} = \left(\frac{2T_{\text{j}}}{l_1} + \frac{2T_{\text{j}}}{l_2}\right)a \qquad (3\text{-}8\text{-}6)$$

在直线区段如果采用的是直链型悬挂,则还应计算承力索产生的"之"力。

(4)曲线分力

在曲线区段,接触悬挂因曲线改变走向,这种改变会在支柱上产生一个曲线分力 P_{R},如图 3-8-2 所示。由图可见(图中 A 点为定位点)$\triangle ABO \backsim \triangle ACD$,故有

$\dfrac{P_{\text{R}}}{T} = \dfrac{l}{R+a}$,由于 $R \geqslant a$ 所以

$$P_{\text{R}} = T \cdot \frac{l}{R} \qquad (3\text{-}8\text{-}7)$$

当支柱两侧跨距不相等时,有

$$P_{\text{R}} = T\left(\frac{l_1}{2R} + \frac{l_2}{2R}\right) \qquad (3\text{-}8\text{-}8)$$

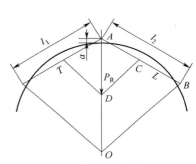

图 3-8-2   曲线分力分析图

式(3-8-7)和式(3-8-8)中 T——悬挂线索张力(kN);

P_{R}——曲线水平分力(kN);

R——曲线半径(m)。

一般而言,曲线区段均采用直链型悬挂,承力索和接触线均会产生曲线分力。如果有附加导线,还应计算附加导线产生的曲线分力。

(5)下锚分力

下锚支偏离原走向会在转换柱上产生一个张力分量,这就是下锚分力。下锚分力与转换柱处的线路条件、锚段关节类型、锚柱与转换柱的相对位置有关。

① 直线区段的下锚分力

由图 3-8-3 可知,同侧下锚时,转换柱受压;异侧下锚时,转换柱受拉。不论是受压还是受拉,下锚分力的大小均为

$$P_{\text{M}} = T \cdot \frac{\frac{1}{2}A + C_{\text{x}} \pm a}{l} \qquad (3\text{-}8\text{-}9)$$

式中　T——补偿张力(kN)；

l——转换柱与下锚柱之间的距离（m）；

C_x——锚柱侧面限界(m)；

A——锚柱在基地面(钢筋混凝土支柱为地线孔)处的宽度(m)；

a——转换柱处下锚支偏离线路中心的距离(m)，开口侧取"一"，闭口侧取"十"。

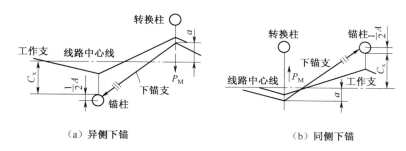

(a) 异侧下锚　　　　　　　　　　(b) 同侧下锚

图 3-8-3　直线区段下锚分力分析图

② 曲线区段的下锚分力

在曲线区段，造成下锚支偏离原走向的因素有两个，一是下锚偏离，它有在曲线内侧下锚和曲线外侧下锚之别；二是曲线本身造成的悬挂偏离。实际偏离值是二者之和，如图 3-8-4 所示。

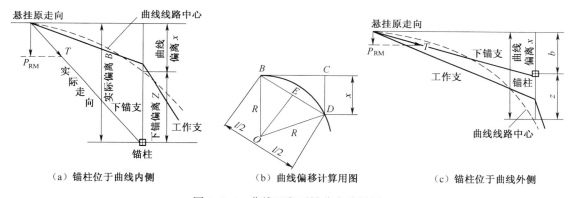

(a) 锚柱位于曲线内侧　　　　(b) 曲线偏移计算用图　　　　(c) 锚柱位于曲线外侧

图 3-8-4　曲线区段下锚分力分析图

设下锚支总偏离值为 b，下锚造成的偏离为 z，曲线造成的偏离为 x，由图 3-8-4 可知

$$b=x\pm z \tag{3-8-10}$$

锚柱位于曲线内侧时取"十"；锚柱位于曲线外侧时取"一"。

由图 3-8-4(b)可知$\triangle EBO \backsim \triangle BCD$，由相似三角形原理可推得曲线造成的偏离值

$$x=\frac{l^2}{2R} \tag{3-8-11}$$

曲线区段下锚造成的偏离值 Z 的求法与直线区段相同，但外轨超高造成受电弓中心与线路中心有一偏移值，a 值应用$(c-a)$代替。由此可得

锚柱位于曲线外侧时

$$z=C_x+\frac{1}{2}A+c-a \tag{3-8-12}$$

锚柱位于曲线内侧时

$$z = C_x + \frac{1}{2}A - c + a \tag{3-8-13}$$

由上述分析可以得出

$$P_{RM} = \frac{T \cdot b}{l} = T \cdot \left[\frac{l}{2R} \pm \frac{C_x + \frac{1}{2}A \mp (c-a)}{l} \right] \tag{3-8-14}$$

式中　P_{RM}——曲线区段下锚支对转换柱产生的下锚分力(kN)；

　　　T——补偿张力(kN)；

　　　C_x——锚柱侧面限界(m)；

　　　A——锚柱在基地面(钢筋混凝土支柱为地线孔)处的宽度(m)；

　　　c——受电弓中心对线路中心的偏移值(m)；

　　　a——转换柱处接触线的拉出值(m)；

　　　R——曲线半径(m)；

　　　l——转换柱与下锚柱之间的距离(跨距)(m)。

三、腕臂柱容量校验

支柱容量是指支柱所能承受的、支柱不被破坏的最大弯矩,它取决于支柱本身的物理结构和材质特性,与支柱实际工作环境和工作状态无关。

支柱容量与支柱最大工作弯矩的比值称为支柱安全系数,支柱安全系数一般取为2.0~3.0,它是确保支柱工作安全的重要指标,也是支柱选型的重要依据。

支柱负载分析是选用或校验支柱容量的理论基础,正确分析和计算支柱负载及其在极限工作条件下对支柱基础面产生的最大工作力矩是正确选用支柱的前提。

正确分析和计算支柱最大工作力矩的关键是对所分析支柱的装配结构和工作状态十分熟悉,并且能找全负载、算准大小,具体步骤如下:

(1)选择一个已知的同类型支柱,根据选定支柱的结构尺寸和线路条件进行分析计算。

(2)根据装配图逐一计算悬挂零件负载。

(3)分析各类负载,若有附加导线,也应一并计算。

(4)计算最大工作力矩,注意找准力的大小、作用点、方向以及力臂。

(5)取指向线路方向的力矩为正。

(6)恰当选取风吹方向,使支柱处于最危险状况。

(7)特殊装配的支柱应按实际情况进行分析计算。

(8)根据技术要求选取合理的支柱安全系数,确定支柱容量。

(9)当支柱容量与支柱最大工作力矩之比不满足安全要求时,应重新计算。

【例3.6】　绘出中间柱在覆冰条件下的负载分析图,写出其工作力矩计算式。

解:

直线区段中间柱的典型装配结构和覆冰的负载如图3-8-5(a)所示,其工作力矩计算式为

$$M_0 = \frac{1}{2}(Q_0 + Q_b)\left(C_x + \frac{1}{2}A\right) + (g_c + g_{cb})\left(C_x + \frac{1}{2}A\right) + (g_j + g_{jb})\left(C_x + \frac{1}{2}A + a\right) +$$

$$P_{cvb}(H_c \pm s) + (P_{jvb} + P_{之})(H_j \pm s) + \frac{1}{2}P_z H_z \tag{3-8-15}$$

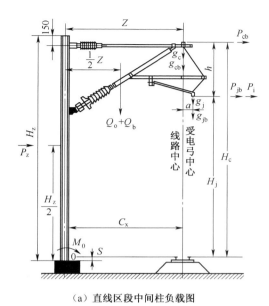 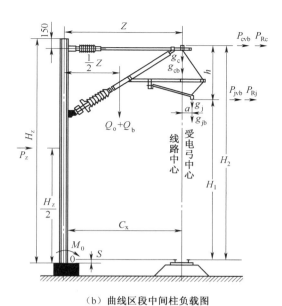

（a）直线区段中间柱负载图　　　　　　　　　（b）曲线区段中间柱负载图

图 3-8-5　中间柱负载分析图

曲线外侧中间柱的典型装配结构和覆冰的负载如图 3-8-5（b）所示，其工作为矩计算式为（以风从田野侧吹向线路为计算依据）

$$M_0 = \frac{1}{2}(Q_0 + Q_b)\left(C_x + \frac{1}{2}A\right) + (g_c + g_{cb})\left(C_x + \frac{1}{2}A\right) + (g_j + g_{jb})\left(C_x + \frac{1}{2}A + c - a\right) +$$

$$(P_{cvb} + P_{Rc})(H_c \pm s) + (P_{jvb} + P_{Rj})(H_j \pm s) + \frac{1}{2}P_z H_z \tag{3-8-16}$$

曲线内侧中间柱（以风从线路侧吹向田野为计算依据）的力矩计算式（请自己画出受力分析图）

$$M_0 = \frac{1}{2}(Q_0 + Q_b)\left(C_x + \frac{1}{2}A\right) + (g_c + g_{cb})\left(C_x + \frac{1}{2}A\right) + (g_j + g_{jb})\left(C_x + \frac{1}{2}A + a - c\right) +$$

$$(P_{cvb} + P_{Rc})(H_c \pm s) + (P_{jvb} + P_{Rj})(H_j \pm s) + \frac{1}{2}P_z H_z \tag{3-8-17}$$

注意：以上计算式中，当轨平面交于支柱基础面时，取 $+s$ 当轴平面低于基础面时取 $-s$；计算曲线内侧支柱弯矩时，风负载力矩的方向应根据曲线力和接触悬挂垂直负载产生弯矩的大小确定，其方向应与二者中的大者相一致，以便求出支柱最困难情况。

四、软横跨支柱负载计算

软横跨计算包括软横跨支柱负载计算和软横跨结构预制计算，前者完成软横跨支柱的选型或技术校验，后者完成软横跨横承力索、上下部固定绳、吊弦的长度计算。

软横跨计算需要气象资料（最大风速、覆冰厚度、最低温度），线路资料（股道数、股道间距、曲线半径等），悬挂线索资料（线材、截面积、纵向跨距），软横跨节点形式及分布等技术资料。

软横跨计算应遵循以下基本原则：

（1）由于横向承力索的弛度较大（等于 $0.1 \sim 0.12$ 倍横向跨距），故假设横向承力索只承受纵向悬挂及软横跨本身的垂直负荷，而不承担水平负载。

（2）由于上、下部固定绳不允许存在正弛度，只允许有少量（$0 \sim 200$ mm）负弛度，故假设上、下部固定绳只承受水平负载,而不承载垂直负载。上部固定绳承受纵向承力索的水平负载,下部固定绳承受接触线的水平负载。

(3)为求出软横跨支柱可能出现的最危险情况,假设所有水平负载的方向相同。

首先根据软横跨的装配结构,求出软横跨的水平负载和垂直负载;其次依据软横跨计算原则,求出横承力索、上部固定绳、下部固定绳对软横跨支柱的作用力;最后根据软横跨支柱装配尺寸求出各负载力矩。

1. 软横跨的垂直负载

软横跨的垂直负载 Q_i 包括软横跨线索自重 p_i、纵向悬挂自重和覆冰重 G_i、软横跨节点重 J_i、绝缘子分摊到悬挂点的重量 Z_i 等,其计算通式可写为

$$Q_i = p_i + G_i + J_i + Z_i + M_i \tag{3-8-18}$$

式中　p_i——横向承力索和上、下部固定绳分摊到悬挂点的重量(kN);

　　　G_i——纵向悬挂分担到悬挂点的重量(kN);

　　　J_i——软横跨节点重量(kN),可参照表 3-8-1 取值。实际工程中应根据节点零件重量进行计算;

　　　Z_i——悬挂点附近绝缘子分摊到悬挂点的重量(kN);

　　　M_i——站场中心锚结或下锚支在悬挂点产生的垂直负载(kN),对已将中心锚结或下锚支垂直负载归算到节点重量中的节点,该项为零,当有覆冰时,应计算覆冰重量。

$$p_i = \frac{1}{2}(a_i + a_{i+1}) \times (g_h + 2g_d) \tag{3-8-19}$$

式中　a_i——与左侧相邻悬挂点的水平距离(m);

　　　a_{i+1}——与右侧相邻悬挂点的水平距离(m);

　　　g_h——横向承力索的单位自重(kN/m),当采用双横承力索时应乘以 2;

　　　g_d——上、下部固定绳的单位自重(kN/m)。

$$G_i = n \times q_0 l + n q_b l \tag{3-8-20}$$

式中　q_0——纵向接触悬挂的单位自重(kN/m);

　　　n——通过悬挂点的纵向悬挂组数;

　　　q_b——纵向悬挂的单位覆冰重(kN/m);

　　　l——悬挂点两侧的纵向悬挂跨距(m)。

当绝缘子串位于悬挂点左侧时

$$Z_i = \frac{a_i - x}{a_i} Z \tag{3-8-21}$$

当绝缘子串位于悬挂点右侧时

$$Z_i = \frac{a_{i+1} - x}{a_{i+1}} Z \tag{3-8-22}$$

式中　Z——绝缘子串的重量(kN),如有覆冰,应加上覆冰重量;

　　　x——绝缘子串中心到悬挂点的水平距离(m);

　　　a_i——与左侧相邻悬挂点的水平距离(m);

　　　a_{i+1}——与右侧相邻悬挂点的水平距离(m)。

注意:每个悬挂点的垂直负载不一定都包括式(3-8-18)中各项,应具体问题具体分析。

表 3-8-1　软横跨节点的参考重量（N）

节点号		1234	5	6	7	8	9	10	11、12	13	14
节点重量	计算值	700(550)	72.9	167	139	656(566)	338	113	52	680	—
	选用值	700(550)	70	170	140	660(510)	340	110	50	680	—
中心锚结	节点重量		28	60	55	60(51)	340	55	260	680	18

注：1. 表中（）内数据表示小站参考取值。

　2. 绝缘子串的覆冰重量可取为 100 N。

　3. 本表仅供学习计算使用，实际工程应根据节点材料和零件具体计算。

2. 软横跨的水平负载

（1）横向承力索的水平张力

根据图 3-8-6，列出各力对悬挂点 A 的力矩方程，由 $\sum M_A = 0$，可得 B 处的垂直分力

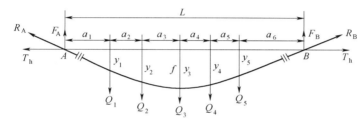

图 3-8-6　软横跨横承力索受力示意图

$$F_B = \frac{1}{L}\left[\sum_{i=1}^{n} Q_i X_i\right] \tag{3-8-23}$$

式中　L——软横跨横向跨距（m）；

　　　F_B——悬挂点 B 处的垂直分力（kN）；

　　　Q_i——悬挂点 i 的垂直负载（kN），由式（3-8-18）计算；

　　　X_i——Q_i 至 A 悬挂点的水平距离（m）。

$$X_i = \sum_{i=1}^{i} a_i \tag{3-8-24}$$

由 $\sum F_y = 0$ 可得 A 点的垂直分力

$$F_A = \sum_{i=1}^{n} Q_i - F_B \tag{3-8-25}$$

判定软横跨横承力索的最低点，并对最低点求力矩，求横向承力索的水平张力。

最低点的判定可用试探法，即

当 $F_A - Q_1 - Q_2 - \cdots Q_{i-1} > 0$，而 $F_A - Q_1 - Q_2 - \cdots - Q_{i-1} - Q_i < 0$ 时，则 Q_i 所在悬挂点为横向承办索的最低点；

当 $F_A - Q_1 - Q_2 - \cdots Q_{i-1} > 0$，而 $F_A - Q_1 - Q_2 - \cdots - Q_{i-1} - Q_i = 0$ 时，则 Q_{i-1} 和 Q_i 两悬挂点均为横向承力索的最低点。

对最低点取力矩，求横向承力索的水平张力，设软横跨有 n 个悬挂点，并设 Q_i 悬挂点（$1 < i < n$）为横向承力索的最低点，横向承力索的弛度为 f_{max}，最低点一侧所有垂直负载对最低点的力矩和为 M_{max}，则横向承力索水平张力的通用计算式为

$$T_h = \frac{F_A(\sum_{i=1}^{i} a_i) - Q_1(\sum_{i=2}^{i} a_i) - Q_2 \cdot (\sum_{i=3}^{i} a_i) - \cdots Q_x(\sum_{i=x+1}^{i} a_i) - \cdots - Q_{i-1} a_i}{f_{max}} = \frac{M_{max}}{f_{max}}$$

$$(3\text{-}8\text{-}26)$$

(2)上下部固定绳的水平张力

上、下部固定绳的水平张力与纵向悬挂的结构和悬挂组数有关，为分析出支柱的最严重受力状况，应根据具体气象条件，选取合理的计算参数。

多数情况下，覆冰是软横跨的最严重状态；最低温度则可能是固定绳（无弹簧补偿时）遇到的最严重状态。因此，应根据不同的需求，计算不同气象条件下的受力情况。

上、下部固定绳承受的主要负载有各纵向线索张力的不平衡分力（在道岔、分支线、曲线等处）、纵向悬挂的风负载、固定绳本身张力等。如果上、下部固定绳安装了弹簧补偿器，应考虑弹簧补偿器的影响；如果没有安装弹簧补偿器，则应考虑支柱挠度的影响，但实际计算时几乎都没有考虑软横跨支柱挠度的影响。

上、下部固定绳的张力和弛度随温度变化的规律与简单悬挂没有区别，由于其不直接参与受流，计算条件反而相对宽松。降低固定绳张力会使软横支柱和固定绳在最低温度时处于较有利的工作条件，但在最高温度时可能出现正弛度。因此，固定绳的控制张力应以最高温度时不出现正弛度，最低温度时实际应力不超过许用应力为宜。

由于要求固定绳不出现正弛度，且横向跨距一般较小（以八股道计算也不会超过 45 m），因此，可将其作为刚性杆件，其状态方程式为

$$T_x = T_1 - ES\alpha(t_x - t_1) \tag{3-8-27}$$

式中　　T_x——温度 t_x 时，固定绳的张力（kN）；

　　　　T_1——温度 t_1 时，固定绳的张力（kN）；

　　　　E——固定绳的弹性模量（MPa）；

　　　　S——固定绳的横截面积（mm^2）；

　　　　α——固定绳的线胀系数（1/℃）。

根据式(3-8-27)，如将最低温度时的张力（固定绳最大允许应力）作为已知条件，则可算出固定绳在任意温度时的张力大小。

上述讨论的是固定绳张力—温度变化规律，主要分析固定绳的安全问题。固定绳的实际负载可根据软横跨承载的纵向悬挂进行计算。

$$P_{si} = P_{cvi} + P_{cRi} + P_{cMi} \tag{3-8-28}$$

$$P_{xi} = P_{jvi} + P_{jRi} + P_{jMi} \tag{3-8-29}$$

式中　　P_{si}——悬挂点 i 处，上部固定绳承受的水平力（kN）；

　　　　P_{xi}——悬挂点 i 处，下部固定绳承受的水平力（kN）；

　　　　P_{cvi}——纵向承力索的风负载（kN）；

　　　　P_{cRi}——曲线区段，纵向承力索的曲线分力（kN）；

　　　　P_{cMi}——下锚支承力索产生的下锚分力（kN）；

　　　　P_{jvi}——纵向接触线的风负载（kN）；

　　　　P_{jRi}——曲线区段，纵向接触线所受的曲线分力（kN）；

　　　　P_{jMi}——下锚支接触线产生的下锚分力（kN）。

由于上、下部固定绳所受水平负载与线路条件（直线或曲线）、悬挂类型（直链或半斜链）、

悬挂点的结构等因素有关,应具体问题具体分析。

　　求出上下部固定绳承载的纵向悬挂的水平负载后,还应加上上下部固定绳安装所需的初始张力(也称松边张力,四股道以上站场取 2 kN,三股道以下站场取 1 kN)才是上下部固定绳承载的实际张力,即

$$T_s = T_s' + \sum_{i=1}^{n} P_{si} \tag{3-8-30}$$

$$T_x = T_x' + \sum_{i=1}^{n} P_{xi} \tag{3-8-31}$$

3. 软横跨支柱工作力矩计算与容量校验

　　根据软横跨支柱的装配结构,横向承力索、上下部固定绳的安装尺寸,计算软横跨支柱最大工作力矩

$$M_g = T_h H_h + T_s H_s + T_x H_x + \frac{1}{2} P_Z H_Z \tag{3-8-32}$$

式中　M_g——软横跨支柱基础面处可能产生的最大弯矩(kN・m);

　　　　T_h——横向承力索的水平张力(kN);

　　　　T_s——上部固定绳的水平张力(kN);

　　　　T_x——下部固定绳的水平张力(kN);

　　　　P_Z——支柱风负载(kN);

　　　　H_h——横承索安装点至支柱基础面的垂直距离(m);

　　　　H_s——上部固定绳安装点至支柱基础面的垂直距离(m);

　　　　H_x——下部固定绳安装点至支柱基础面的垂直距离(m);

　　　　H_Z——软横跨支柱高度(m)。

H_h、H_s、H_x 可参考表 3-8-2 取值。

表 3-8-2　横向承力索及上下部固定绳的安装高度(单位:m)

支柱类型		钢筋混凝土柱	钢　　柱	
支柱高度		12	13	15
横向承力索安装高度		11.90(11.10)	12.935(12.335)	14.935(14.335)
上部固定绳安装高度	小站	8.66(7.86)	8.46(7.86)	8.46(7.86)
	大站	9.11(8.31)	8.91(8.31)	8.91(8.31)
下部固定绳安装高度	小站	7.10(6.00)	6.90(6.00)	6.90(6.00)
	大站	7.55(6.35)	7.35(6.45)	7.35(6.45)

　　注:1. 表中数据系指线索固定点至基础面(混凝土柱为地线孔)的距离。

　　　2. 表中( )内的数字系指对正线轨面高度。

　　　3. 表中数据仅供学习参考用,实际工程以设计图纸为准。

　　利用式(3-8-32)求出软横跨支柱可能产生的最大弯矩之后,根据安全系数要求,选取合适的支柱容量

$$M_R = k \cdot M_g \tag{3-8-33}$$

式中　k——软横跨支柱的安全系数,一般取为 2.0~3.0;

　　　　M_g——软横跨支柱可能出现的最大工作力矩(kN・m)。

【例 3.7】 软横跨支柱容量校验

已知某站场软横跨如图 3-8-7 所示,横向承力索采用 GJ-70 镀锌钢绞线,上下部固定绳采用 GJ-50 镀锌钢绞线。正线悬挂:JTM-95+CTM120;站线悬挂:JTM95+CTA110;导高 6 000 mm,承导补偿张力分别为:T_c=25 kN,T_j=30 kN,跨距 l=50 m,曲线半径 R=1 000 m,拉出值 a=300 mm。软横跨所在地区的气象条件:t_{max}=45 ℃,t_{min}=-30 ℃,t_b=-5 ℃,v_{max}=30 m/s,v_b=10 m/s,b=10 mm,γ_b=900 kg/m³,

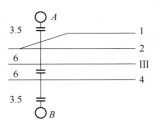

图 3-8-7　某站场软横跨示意图

请问,选用 $H\dfrac{170}{12+3.5}$ 作为该软横跨支柱是否合理。

分析:要对软横跨支柱选型,需要知道软横跨最大负载出现在哪种气象条件;然后根据该气象条件确定软横跨各种负载对软横跨支柱产生的最大工作弯矩;最后根据安全系数的要求确定支柱容量,选定支柱型号。

解: 查表 2-3-2 可知:g_{j120}=10.80×10⁻³ kN/m;$A=B$=12.9 mm;

查表 2-3-3 可知:g_{j110}=9.90×10⁻³ kN/m;$A=B$=12.34 mm;

查表 2-3-5 可知:g_c=8.49×10⁻³ kN/m;d_c=12.5 mm;

查表 2-3-6 可知:g_{hc}=6.15×10⁻³ kN/m;d_{hc}=11.0 mm;

查表 2-3-6 可知:$g_{sc}=g_{xc}$=4.11×10⁻³ kN/m;$d_{sc}=d_{xc}$=9.0 mm。

(一)判定软横跨最大负载

(1)接触悬挂无冰无风时的单位负载

$q_{01}=g_c+g_{j120}+g_d$=8.49×10⁻³+10.80×10⁻³+0.5×10⁻³=19.79×10⁻³(kN/m)

$q_{02}=g_c+g_{j110}+g_d$=8.49×10⁻³+9.9×10⁻³+0.5×10⁻³=18.89×10⁻³(kN/m)

(2)接触悬挂在覆冰时的各类单位负载

① 承力索单位冰负载

$$g_{cb}=\pi\cdot\gamma_b\cdot b(b+d)g_H\times10^{-9}=3.14\times900\times10\times(10+12.5)\times9.81\times10^{-9}$$
$$=6.24\times10^{-3}(kN/m)$$

② 接触线单位冰负载

$$g_{jb1}=\pi\cdot\gamma_b\cdot\frac{b}{2}\left(\frac{b}{2}+\frac{A+B}{2}\right)g_H\times10^{-9}=3.14\times900\times5\times(5+12.9)\times9.81\times10^{-9}$$
$$=2.48\times10^{-3}(kN/m)$$

$$g_{jb2}=\pi\cdot\gamma_b\cdot\frac{b}{2}\left(\frac{b}{2}+\frac{A+B}{2}\right)g_H\times10^{-9}=3.14\times900\times5\times(5+12.34)\times9.81\times10^{-9}$$
$$=2.40\times10^{-3}(kN/m)$$

③ 覆冰时,承力索和接触线的单位风负载

$$P_{cb}=0.625\,Kd_{cb}v_b^2\times10^{-6}=0.625\times1.25\times(12.5+2\times10)\times10^2\times10^{-6}$$
$$=2.54\times10^{-3}(kN/m)$$

$$P_{j120b}=0.625Kd_{jb}v_b^2\times10^{-6}=0.625\times1.25\times(12.9+2\times5)\times10^2\times10^{-6}$$
$$=1.789\times10^{-3}(kN/m)$$

$$P_{j110b}=0.625Kd_{jb}v_b^2\times10^{-6}=0.625\times1.25\times(12.34+2\times5)\times10^2\times10^{-6}$$
$$=1.745\times10^{-3}(kN/m)$$

④ 接触悬挂覆冰时的单位合成负载

$$q_{b1} = \sqrt{(q_{01} + g_{cb} + g_{jb1})^2 + P_{cb}^2}$$
$$= \sqrt{(19.79 \times 10^{-3} + 6.24 \times 10^{-3} + 2.48 \times 10^{-3})^2 + (2.54 \times 10^{-3})^2}$$
$$= 2.86 \times 10^{-2} (kN/m)$$

$$q_{b2} = \sqrt{(q_{02} + g_{cb} + g_{jb2})^2 + P_{cb}^2}$$
$$= \sqrt{(18.89 \times 10^{-3} + 6.24 \times 10^{-3} + 2.40 \times 10^{-3})^2 + (2.54 \times 10^{-3})^2}$$
$$= 2.765 \times 10^{-2} (kN/m)$$

(3) 接触悬挂在最大风时的各类单位负载

① 最大风时,承力索的单位风负载

$$P_{v_{max}} = 0.625 K d_c v_{max}^2 \times 10^{-6} = 0.625 \times 1.25 \times 12.5 \times 30^2 \times 10^{-6}$$
$$= 8.79 \times 10^{-3} (kN/m)$$

② 最大风时,接触悬挂的单位合成负载

$$q_{1v_{max}} = \sqrt{q_{01}^2 + p_{cv_{max}}^2}$$
$$= \sqrt{(19.79 \times 10^{-3})^2 + (8.79 \times 10^{-3})^2}$$
$$= 2.16 \times 10^{-2} (kN/m)$$

通过以上计算可知,该软横跨的最大负载出现在覆冰时,故以覆冰状态下软横跨各类负载对支柱产生的弯矩作为最大工作弯矩。

(二)覆冰条件下,软横跨的各垂直负载

(1)纵向悬挂施加至软横跨的垂直负载

$G_{QIII} = q_{01}l + q_{01b}l = 19.79 \times 10^{-3} \times 50 + (6.24 \times 10^{-3} + 2.48 \times 10^{-3}) \times 50 = 1.4255 (kN)$

$G_{Q12} = 2q_{02} \times l + 2q_{02b} \times l = 2 \times (18.89 + 6.24 + 2.40) \times 10^{-3} \times 50 = 2.753 (kN)$

$G_{Q4} = q_{02} \times l + q_{02b} \times l = 1.3765 (kN)$

(2)软横跨节点分摊到各悬挂点的重量

根据题意可判定该软横跨从 A 至 B(图 3-8-8)的节点分别为 3、7、5、8、5、4。

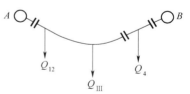

图 3-8-8　某站场软横跨垂直负载示意图

查表 3-8-1 可知

$J_3 = J_4 = 800$ N,$J_5 = 70$ N,$J_7 = 140$ N,$J_8 = 760$ N。

悬挂点 Q_{12} 处节点重量

$$J_{Q12} = J_7 + \frac{1}{2}J_3 = 140 + 400 = 0.54 (kN)$$

悬挂点 Q_{III} 处节点重量

$$J_{QIII} = J_5 + \frac{1}{2}J_8 = 70 + 380 = 0.45 (kN)$$

悬挂点 Q_4 处节点重量

$$J_{Q4} = J_5 + \frac{1}{2}J_8 + \frac{1}{2}J_4 = 70 + 380 + 400 = 0.85 (kN)$$

(3)软横跨线索自重分摊到各悬挂点的重量

$$p_{Q12} = \frac{1}{2}(3.5 + 6) \times (6.15 + 2 \times 4.11) \times 10^{-3} = 6.83 \times 10^{-2} (kN)$$

$$p_{QIII} = \frac{1}{2}(6 + 6) \times (6.15 + 2 \times 4.11) \times 10^{-3} = 8.62 \times 10^{-2} (kN)$$

$$P_{Q4} = \frac{1}{2}(3.5+6) \times (6.15+2 \times 4.11) \times 10^{-3} = 6.83 \times 10^{-2}(\text{kN})$$

（4）各悬挂点的垂直负载

$$Q_{12} = G_{Q12} + J_{Q12} + P_{Q12} = 2.753 + 0.54 + 0.0683 = 3.360(\text{kN})$$

$$Q_{\text{III}} = G_{Q\text{III}} + J_{Q\text{III}} + P_{Q\text{III}} = 1.4255 + 0.45 + 0.086 = 1.960(\text{kN})$$

$$Q_4 = G_{Q4} + J_{Q4} + P_{Q4} = 1.3765 + 0.85 + 0.0683 = 2.295(\text{kN})$$

（三）软横跨的水平负载

（1）横向承力索的水平张力

根据图 3-8-8 列出各悬挂点垂直负载对悬挂点 A 的力矩方程，由 $\sum M_A = 0$，可得

$$F_B = \frac{1}{L}[Q_4 X_4 + Q_{\text{III}} X_{\text{III}} + Q_{12} X_{12}] = \frac{1}{19}[2.295 \times 15.5 + 1.96 \times 9.5 + 3.36 \times 3.5] = 3.47 \ (\text{kN})$$

由 $\sum F_y = 0$ 可得 A 点的垂直分力

$$F_A = \sum_{i=1}^{n} Q_i - F_B = 7.615 - 3.47 = 4.145(\text{kN})$$

由试探法可以判定该软横跨横向承办索的最低点位于悬挂点 Q_{III} 处。对最低点取力矩，求横向承力索的水平张力，取最短吊弦长度为 0.4 m，根据表 3-10-2 确定最大弛度为 3.19 m。

$$T_h = \frac{F_A(a_1+a_2) - Q_{12} \cdot a_2}{f_{\max}} = \frac{4.145(3.5+6) - 3.36 \times 6}{3.19} = 6.0(\text{kN})$$

（2）上部固定绳的水平张力

$$P_s = 4P_{cb} + 4P_{cR} = 4 \times 2.54 \times 10^{-3} \times 50 + 4 \times 25 \times 50/1000 = 5.508(\text{kN})$$

（3）下部固定绳的水平张力

$$P_x = 3P_{j110b} + P_{j120b} + 4P_{jR}$$

$$= 3 \times 1.745 \times 10^{-3} \times 50 + 1.789 \times 10^{-3} \times 50 + 4 \times 30 \times 50/1000 = 6.351\,2(\text{kN})$$

考虑上下部固定绳安装所需的初始张力 2 kN，则

$$T_s = 8.5 \text{ kN}; T_x = 8.35 \text{ kN}$$

（四）软横跨支柱工作力矩计算与容量校验

根据软横跨支柱的装配结构，横向承力索、上下部固定绳的安装尺寸（参见表 3-10-2），计算软横跨支柱最大工作力矩。

$$M_g = 6.0 \times 11.9 + 8.5 \times 9.11 + 8.35 \times 7.55 + \frac{1}{2} \times 0.625 \times 1.3 \times 4.218 \times 10^2 \times 10^{-3}$$

$$= 212(\text{kN} \cdot \text{m})$$

显然，题目所给支柱 $H\frac{170}{12+3.5}$ 不能满足要求，若取安全系数为 1.5，则支柱容量不应小于 318 kN·m。应根据软横跨支柱型号重新选择和重新校验。

第九节　接触网施工计算

一、整体吊弦长度计算

整体吊弦长度计算是目前高速接触网结构预制计算的重点和难点，是影响高速接触网施

工精度的一个主要因素。多种因素,如计算模型、悬挂类型(直链型、斜链型、半斜链型)、吊弦间距、线索张力和弛度(承力索张力和弛度、接触线张力和弛度、弹性吊索张力和弛度)、拉出值大小和方向、悬挂质量(承力索线密度、接触线线密度、弹性吊索线密度、吊弦线密度、吊弦线夹质量、集中载荷)、悬挂参数(跨距、导高、结构高度、锚段关节、接触线及承力索抬升、中心锚结结构形式)、线路参数(曲线半径、外轨超高、竖曲线)、吊弦线夹尺寸、测量误差等对整体吊弦长度计算都会产生影响。

目前,整体吊弦的计算方法有载荷均布法(抛物线法)、双链线法、折线法(力矩平衡法)和索网找形法。

载荷均布法的理论基础是 3.3 节介绍的抛物线假设理论,该方法的最大优点是可人工计算简单链型悬挂整体吊弦长度,但计算精度不是十分理想(主要因为承力索并非一条标准的抛物线),并且无法解决链型悬挂的弹性吊弦长度计算。由于后面几种算法过于复杂,本书仅对概念较为明确的抛物线法进行介绍。

抛物线法是将承力索看成标准的抛物线,其导曲线方程为

$$y = \frac{q_0 x(l-x)}{2T_c} \tag{3-9-1}$$

或者

$$y = \frac{4F_c \cdot x \cdot (l-x)}{l^2} \tag{3-9-2}$$

式(3-9-1)和式(3-9-2)中　　q_0——接触悬挂的单位合成负载(kN/m);

　　　　　　　　　　　　T_c——承力索张力(kN);

　　　　　　　　　　　　F_c——承力索弛度(m)

　　　　　　　　　　　　l——跨距长度(m);

　　　　　　　　　　　　x——计算点距定位点的距离(m);

　　　　　　　　　　　　y——相对于计算点(x 点)的承力索的弛度(m)。

设直链型悬挂的结构高度为 h,接触线无弛度时承力索弛度为 F_0,且悬挂为等高悬挂,则,吊弦长度

$$C_d = h - \frac{q_0 x(l-x)}{2T_{c0}} \tag{3-9-3}$$

或者

$$C_d = h - \frac{4F_0 \cdot x \cdot (l-x)}{l^2} \tag{3-9-4}$$

式(3-9-3)和式(3-9-4)中　　T_{c0}——接触线无弛度时,承力索的张力(kN);

　　　　　　　　　　　　F_0——接触线无弛度时,承力索的弛度(m);

　　　　　　　　　　　　h——接触悬挂的结构高度(m)。

式(3-9-3)和式(3-9-4)是吊弦长度的基本计算式,仅适用于直链型悬挂在接触线无弛度且荷载均匀分布的理想情况。实际上,当温度变化时,结构高度在变、接触线弛度在变、线索张力在变,悬挂中也存在集中荷载,因此,必须考虑各种因素并进行相应修正。

1. 等高悬挂吊弦长度的基本计算

设第一吊弦距定位点的距离为 e,在任意温度时,承力索在支柱定位点左右第一吊弦处的

高度值,可由式(3-9-1)得

$$y_1 = \frac{q_0 e(l-e)}{2T_c} \qquad (3-9-5)$$

在跨中两个第一吊弦间,承力索任意处的高度值,可由式(3-9-1)得

$$y_2 = \frac{q(x-e)(l-x-e)}{2T_c}$$

式中,$q = q_0 - q_{f_j}$,其中

$$q_{f_j} = \frac{8T_j f_j}{(l-2e)^2}$$

式中,f_j 为接触线在任意温度时的弛度值,其计算公式为

$$f_j = \frac{q_{f_j}(l-2e)^2}{8T_j} \qquad (3-9-6)$$

故

$$y_2 = \frac{1}{2T_c}\left[q_0 - \frac{8T_j f_j}{(l-2e)^2}\right](x-e)(l-x-e) \qquad (3-9-7)$$

定位点左右两第一吊弦间,接触线的弛度值可由式(3-9-1)表示为

$$y_3 = \frac{g_j e^2}{2T_j} \qquad (3-9-8)$$

通过以上分析,可将等高悬挂吊弦长度的计算公式改写为

$$C_d = h - y_1 - y_2 - y_3 \qquad (3-9-9)$$

将式(3-9-5)、式(3-9-7)、式(3-9-8)代入式(3-9-9),可得等高悬挂在任意温度时的吊弦长度基本计算式

$$C_d = h - \frac{q_0 e(l-e)}{2T_c} - \frac{1}{2T_c}\left[q_0 - \frac{8T_j f_j}{(l-2e)^2}\right](x-e)(l-x-e) - \frac{g_j e^2}{2T_j} \qquad (3-9-10)$$

式中　h——结构高度值(m)。

对于有预弛度的等高链型悬挂,设接触线跨中预弛度为 f_0,且左右第一吊弦的预留弛度为 0,接触线因预弛度呈抛物线形,可以证明,在两第一吊弦之间任意点的吊弦增长量

$$y_4 = \frac{4f_0}{(l-2e)^2}(x-e)(l-x-e) \qquad (3-9-11)$$

此时,式(3-9-7)改写为

$$y'_2 = \frac{1}{2T_c}\left[q_0 - \frac{8T_j f_0}{(1-2e)^2}\right](x-e)(l-x-e),$$

则

$$C_d = h - y_1 - y'_2 - y_3 + y_4$$

代入诸式,化简整理后可得有预弛度的等高链型悬挂吊弦长度计算式

$$C_d = h - \frac{q_0 e(l-e)}{2T_c} - \left[\frac{q_0}{2T_c} - \frac{T_c + T_j}{T_c} \cdot \frac{4f_0}{(l-2e)^2}\right](x-e)(l-x-e) - \frac{g_j e^2}{2T_j} \qquad (3-9-12)$$

2. 不等高悬挂吊弦长度的基本计算

设不等高悬挂的跨距为 l,左、右支柱悬挂点的结构高度分别为 h_1、h_2,由 3.3 节可知:不等高悬挂的斜弛度与相同条件下的等高悬挂的弛度相等,因此,只需根据两悬挂点连线的斜率

对吊弦长度进行修正,即用计算点的虚结构高度 h' 代替式(3-9-10)中的 h 即可,容易证明:计算点的虚结构高度 h' 为

$$h' = h_1 + \frac{h_2 - h_1}{l} \cdot x \qquad (3\text{-}9\text{-}13)$$

在不等高悬挂中,若接触线在两定位点的导高也不相等,如设右定位点的导线高度与左定位点的导线高度相差 S,则右定位点的结构高度为 $h_2 \pm S$,将其代入式(3-9-13)中,即可得到该种情形下计算点的虚结构高度 h' 为

$$h' = h_1 + \frac{h_2 \pm S - h_1}{l} \cdot x \qquad (3\text{-}9\text{-}14)$$

由于接触线在两定位点不等高,沿跨距存在一倾斜,因此,吊弦长度亦随之产生变化,容易证明,其变化量为

$$h'' = \frac{\mp S}{l} \cdot x \qquad (3\text{-}9\text{-}15)$$

将(3-9-14)式和(3-9-15)式相加,可知,导线不等高时的计算点的虚结构高度 h' 与导线等高时的计算点的虚结构高度 h' 相同,也就是说,两种情况下的吊弦计算式相同。

因此,不等高悬挂吊弦长度的基本计算式可写为

$$C_d = h_1 + \frac{h_2 - h_1}{l} \cdot x - \frac{q_0 e(l-e)}{2T_c} - \frac{1}{2T_c}\left[q_0 - \frac{8T_j f_j}{(l-2e)^2}\right](x-e)(l-x-e) - \frac{g_j e^2}{2T_j}$$

$$(3\text{-}9\text{-}16)$$

3. 集中荷载对吊弦长度的影响

在接触悬挂中,某些地点(如分段绝缘器安装处)存在集中荷载,集中荷载会增加承力索弛度,如果不考虑它的影响,预制计算的吊弦长度将大于实际需要的吊弦长度,从而影响受电弓在此处通过时的"质量"。设集中荷载为 W、集中荷载所在跨的跨距为 l、集中荷载距左定位点的距离为 X,可以证明,集中荷载左侧某计算点的承力索下降了

$$y_{W1} = \frac{W \cdot x \cdot (l-X)}{T_c \cdot l}(0 < x \leqslant X) \qquad (3\text{-}9\text{-}17)$$

集中荷载右侧某计算点的承力索下降了

$$y_{W2} = \frac{W \cdot l \cdot (l-X)}{T_c \cdot l}\ (X < x \leqslant l) \qquad (3\text{-}9\text{-}18)$$

式(3-9-17)和式(3-9-18)中　　y——因集中荷载引起的计算点的承力索下降(m);

　　　　　　　　　　　　W——集中荷载的重量(kN);

　　　　　　　　　　　　X——集中荷载与左侧定位点的距离(m);

　　　　　　　　　　　　l——集中荷载所在跨的跨距(m);

　　　　　　　　　　　　T_c——承力索的实际张力(kN);

　　　　　　　　　　　　x——计算点距左侧定位点的距离(m)。

因此,当跨距中存在集中荷载时,无论是等高悬挂还是不等高悬挂,该跨所有吊弦的长度均需在其基本计算式的基础上减去式(3-9-17)或式(3-9-18)。

4. 线路对吊弦长度的影响及其修正

(1)直线区段吊弦计算长度的修正

半斜链型悬挂的吊弦是倾斜的,实际长度大于垂直长度,应进行修正。

设两定位点的拉出值分别为 a_1,a_2，则半斜链型悬挂的吊弦长度为

$$C_\text{S}=\sqrt{C_\text{d}^2+a_x^2} \qquad (3\text{-}9\text{-}19)$$

式中　C_S——吊弦的计算长度，指由承力索横断面的几何中心至接触线横断面几何中心的距离（m）；

　　　C_d——由式（3-9-10）计算出的吊弦长度值（m）；

　　　a_x——因拉出值引起的计算点的接触线偏离线路中心的水平距离（m）。

$$a_x=\left| a_1-\frac{a_1-a_2}{l}\cdot x \right| \qquad (3\text{-}9\text{-}20)$$

对于直链型悬挂，承力索与接触线走向一致，不存在相对偏移，因而可取 $a_x=0$ 代入式（3-9-19）进行计算。

（2）曲线区段吊弦计算长度的修正

能够证明，在曲线区段因外轨超高所引起的吊弦增长量为

$$y_\text{R}=\frac{x(l-x)}{2R}\cdot\frac{h_\text{w}}{1\,500}+\frac{T_\text{j}}{T_\text{c}}\cdot\frac{1}{2R}\cdot\frac{h_\text{w}}{1\,500}\cdot(x-e)(l-x-e) \qquad (3\text{-}9\text{-}21)$$

式中　y_R——因外轨超高所引起的吊弦增长量（m）；

　　　R——跨距所在处的曲线半径（m）；

　　　h_w——跨距所在处的曲线外轨超高（mm）。

（3）竖曲线对吊弦计算长度的影响及修正

由于竖曲线的存在，使处于其上方的接触线相对于轨平面的高度产生变化，为使接触线的高度相对于轨平面保持不变，则需增加或减小吊弦长度。

设竖曲线半径为 R_0，可以证明因竖曲线引起的吊弦长度变化量为

$$y_\text{R0}=\pm\frac{T_\text{c}+T_\text{j}}{2R_0\cdot T_\text{c}}(x-e)(l-x-e) \qquad (3\text{-}9\text{-}22)$$

式中　y_R0——因竖曲线所引起的吊弦变化量（m）；

　　　R_0——跨距所在处的竖曲线半径（m）。

式（3-9-22）中，竖曲线的圆心在轨平面下方时取"＋"，在轨平面上方时取"－"。

通过以上分析可知，对于整体吊弦长度计算，应根据接触悬挂的具体结构，在基本计算公式（3-9-10）的基础上，综合考虑各种实际因素，并进行修正。

二、软横跨预制计算

软横跨预制计算就是软横跨结构尺寸计算，内容包括横向承力索长度，上、下部固定绳长度，吊弦长度，最短吊弦位置与长度的确定。

软横跨预制和施工一直以来都是接触网施工的一大难点，主要原因首先在于软横跨预制计算涉及横向跨距、股道间距、支柱高差和倾斜率、支柱侧面限界，支柱基础面与正线轨平面高差等现场参数的实测，测量是否准确直接影响到计算和预制结果；第二，软横跨结构复杂，计算过程中很容易产生累积误差；第三，对预制的精度要求较高，预制不准将给安装调整带来很大困难。

软横跨预制的方法历经了图解法、实测法、抛物线法、负载模拟法、负载计算法。多年工程实践表明，负载计算法是一种较为科学的预制方法。

负载计算法是以实际悬挂的标准形式为计算依据，以实际负载为计算条件，以安装后的受

力状态为分析对象,由负载计算转化为结构尺寸计算的方法。

负载计算法的具体步骤包括负载计算、现场参数实测、最短吊弦位置确定、求横向承力索长度、求上下部固定绳长度、结果校验。

1. 负载计算

根据软横跨的具体结构,按照相关的计算方法,确定和计算所预制软横跨的各类垂直负载和水平负载。

2. 现场参数实测

现场实测包括软横跨支柱侧面限界 c_{x1}、c_{x2};横向跨距 L;横向承力索最低点至横向承力索悬挂点的水平距离 l_1、l_2;支柱倾斜率 δ_1、δ_2;支柱偏移距离 $d_1(=H_1\delta_1)$、$d_2(=H_2\delta_2)$;钢柱基础面(钢筋混凝土柱为地线孔)至正线轨平面的高差 S_1、S_2;股道间距 a_i。

实测数据准确与否直接关系到预制精度,应采用先进测量仪器细心反复测量,确保数据准确无误。否则,即使计算无误差也不能达到预期的目的。

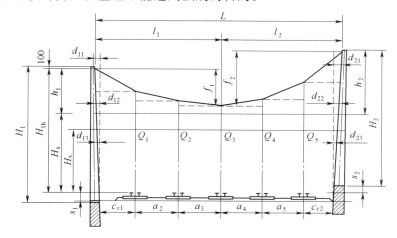

图 3-9-1 软横跨结构参数示意图

3. 确定最低点,求横向承力索张力

可用试探法或分界力法确定软横跨的最低点。试探法已在上节做了介绍,这里介绍分界力法。分界力法包括求横向承力索弛度、假设最低点求横向承力索的水平力及分界力、验证最低点假设的正确性三步。

(1)求横向承力索弛度

由图 3-9-1 可知,横向承力索的弛度

$$f_1 = H_1 - H_s \pm S_1 - C_{\min} - 100 \tag{3-9-23}$$

$$f_2 = H_2 - H_s \pm S_2 - C_{\min} - 100 \tag{3-9-24}$$

式中 f_1、f_2——横向承力索的弛度(mm);

H_1、H_2——软横跨支柱高度(mm);

H_s——上部固定绳至正线轨平面的高度(mm);

S_1、S_2——支柱基础面与正线轨平面的高差(mm),基础面高(低)于轨平面时取正(负);

100——横向承力索安装孔至支柱顶端的距离(mm);

$C_{\min}$——最短吊弦长度。

最短吊弦长度与站场股道数有关,3～4 股
道取为 400 mm;5～6 股道取为 600 mm;7～8
股道取为 800 mm。

(2)假定最低点求横向承力索的水平力和
分界力

在图 3-9-2 中,假定悬挂点 Q_k 所在位置为
横向承力索的最低点,从最低点将软横跨一分
为二,如图 3-9-3 所示。

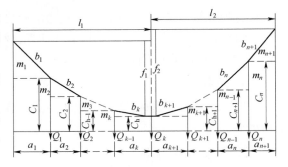

图 3-9-2　软横跨弛度、最低点和吊弦示意图

分开后,软横跨为保持平衡,左半部分在分
界点必然有一力 Y 存在,同时,右半部分在分界点必然有一力 Q_k+Y 存在。Y 即为分界力。

若规定逆时针力矩为正,顺时针力矩为负,对左右两分离体对各自的悬挂点取矩。

左边分离体各负载对 A 点的力矩应为零,即

$$M_A=Y \cdot l_1+T_h \cdot f_1-[Q_{k-1}(a_{k-1}+a_{k-2}+\cdots+a_2+a_1)+\cdots+Q_2(a_2+a_1)+Q_1a_1]=0$$

令

$$M_1=Q_{k-1}(a_{k-1}+a_{k-2}+\cdots+a_2+a_1)+\cdots+Q_2(a_2+a_1)+Q_1a_1=\sum_{i=1}^{k-1}Q_ix_i \quad (3\text{-}9\text{-}25)$$

式中

$$x_i=\sum_{i=1}^{k-1}a_i(1\leqslant i\leqslant k-1) \quad (3\text{-}9\text{-}26)$$

则

$$Y \cdot l_1+T_h \cdot f_1-M_1=0$$

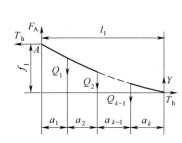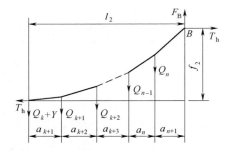

图 3-9-3　软横跨分离体示意图

由此可得

$$Y=\frac{M_1-T_hf_1}{l_1} \quad (3\text{-}9\text{-}27)$$

$$T_h=\frac{M_1-Yl_1}{f_1} \quad (3\text{-}9\text{-}28)$$

右边分离体各负载对 B 点的力矩应为零,即

$$M_b=(Q_k+Y) \cdot l_2+Q_{k+1}(a_{k+2}+\cdots+a_n+a_{n+1})+\cdots+Q_{n-1}(a_n+a_{n+1})+Q_na_{n+1}-T_h \cdot f_2=0$$

即

$$M_B=Y \cdot l_2-T_h \cdot f_2+Q_k \cdot l_2+Q_{k+1}(a_{k+2}+\cdots+a_n+a_{n+1})+\cdots+Q_{n-1}(a_n+a_{n+1})+$$

$$Q_n a_{n+1} = 0$$

令

$$M_2 = Q_k \cdot l_2 + Q_{k+1}(a_{k+2} + \cdots + a_n + a_{n+1}) + \cdots + Q_{n-1}(a_n + a_{n+1}) + Q_n a_{n+1}$$

因 $l_2 = a_{k+1} + a_{k+2} + \cdots + a_n + a_{n+1}$ 故

$$M_2 = \sum_{i=k}^{n} Q_i x_i \tag{3-9-29}$$

式中

$$x_i = \sum_{i=k}^{n} a_{i+1} (k \leqslant i \leqslant n) \tag{3-9-30}$$

则

$$Y \cdot l_2 - T_h \cdot f_2 + M_2 = 0$$

$$Y = \frac{T_h f_2 - M_2}{l_2} \tag{3-9-31}$$

$$T_h = \frac{Y l_2 + M_2}{f_2} \tag{3-9-32}$$

联立式(3-9-27)(3-9-28)(3-9-31)(3-9-32)解得

$$T_h = \frac{M_2 l_1 + M_1 l_2}{l_1 f_2 + l_2 f_1} \tag{3-9-33}$$

$$Y = \frac{M_1 f_2 - M_2 f_1}{l_1 f_2 + l_2 f_1} \tag{3-9-34}$$

（3）验证最低点假设的正确性

由式(3-9-34)求出分界力 Y 后，按以下方法判定最低点假设是否正确。

①若 $0 \leqslant Y \leqslant Q_k$，则说明原假设的最低点位置正确，可进行后续计算；$Y = 0$ 说明横向承力索有两个最低点，除原假设点外，其左边悬挂点亦为最低点；$Y = Q_k$ 说明横向承力索有两个最低点，除原假设点外，其右边悬挂点亦为最低点。

②若 $Y < 0$，则说明原假设的最低点位置不正确，实际最低点应向左移(需重新验算)。

③若 $Y > Q_k$，则说明原假设的最低点位置不正确，实际最低点应向右移(需重新验算)。

4. 结构参数计算

由于横向承力索所承受的垂直负载很大，悬挂点处横向承力索有明显的折点，因此、将横向承力索作为折线处理是合适的，如图3-9-4所示。

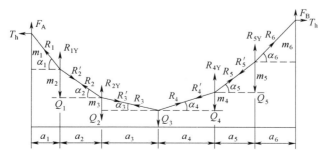

图 3-9-4　软横跨结构参数计算用图

欲求横向承力索的长度，必先求得每段折线的长度，而每段折线的长度取决于两悬挂点的高差(未知)和两悬挂点间的水平距离(已知)。

(1)求两悬挂点高差

如图 3-9-4 中,由 m_i,a_i 构成的几何三角形与由 R_{iY},T_h 构成的力三角形均为直角三角形,从而可通过相似关系求出 m_i 的值。在 m_i,a_i 和 R_{iY},T_h 四个参数中,T_h,a_i 是已知的,如果能求得 R_{iY},则 m_i 可求。在图 3-9-4 中,假设悬挂点 3 所在位置为横承力索最低点,则

$$R_3 \sin\alpha_3 + R_4 \sin\alpha_4 - Q_3 = 0 \quad \Rightarrow Q_3 = R_{3y} + R_{4Y}$$

若假设 $R_{3Y} = Y$,则 $Q_3 = Y + R_{4Y}$。由于 $Y = 0$ 时,$Q_3 = R_{4Y}$;$Y = Q_3$ 时,$0 = R_{4Y}$,故有 $0 \leqslant Y \leqslant Q_3$,满足 Q_3 为最低点,因此这个假设是成立的。

在图 3-9-4 中,对于悬挂点 2,有 $R_2 \sin\alpha_2 - Q_2 - R'_3 \sin\alpha_3 = 0$

因 $R'_3 \sin\alpha_3 = |R_3 \sin\alpha_3| = R_{3Y} = Y$,所以 $R_{2Y} = R_2 \sin\alpha_2 = Q_2 + Y$;

同理,$R_{1Y} = Q_1 + Q_2 + Y$,$R_{4Y} = Q_4 + Q_3 - Y$,$R_{5Y} = Q_5 + Q_4 + Q_3 - Y$。

由以上推导可以写出最低点左右两侧各悬挂点的垂直反力

$$R_{1Y} = Q_1 + Q_2 + Q_3 + \cdots + Q_{k-1} + Y$$
$$R_{2Y} = Q_2 + Q_3 + \cdots + Q_{k-1} + Y$$
$$R_{3Y} = Q_3 + Q_4 + \cdots + Q_{k-1} + Y$$
$$\vdots$$
$$R_{(k-1)Y} = Q_{k-1} + Y$$
$$R_{kY} = Y$$
$$R_{(k+1)Y} = Q_k - Y$$
$$R_{(k+2)Y} = Q_{k+1} + Q_k - Y$$
$$R_{(k+3)Y} = Q_{k+2} + Q_{k+1} + Q_k - Y$$
$$\vdots$$
$$R_{nY} = Q_{n-1} + Q_{n-2} + \cdots + Q_k - Y$$
$$R_{(n+1)Y} = Q_n + Q_{n-1} + Q_{n-2} + \cdots + Q_k - Y$$

由于几何三角形与力三角形相似,有 $\dfrac{m_i}{R_{iY}} = \dfrac{a_i}{T_{ih}}$ 即 $m_i = a_i \cdot \dfrac{R_{iY}}{T_h}$

将 R_{iY} 代入可求出各悬挂点的高度差

$$m_1 = \frac{Q_1 + Q_2 + \cdots + Q_{k-1} + Y}{T_h} \cdot a_1$$

$$m_2 = \frac{Q_2 + Q_3 + \cdots + Q_{k-1} + Y}{T_h} \cdot a_2$$

$$\vdots$$

$$m_k = \frac{Y}{T_h} \cdot a_k$$

$$m_{k+1} = \frac{Q_k - Y}{T_h} \cdot a_k$$

$$m_{k+2} = \frac{Q_{k+1} + Q_k - Y}{T_h} \cdot a_{k+2}$$

$$\vdots$$

$$m_n = \frac{Q_{n-1} + Q_{n-2} \cdots + Q_k - Y}{T_h} \cdot a_n$$

$$m_{n+1} = \frac{Q_n + Q_{n-1} + \cdots + Q_k - Y}{T_h} \cdot a_{n+1}$$

（2）高差计算结果校验

m 值的计算是否符合实际，可通过 m 值与弛度的关系加以校验，因

$$f_1 = m_1 + m_2 + \cdots + m_k \tag{3-9-35}$$

$$f_2 = m_{n+1} + m_n + \cdots + m_{k+1} \tag{3-9-36}$$

如果计算数据相等或相差在 5 mm 以内，则计算是准确的。

（3）求横承力索分段长度及总长度

求出 m 值后，利用勾股定理计算横承力索各分段长和总长

$$b_i = \sqrt{a_i^2 + m_i^2} \tag{3-9-37}$$

$$B = \sum_{i=1}^{n+1} b_i \tag{3-9-38}$$

（4）各悬挂点吊弦长度计算

由图 3-9-2 可知，横向承力索最低点左侧各吊弦长度

$$C_{k-1} = C_k + m_k;$$

$$C_{k-2} = C_{k-1} + m_{k-1};$$

$$\vdots$$

$$C_i = C_{i+1} + m_{i+1};$$

$$\vdots$$

$$C_1 = C_2 + m_2$$

横向承力索最低点右侧各吊弦长度

$$C_{k+1} = C_k + m_{k+1};$$

$$C_{k+2} = C_{k+1} + m_{k+2};$$

$$\vdots$$

$$C_i = C_{i+1} + m_{i+2};$$

$$\vdots$$

$$C_n = C_{n-1} + m_n$$

（5）计算上、下部固定绳长度

软横跨施工完成后，上、下部固定绳不能有正弛度，可有少量负弛度，因此，在计算上、下部固定绳长度时，不考虑其弛度的影响。由图 3-9-1 可知，上部固定绳长度

$$L_s = H_s \delta_1 + C_{x1} + a_2 + a_3 + \cdots + C_{x2} + H_s \delta_2 \tag{3-9-39}$$

下部固定绳长度为

$$L_x = H_x \delta_1 + C_{x1} + a_2 + a_3 + \cdots + C_{x2} + H_x \delta_2 \tag{3-9-40}$$

以上计算所得数据仅是各线索的理论计算值，实际下料时还应考虑绝缘子串、杆头杆等零部件及连接处各线回头长度。

三、腕臂柱装配的预配计算

腕臂柱装配的预配计算主要是完成装配腕臂柱的平腕臂、斜腕臂、定位管等长度的精确计算，以便支柱装配完成后能很好控制导高、拉出值、结构高度等参数的施工误差，满足弓网高速受流的技术要求。

（1）计算所需的基础数据

预配计算所需要基础数据有导高、拉出值、结构高度、外轨超高、曲线半径、缓和曲线长度和起点，锚段起点和终点公里标、支柱类型、定位器型号和长度、跨距，以及不同跨距时的弹性吊索长度、第一吊弦的位置等设计参数。支柱倾斜率、支柱侧面限界、腕臂上底座相对低轨面的高度、腕臂下底座相对低轨面的高度等现场测量参数。腕臂底座、棒式绝缘子、不同位置的套管单耳、双套管连接器、承力索底座、定位管卡子、限位定位支座、定位器、防风拉线定位耳环等零件的尺寸参数。

以低轨面高度处的线路中心为坐标原点建立平面直角坐标系，支柱侧为 x 轴的正方向，轨面向上为 y 轴的正方向，如图 3-9-5 所示。

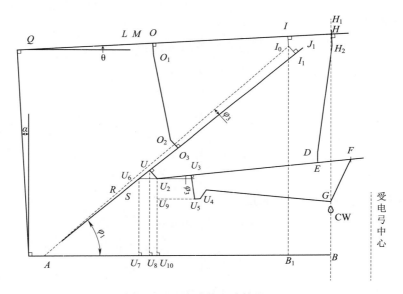

图 3-9-5　腕臂装配计算模型

腕臂尺寸计算需要的零部件及装配参数分别如图 3-9-6、图 3-9-7 所示。

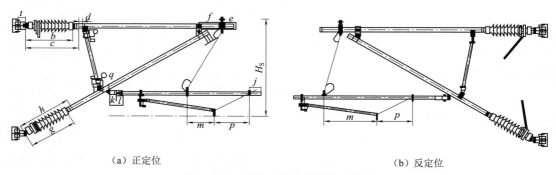

（a）正定位　　　　　　　　　　　　（b）反定位

图 3-9-6　腕臂尺寸计算需要的参数

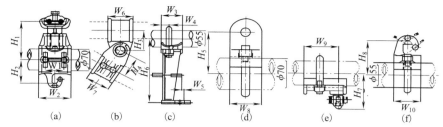

图 3-9-7　腕臂尺寸计算使用的主要零部件

各参数的物理意义如表 3-9-2 和表 3-9-3 所示。

表 3-9-2　支柱预配计算各参数及其意义

参数	物理意义
t	腕臂底座
b	平腕臂　棒瓷左侧孔中心到平腕臂左端头的距离，40 mm 为平腕臂的导入深度
c	棒瓷两孔中心的水平距离
d	平腕臂左端头到套管单耳左边的距离
e	承力索底座右端头到平腕臂右端头的距离
f	承力索底座与双套筒连接器中对中的距离
g	斜腕臂棒式绝缘子长度（扣除导入深度）
h	斜腕臂棒式绝缘子长度
i	斜腕臂端头外露长度
j	定位管端头预留长度
k	D 形连接器与套管单耳连接点到定位管导入后的左端点距离

表 3-9-3　支柱预配计算使用的参数名及其意义

参数	物理意义
h_1、h_2、w_1、w_2	承力索底座的数据
h_3、h_4、w_6、w_7	双套管连接器的数据
w_3、w_4、w_5、h_6	定位支座的数据
h_5、w_8	套管单耳的数据
w_9、h_7	锚支卡子的数据
h_8、w_{10}	定位管吊线卡子的数据

为了方便腕臂的尺寸计算，需要对使用的变量进行定义，如表 3-9-4 所示。

表 3-9-4　变量定义

参数	变量	备注
腕臂底座宽度	t	
腕臂上底座距低轨面高度	H_{sh}	
腕臂下底座距低轨面高度	H_x	
侧面限界	C_x	
支柱倾斜率	δ	向田野侧倾斜为正；向线路侧倾斜为负

续上表

参数	变量	备注
支柱与铅垂线的夹角	α	
接触线与线路中心的水平距离	$W_1\ W_3$	接触线处于线路中心与支柱之间时为正,反之为负
接触线高度	H_j	
结构高度	H_s	
接触线拉出值	a	
外轨超高	h	直线段 $h=0$
外轨超高角	β	直线段 $\beta=0$
平腕臂与水平面的夹角	θ	
斜腕臂与水平面的夹角	φ_1	

(2)计算步骤

① 计算接触线工作面的横坐标 x_{W1}

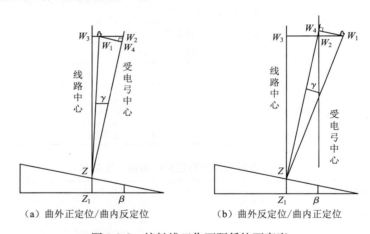

(a)曲外正定位/曲内反定位   (b)曲外反定位/曲内正定位

图 3-9-8 接触线工作面距低轨面高度

在图 3-9-5 中,AB 为腕臂下底座与接触线的水平距离

$$AB = -a\cos\alpha + Hx \cdot \delta/1\ 000 + C_x - x_{W1} \tag{3-9-41}$$

式中 $\alpha = \arctan(\delta/1\ 000)$;

x_{W1}——接触线工作面的横坐标;

W_1——接触线的工作面位置。

在图 3-9-8 中

$$W_1Z = \sqrt{a^2 + H_j^2}$$

$$W_2W_4 = a \cdot \tan\beta$$

以曲外正定位为例分析,得出

$$W_2Z = H_j + a \cdot \tan\beta$$

$$W_3Z_1 = W_2Z \cdot \cos\beta + \frac{1}{2}h$$

$$W_3 W_2 = W_2 Z \cdot \sin\beta$$
$$x_{W1} = W_1 W_3 = W_1 Z \sin(\gamma - \beta)$$

② 计算承力索底座与平腕臂交点的横坐标

承力索底座与平腕臂交点的横坐标为

$$x_H = W_1 W_3 - H_1 H \cdot \sin\theta$$

式中, $H_1 H = h_1$, h_1 为图 3-9-7 所示零件的尺寸。

③ 确定平腕臂与水平面的夹角 θ

在图 3-9-5 中, QH 在水平面的投影为

$$x_{QH} = H_{sh} \cdot \delta/1\,000 + C_x - t \cdot \cos\alpha + H_1 H \cdot \sin\theta - W_1 W_3$$

平腕臂向上倾斜时, θ 为正, 反之为负。

LH 在水平面上的投影为

$$x_{LH} = H_{sh} \cdot \delta/1\,000 + C_x - t \cdot \cos\alpha + H_1 H \cdot \sin\theta - W_1 W_3 - b \cdot \cos\theta$$
$$\approx H_{sh} \cdot \delta/1\,000 + C_x - t \cdot \cos\alpha - W_1 W_3 - b$$

H_1 距低轨面的高度为

$$y_{H_1} = W_3 Z_1 + H_s$$

H 距低轨面的高度为

$$y_H = W_3 Z_1 + H_s - H_1 H \cdot \cos\theta$$
$$\approx W_3 Z_1 + H_s - H_1 H$$

Q 距低轨面的高度为

$$y_Q = H_{sh} + t \cdot \sin\alpha$$

HQ 的垂直高差为

$$y_{HQ} \approx W_3 Z_1 + H_s - H_1 H - H_s - t \cdot \sin\alpha$$

平腕臂与水平面的夹角为

$$\theta = \arctan\left(\frac{y_{HQ}}{x_{QH}}\right)$$

④ 计算平腕臂的长度

在图 3-9-5 中, LH 的长度为

$$LH = (H_{sh} \cdot \delta/1\,000 + C_x - t \cdot \cos\alpha + H_1 H \cdot \sin\theta - W_1 W_3 - b \cdot \cos\theta)/\cos\theta$$

平腕臂长度为

$$L_p = (H_{sh} \cdot \delta/1\,000 + C_x - t \cdot \cos\alpha + H_1 H \cdot \sin\theta - W_1 W_3 - b \cdot \cos\theta)/\cos\theta + \frac{w_2}{2} + e$$

$$(3\text{-}9\text{-}42)$$

⑤ 计算斜腕臂的长度

在图 3-9-5 中, I_0 到低轨面的高度为

$$y_{I_0} = W_3 Z_1 + H_s - H_1 H \cdot \cos\theta - f \cdot \sin\theta - \text{II}_0 \cdot \cos\theta$$

其中, $\text{II}_0 = h_3$。

A 点到低轨面的高度为

$$y_A = H_x + t \cdot \sin\alpha$$

I_0 与 A 点的垂直高差为

$$I_0B_1 = W_3Z_1 + H_s - H_1H \cdot \cos\theta - f \cdot \sin\theta - \text{II}_0 \cdot \cos\theta - (H_x + t \cdot \sin\alpha)$$

I_0 与 A 点的水平间距为

$$AB_1 = C_x + H_x \cdot \delta/1\,000 - t \cdot \cos\alpha - (W_1W_3 - H_1H \cdot \sin\theta + f \cdot \cos\theta - \text{II}_0 \cdot \sin\theta)$$

AI_0 的长度为

$$AI_0 = \sqrt{AB_1^2 + I_0B_1^2}$$

于是

$$AI_1 = \sqrt{AI_0^2 - I_0I_1^2}$$

$$AJ_1 = AI_1 + \frac{w_7}{2} + i$$

斜腕臂的长度为

$$L_x = AJ_1 - g \tag{3-9-43}$$

⑥ 确定斜腕臂与水平面的夹角 φ_1

由图 3-9-5 可知

$$\varphi_1 + \varphi_2 = \arctan(I_0B_1/AB_1)$$

因为

$$\varphi_2 = \arctan(I_0I_1/AI_1) = h_4/AI_1$$

所以

$$\varphi_1 = \arctan(I_0B_1/AB_1) - h_4/AI_1 \tag{3-9-44}$$

⑦ 确定定位器与水平面的夹角 φ_4

$$\varphi_4 = \arctan\frac{G}{F} \tag{3-9-45}$$

式中　G——定位器所受垂直分力；

　　　　F——定位器所受水平分力。

⑧ 确定定位管与水平面的夹角 φ_3

根据设计规定，定位管和定位器的夹角不能小于 φ_{Design}，即

$$\varphi_3 + \varphi_4 \geqslant \varphi_{\text{Design}}$$

这里取

$$\varphi_3 = \varphi_{\text{Design}} - \varphi_4 \tag{3-9-46}$$

⑨ 确定定位管在斜腕臂上的安装位置

在图 3-9-9 中，由于

$$UU_6 = UU_2/\tan\varphi_1 = h_5/\tan\varphi_1$$

$$AU_6 = AU - UU_6$$

$$AU_8 = AU\cos\varphi_1$$

$$AU_{10} = AU_8 + UU_2 \cdot \sin\varphi_1 = AU_8 + h_5 \cdot \sin\varphi_1$$

正定位时，U_3 的横坐标为

$$x_{U_3} = W_1W_3 + L \cdot \cos\varphi_4 + h_6 \cdot \sin\varphi_3 + (w_3 - w_4 + w_5) \cdot \cos\varphi_3$$

反定位时，U_3 的 x 坐标为

$$x_{U_3} = W_1W_3 - L \cdot \cos\varphi_4 - h_6 \cdot \sin\varphi_3 - (w_3 - w_4 + w_5) \cdot \cos\varphi_3$$

其中，L 为定位器的长度。

在图 3-9-9 所示的二维平面内建立定位管曲线和腕臂曲线方程式，得

腕臂曲线方程为

$$y_1 = k_1 x + b_1$$
$$k_1 = -\tan\varphi_1$$

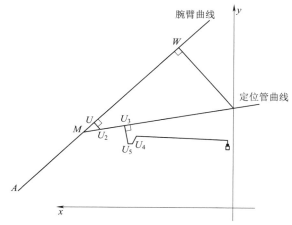

图 3-9-9　定位管腕臂曲线示意图

定位管曲线方程为

$$y_2 = k_2 x + b_2$$

其中，正定位时 $k_2 = -\tan\varphi_3$，反定位时 $k_2 = \tan\varphi_3$。

于是，A 点坐标为

$$x_A = C_x + H_x \cdot \delta/1\,000 - t \cdot \cos\alpha$$
$$y_A = H_x + t \cdot \sin\alpha$$

U_3 点的纵坐标为

$$y_{U_3} = W_3 Z_1 + L \cdot \sin\varphi_4 + h_6 \cdot \cos\varphi_3 - (w_3 - w_4 + w_5) \cdot \sin\varphi_3$$

可得

$$b_1 = -k_1 x_A + y_A,\ b_2 = -k_2 x_{U_3} + y_{U_3}$$
$$x_M = (b_2 - b_1)/(k_1 - k_2),\ y_M = k_1 x_M + b_1$$

其中，$UU_2 = h_5$。

Z 点坐标 (x_Z, y_Z) 为 $(0, b_2)$，M 点坐标为 (x_M, y_M)，W 点坐标为 (x_W, y_W)，其中

$$x_W = k_1 \cdot (-b_1 + b_2)/(1 + k_1^2),\ y_W = k_1 \cdot x_W + b_2$$
$$WZ = \sqrt{x_W^2 + (y_W - b_2)^2},\ MZ = \sqrt{x_M^2 + (b_2 - y_M)^2}$$

U_2 点坐标为

$$x_{U_2} = \frac{\dfrac{-h_5}{\sqrt{x_W^2 + (y_W - b_2)^2}} \cdot \sqrt{x_M^2 + (y_M - b_2)^2}}{\sqrt{1 + k_2^2}} + x_M$$

$$y_{U_2} = k_2 x_{U_2} + b_2$$

U 点的坐标为

$$x_U = (x_{U_2} + k_1 y_{U_2} - k_1 b_1)/(1 + k_1^2),\ y_U = k_1 x_{U_1} + b_1$$

所以

$$AU = \sqrt{(x_A - x_U)^2 + (y_A - y_U)^2}$$

定位管在斜腕臂上的安装位置距斜腕臂与棒式绝缘子连接端头的距离为

$$L_{\text{RegisPos}} = AU - g \qquad (3\text{-}9\text{-}47)$$

确定定位管长度与定位支座在定位管上安装位置。定位管长度和装配方式与装配尺寸的设计值相关。在定位管和腕臂之间安装定位管支撑或从承力索底座底部的定位钩到定位管引定位管吊线是常用的两种定位管装配方式。分别以正、反定位说明这两种方式下定位管长度的计算方法,并介绍后一种方式的定位管长度确定依据。

以正定位为例计算定位管长度和定位管吊线的长度。

在图 3-9-5 中,F 点的坐标为

$$x_{\text{F}} = W_1 W_3 - p, \quad y_{\text{F}} = k_2 (W_1 W_3 - p) + b_2$$

则 $U_2 F$ 的长度为

$$U_2 F = \sqrt{(x_{\text{U}_2} - x_{\text{F}})^2 + (y_{\text{U}_2} - y_{\text{F}})^2}$$

定位管的长度为

$$L_{\text{RegisArm}} = U_2 F - k + j + 15$$

其中,15 为定位管防风拉线卡子宽度的一半。

定位支座在定位管上的安装位置距定位管靠支柱侧端头的距离为

$$L_{\text{RegisPos}} = U_2 U_3 - k$$

$$U_2 U_3 = \sqrt{(x_{\text{U}_2} - x_{\text{U}_3})^2 + (y_{\text{U}_2} - y_{\text{U}_3})^2}$$

H_2 点的坐标为

$$x_{\text{H}_2} = W_1 W_3 - (h_1 + h_2) \cdot \sin\theta$$
$$y_{\text{H}_2} = W_3 Z_1 + H_s - (h_1 + h_2) \cdot \cos\theta$$

D 点的坐标为

$$x_{\text{D}} = W_1 W_3 + m, y_{\text{D}} = k_2 x_{\text{D}} + b_2$$

则定位管吊线的长度为

$$H_2 D = \sqrt{(x_{\text{D}} - x_{\text{H}_2})^2 + (y_{\text{D}} - y_{\text{H}_2})^2}$$

H_2 点的坐标为 $(x_{\text{H}_2}, y_{\text{H}_2})$,$D$ 点的坐标为 $(x_{\text{D}}, y_{\text{D}})$,$O_1$ 和 O_2 点的坐标分别为 $(x_{\text{O}_1}, y_{\text{O}_1})$ 和 $(x_{\text{O}_2}, y_{\text{O}_2})$,则

$$x_{\text{O}_1} = C_x + H_{sh} \cdot \delta - t \cdot \cos\alpha - (b+d) \cdot \cos\theta - h_5 \cdot \sin\theta - 0.5 w_8 \cdot \cos\theta$$
$$y_{\text{O}_1} = H_{sh} + t \cdot \sin\alpha + (b+d) \cdot \sin\theta - h_5 \cdot \cos\theta + 0.5 w_8 \cdot \sin\theta$$
$$x_{\text{O}_2} = x_{\text{U}} + h_5 \cdot \sin\varphi_1 - q \cdot \cos\varphi_1$$
$$y_{\text{O}_2} = y_{\text{U}} + q \cdot \sin\varphi_1 + h_5 \cdot \cos\varphi_1$$

腕臂支撑的长度为

$$L_{\text{S}} = \sqrt{(x_{\text{O}_1} - x_{\text{O}_2})^2 + (y_{\text{O}_1} - y_{\text{O}_2})^2} - 2n \qquad (3\text{-}9\text{-}48)$$

连接腕臂支撑的套管单耳在斜腕臂上距斜腕臂绝缘子段的安装位置为

$$L_x = \sqrt{(x_{\text{O}_2} - h_5 \cdot \sin\varphi_1 - x_{\text{A}})^2 + (y_{\text{O}_2} - h_5 \cdot \cos\varphi_1 - y_{\text{A}})^2} - g \qquad (3\text{-}9\text{-}49)$$

(3)注意事项

① 计算时,零件尺寸以实际采用的零件尺寸为准;

② 应考虑各零件之间的连接尺寸;

③ 应注意腕臂加载后的形变量;

④ 对于绝缘锚段关节支柱,应校验绝缘距离是否满足要求。

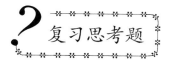
复习思考题

1. 接触网计算需要哪些气象参数？它们各自有何用途？

2. 接触网负载可分为几类？计算单位负载的目的是什么？

3. 某链型悬挂 GJ-70＋CT-100，处于典型气象区第Ⅲ区，试计算其单位负载。

4. 何谓当量跨距？它有何工程意义？在什么情况下才可以应用当量跨距。

5. 什么是临界跨距？为什么简单悬挂状态方程的起始条件要用临界跨距来判定？

6. 已知某简单悬挂，跨距 $l=55$ m，接触线张力 $T=10$ kN，采用 CT-85 铜接触线，试求该悬挂的弛度和接触线在该跨距内的实际长度。若以上参数不变，但两悬挂点高差 1.5 m。试问，该不等高悬挂是否存在上拔力？若存在上拔力，该如何调整它的结构参数消除上拔力？

7. 某简单悬挂，锚段总长 1 600 m，接触线采用 CTA-110、最大许用张力 $T_{max}=15$ kN、最低设计温度 $t_{min}=-30$ ℃、最高设计温度 $t_{max}=+45$ ℃、结冰温度 $t_b=-5$ ℃，覆冰厚度 $b=5$ mm，各跨距长度如表题 7 所示，请绘制该简单悬挂的张力—温度曲线图。

表题 7　锚段跨距长度（单位：m）

跨距序号	1	2	3	4	5	6	7	8	9	10	11	12	13
跨距长度	50	50	50	50	55	55	55	55	55	50	50	45	45
跨距序号	14	15	16	17	18	19	20	21	22	23	24	25	26
跨距长度	45	50	50	55	55	55	55	60	60	60	60	65	65

8. 请计算处于第Ⅴ气象区的 JTM-95＋CTA120 半补偿弹性链型悬挂的各种计算负载，并绘制该悬挂的安装曲线图。

9. 选择接触网锚段长度时，需考虑哪些因素？

10. 确定最大许用跨距应考虑哪些因素，高速接触网和普速接触网的最大许可跨距确定有何不同？为什么？

11. 请推导半补偿链型悬挂的状态方程式。

12. 什么是临界负载？它有什么作用？如何计算未补偿链型悬挂的临界负载？

13. 半补偿链型悬挂要计算和绘制哪些曲线？

14. 根据半补偿链型悬挂安装曲线的绘制步骤，编写一安装曲线电算化程序框图。

15. 半补偿链型悬挂 GJ-70＋CTA110，当量跨距 $l_D=55$ m，$T_j=10$ kN，$t_{max}=+40$ ℃，$t=-15$ ℃，$t_b=-5$ ℃，$v_{max}=25$ m/s，$v_v=5$ m/s，$v_b=10$ m/s，$b=10$ mm，有关参数请查阅教材。试计算并绘制该半补偿弹性链型悬挂的各类安装曲线。

16. 某直线区段半补偿简单链型悬挂 GJ-70＋CTA110，结构高度 $h=1.7$ m、接触线工作张力 $T_j=15$ kN，定位器计算长度 $d=1.5$ m，接触线拉出值 $a=300$ mm，吊弦线夹无滑动，接触导线的线胀系数 $\alpha=17\times10^{-6}$ m/℃、弹性系数 $E=98$ GPa、单位负载 $g_j=0.99\times10^{-2}$ kN/m，半锚段长度为 800 m，$t_{max}=+40$ ℃、$t_{min}=-40$ ℃、$t_d=0$ ℃。求因吊弦和定位器偏移所引起的张力差，并作张力差曲线。

17. 全补偿接触悬挂 JTM-120＋CTMH120，接触线补偿张力 $T_j=27$ kN，承力索补偿张力 $T_c=21$ kN，基本运营风速 $v_{max}=35$ m/s，最大许可跨距 $l_{max}=60$ m，拉出值 $a=0.3$ m，结构高度 $h=1.5$ m，分别用当量理论计算法、平均法计算该悬挂接触线的最大偏移值，并对计算结果进行比较分析。

18. 全补偿简单链型悬挂 JTM-120+CTM150,跨距为 55 m,承力索工作张力为21 kN,定位点与第一吊弦的间距为 8.5 m,若想为该锚段的接触线设置 l‰的预弛度,试问:

(1)施工时应对承力索施加多大的张力?

(2)当承力索恢复到工作张力时,定位点处接触线的高度有何变化?

19. 接触悬挂的弹性及其均匀性对受弓网受取流有何影响?

20. 什么是接触悬挂的静态抬升量和动态抬升量,高速受流对此有何要求?

21. 软横跨的预制计算有哪些内容?

22. 什么是负载计算法?采用负载计算法预制软横跨需要到现场实测哪些参数?

23. 如图 3-23 所示,某软横跨采用 H150/13 支柱,正线采用 GJ-100+CTM120;站线采用 GJ-70+CTA100;安装后外缘垂直,经现场实测 C_{x1}=6 m、C_{x2}=3 m、$a_2=a_3=a_5$=5 m、a_4=10 m,S_1=450 mm、S_2=250 mm、最短吊弦 C_{min}=400 mm,其他参数如图所示,试预制该软横跨。

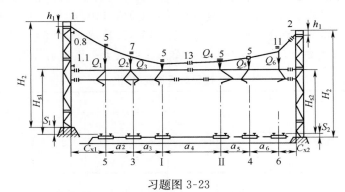

习题图 3-23

24. 影响整体吊弦长度计算的因素有哪些?

25. 请画出直线区段五跨绝缘锚段关节 ZJS3 转换柱的负载分布图,并写出其力矩计算式。

第四章　弓网相互作用特性

影响弓网接触质量的因素众多,传输电流、接触面积、运行速度、环境因素、弓网本身质量和特性等。弓网构成良好电气回路的前提是弓网间必须具备良好的相互作用特性,这些特性主要体现在受电弓和接触网之间的几何特征、材料接口、电接触及动态相互作用特性等方面。

不同类型的受电弓—接触网组合会表现出不同的相互作用特性,受电弓和接触网的设计方案及技术参数决定着弓网系统的运行可靠性、接触质量和使用寿命。

第一节　受电弓的结构与特性

受电弓式样繁多,按传动方式可分为弹簧上升式和空气上升式;按臂杆形式可分为单臂受电弓和双臂受电弓,双臂受电弓又有四腕菱形、二腕菱形和四腕交叉形三种结构形式;按适用速度可分为高速受电弓和普速受电弓;按电流制式可分为直流受电弓、交流受电弓以及交直流受电弓;按框架层数可分为单层受电弓和双层受电弓(亦称子母弓)。

中国目前采用的受电弓均为单臂受电弓,日本有单臂弓和双臂弓,法国曾经使用过子母弓,现主要为单臂单层受电弓,德国为单臂弓。

一、单臂受电弓的基本结构

受电弓的具体结构会因电气列车的运行速度、负荷大小、接触网状况以及各国制造经验和技术习惯有所不同,但均包括弓头、框架、底架和传动机构等基本部分,如图 4-1-1 所示。

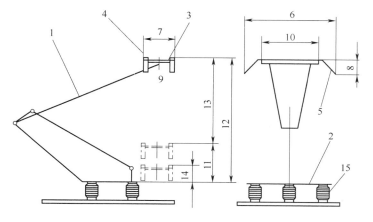

1—框架;2—底架;
3—弓头;4—滑板;
5—弓角;6—弓头长度;
7—弓头宽度;8—弓头高度;
9—弓头支承轴;
10—滑板长度;
11—下部工作位置高度;
12—上部工作位置高度;
13—工作范围;
14—落弓高度;
15—支持绝缘子

图 4-1-1　单臂受电弓的构成

1. 弓头

弓头由滑板、滑板托架、弓角、支持装置等几部分组成,安装在受电弓框架的顶端,借助框架的伸缩作上下移动,并能绕自身的固定转轴做少量的转动。

滑板是重要的集电元件,与接触线滑动接触完成牵引电能的传输。滑板一旦受损或失效将危及电气列车的运行安全。滑板必须满足以下技术要求:

① 具有足够的机械强度和良好的韧性,能承受正常运行时接触网所给予的冲击力。

② 具有良好的电气特性(电阻率小、导电率高),不会因滑板本身电气特性而产生过热,导致接触线过热熔化甚至断裂,滑板过热烧伤或使滑板托架过热后退火变形。

滑板的发热与滑板的载流容量和受电弓的运行状态有关,在电气列车静止(运行速度在 5 km/h 以下)和运行两种状态下,滑板的发热量是不相同的。

电气列车静止时,车内设备取流的大小受接触线允许温升的限制,接触线温度超过一定值(铜及铜合金接触线为 200 ℃)时就有软化的危险,在某种特定条件下,额定拉伸张力也会使其断裂。接触线温升过高通常发生在停车并大负荷取流或滑板与接触线接触不良的情况下。

电气列车运行时,滑板与接触线的接触点不停地变换位置,尽管此时的取流量远大于静止接触状态时的取流量,但接触点的温升已不是限制取流大小的主要因素了,此时起主导作用的是滑板和接触线的接触质量。

③ 具有自润滑性能,运行中对接触线的磨耗小。

④ 具备良好的耐弧性和导热性。弓网离线难以避免,离线所产生的电弧温度可达 6 000 ℃ 以上,滑板和接触线都会受到不同程度的损伤。过快的磨耗不仅增加了更换滑板的工作量,而且也提高了电气列车的运营费用,破损的滑板甚至导致弓网事故的发生。

⑤ 具有稳定的物理化学特性。因滑板是暴露在大气环境中工作的,大气环境对滑板的各项物理化学性能有很大影响。实际运行表明,有些滑板在干燥条件下使用时各项指标尚好,但在下雨或下雪天就变得很差,甚至不能使用。在低温地区性能良好的滑板,在高温地区未必良好,反之亦然。

⑥ 具有轻的质量。滑板质量在受电弓归算质量中占有绝对比例,轻量化可减小受电弓的归算质量,提高弓头追随接触线的性能。

另外,滑板属于易耗品,价格因素也是选择滑板材料必须考虑的因素之一,除应选取经济合理的制作材料外,标准化批量生产也是降低成本的有效方法之一。

为了使滑板托架具有足够的机械强度和尽可能小的质量,通常用薄板压形或用金属管材弯曲拼接,也有用铝合金铸造拼装的。托架两端弧形的弓角通常用轻合金管材制作,也可和托架一起使用轻型板材压制而中间冲孔的结构,还有用轻合金压铸件拼装而成的结构。托架数目及托架上滑板的数列取决于受电弓的集流容量,交流受电弓一般采用一个托架、二列滑板;直流受电弓一般采用两个托架、四列滑板,也有采用两个托架、六列滑板的。

滑板托架的总长度由所经过的隧道及桥梁的结构限界尺寸、机车车辆所允许的横向摆动量和受电弓在最大工作高度所允许的横向移动量共同决定,应保证在最不利的条件下接触线也不会滑出受电弓的有效工作范围。

滑板托架两端的弓角除在极端情况下与接触线接触起金属滑板的作用外,还能使弓头顺利地通过接触网线岔。

在多流制电气化线路上工作的受电弓,当弓头在比较低的升弓高度带电工作时,滑板托架两端的弧形弓角的端部常用绝缘材料制作。

滑板与托架间的固定必须牢固可靠、更换方便且不增加弓头质量。金属滑板和粉末冶金滑板一般用沉头螺钉或滑板自身所带的螺钉直接固定在滑板托架上。碳滑板的固定方式比较复杂,因碳滑板硬而脆,很难在滑板上切割阴螺纹,一般需用楔形榫制成并用贴紧的钢套包裹,再用螺栓将金属架安装到受电弓滑板托架上。

滑板及滑板托架通过弓头支持装置固定在框架顶部的弓头转轴上。弓头支持装置是影响受电弓性能的重要部件之一,通常含有弹簧、板簧或橡胶扭簧等弹性元件,用来改善受电弓的追随性能,使滑板和接触线的接触既平稳又灵活。对于整体式弓头,滑板两端弧形接触角与弓头弓角为一整体;对于分体式弓头,滑板两端弧形接触角与弓头弓角分开设置,弓角安装于弓头转轴处,可进一步降低弓头归算质量。在多流制电气化线路上工作的受电弓,当弓头在较低工作位带电工作时,弓角端部需要用绝缘材料制作。

2. 框架

框架是用来支持弓头和传递受电弓静态抬升力的,其尺寸主要由所要求的受电弓工作高度范围来决定。

框架一般分成上、下两部分,中间用铰链连接起来。在铰链上方的称作上框架,在铰链下方的称作下框架。

图 4-1-2(a)是单臂受电弓的结构简图。为了使弓头上下运动的轨迹近似垂直,下框架设置有专门的撑杆(或拉杆)作为补助臂。合理地选取各臂的长度,弓头就有如图 4-1-2(b)所示的运动轨迹。为了保障弓头滑板面在整个工作区域内始终保持水平状态,上框架上还附设有专门的平衡杆件。

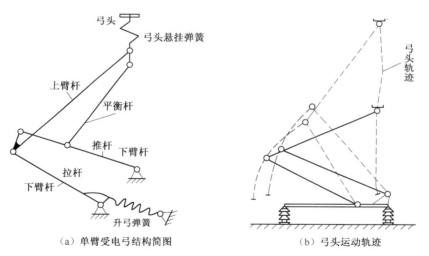

（a）单臂受电弓结构简图　　　　　　　　　（b）弓头运动轨迹

图 4-1-2　单臂受电弓结构简图及其弓头运动轨迹

单臂受电弓的框架结构简单、尺寸较小、质量轻,对提高受电弓性能有利。不足之处是横向刚度较低,工作性能和运行方向有关。

3. 底架

底架就是固定受电弓框架的底座,一般由型钢或板材挤压成形或用钢管拼接而成,也有铸件和型钢拼装而成的。由于受电弓框架的刚性不够高,所以,要求底架有较强的刚性,以免在搬运和安装过程中造成框架歪扭,影响受电弓的性能。底架质量在受电弓总重中所占比例较大。

底架通常用三个或四个支持绝缘子固定在电气列车车顶安装平台上,支持绝缘子的使用环境比较苛刻,除经受日晒雨淋、风雪侵蚀外,还有滑板和接触线粉末的侵袭,弓网事故时还可能承受较大的外部冲击力作用。

4. 传动机构

单臂受电弓的传动机构可分为弹簧上升压缩空气下降和压缩空气上升自重下降两大类。图 4-1-3 为中国高速动车组的 DSA380D 型受电弓的传动机构,传动模式为气动上升、自重下降。

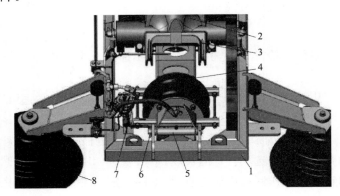

1—底架;2—下臂;
3—钢丝绳;4—气囊;
5—销轴;6—开口销;
7—压缩空气管;
8—支持绝缘子

图 4-1-3　DSA380D 受电弓传动机构

升弓气囊下端与底架铰接,固定在升弓气囊上的连接板一端与钢丝绳连接,钢丝绳组装的另一端绕过下臂杆的转轴及调整板固定在下臂杆上。当升弓气囊充入压缩气体时,气囊膨胀推动连接板,通过钢丝绳组装经过调整板传递力矩给下臂杆,拉拽下臂杆使其相对于底架发生转动,从而克服受电弓自重实现受电弓的升弓操作;当压缩气体由气囊排出时,施加在下臂杆上的力矩消失,受电弓靠自重降下。降落到落弓位置的受电弓,应有一定的维持力使其保持在落弓位置。

受电弓在运行中会因各种因素造成损伤,为避免受到损伤的受电弓继续运行引起弓网故障或将弓网故障范围扩大,高速受电弓通常都装有自动降弓装置,受电弓故障时会自动降弓。

二、受电弓的一般特性

工程实践和理论研究均已证明,不可能为了优化与特定接触网设计的相互作用而单纯设计受电弓,即使标准的接触网设计也没有均衡稳定的动态特性,因为跨距、质量和张力均会随线路实际情况和运行条件发生变化。但是,受电弓必须具有适合规定应用范围的基本特性,这些特性包含静态和动态下的机械和电气性能。

1. 受电弓的电气特性

通常将电气列车静止时外部电源的额定电压作为受电弓的设计工作电压。受电弓的绝缘强度根据受电弓的工作电压等级确定。

电气列车停车时,弓网接触点静止不动,受电弓 30 min 内的电流平均值应大于车内设备总用电需求,以防止接触点温升过高,确保滑板和接触线的机械性能。

电气列车运行时,弓网接触点位置不断变换,受电弓取流量应大于列车牵引电流和其他用电设备电流之和。

无论电气列车处于静止状态还是运行状态,从接触网集取所需电流时,受电弓的设计应确保包括滑板在内的任何部位不会出现机械变形或异常的发热现象。

2. 受电弓的静态机械特性

受电弓的静态机械特性是指正常升起的受电弓在静止状态下所表现出的机械特性,如图 4-1-4 所示。

(1)静态抬升力特性曲线

车辆处于静止状态时,在传动机构作用下,受电弓弓头产生的向上抬升力称为静态抬升力。静态抬升力通常以受电弓有效工作范围内的连续测量的升弓抬升力和降弓抬升力值的平均值表示。

避免电气列车停车时其附属设备运转引起弓网接触点过热是静态抬升力的取值原则。通常,AC 25 kV 供电系统中的弓网静态抬升力应采用(70^{+20}_{-10})N,DC 1.5 kV 供电系统中的弓网静态抬升力应采用(90^{+20}_{-20})N。

在受电弓上下、均匀、缓慢运动时,弓网抬升相对于受电弓弓头高度变化的曲线称为静态抬升特性曲线。

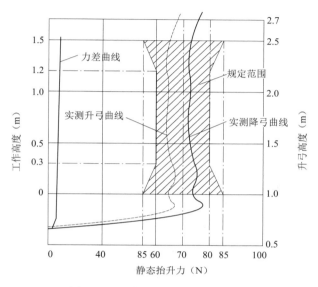

图 4-1-4　受电弓静态特性曲线

静态抬升特性曲线是表征受电弓稳定性能的重要曲线,实践证明:在受电弓有效工作高度范围内,静态抬升的波动范围及受电弓上升和下降时的静态抬升之差越小越好。

(2)同高度力差

为获得最稳定的工作条件,在受电弓整个工作范围内上升和下降的抬升力应均等。但受电弓各铰接处的摩擦力会导致上下运动之间存在力差。

同高度力差是指受电弓上升和下降到同一高度时的抬升力之差,如图 4-1-4 中的升降弓力差曲线。该值的大小表征了受电弓各运动铰接部分的摩擦力大小,该力始终与受电弓运行方向相反,起到维持受电弓运行状态的作用。当弓头下行时,该力向上补偿抬升力的降低;当弓头上行时,该力向下,补偿抬升力的增加。同高度力差应大小适中,该值取决于受电弓升弓机构的稳定性。

(3)同向力差

同向压力差是指在受电弓工作高度范围内,受电弓上升或下降时的最大静态抬升力差。该值的大小表征了受电弓的总体调整水平。

(4)有效工作高度

受电弓的有效工作高度是指受电弓静态抬升力稳定,受电弓可以良好地从接触网上取流的高度范围,该范围越大,说明受电弓的适应性越好。从图 4-1-4 中的升弓抬升曲线和降弓抬升曲线可知,机械受电弓的有效工作范围约为 2 000 mm。

3. 受电弓的动态特性

受电弓的动态特性是指受电弓在高速运行状态下所表现的机械特性。表征受电弓动态特性的主要技术指标是弓网接触力,弓网接触力是受电弓高速运行时施加在接触网上的力,如图 4-1-5 所示,该力与接触网施加在受电弓上的力大小相等、方向相反,将弓网两个机械子系统耦合在一起。该力稳定,则弓网接触稳定,该力波动越大越频繁,则弓网接触状态越差。

弓网接触力是静态接触力 F_0、空气动力分力 F_A、摩擦推力 F_R 和动态接触力分力 F_D 的矢量和,即

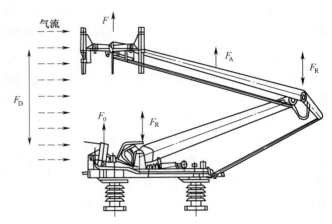

图 4-1-5   受电弓受力状态图

$$F = F_0 \pm F_A \pm F_R \pm F_D \tag{4-1-1}$$

运行中的受电弓还会受到气流的作用,列车运行速度越高,气流引起的空气动力作用越明显,空气动力在垂直方向的分力就越大,如图 4-1-5 中的 F_A 所示。

空气动力分力的大小同机车正面外形轮廓、设备在车顶上的布置以及线路的纵断面有关。由于空气动力分力取决于空气流相对于电气列车的速度,因此,在有风的情况下,它将取决于总的相对速度。线路试验表明,气流主要作用在滑板上(75%~80%),其余部分(25%~20%)作用在受电弓框架上。

列车保持一定的速度匀速运行,受电弓弓头垂直方向保持静止且不与接触线接触时可测得空气动力垂直分力。在高速范围内,相对于速度来说,空气动力接触力的增加比较缓慢。

列车前部的受电弓上的空气动力要比后部受电弓上的空气动力大,高速运行时通常使用列车后部的受电弓。

另外,受电弓的空气动力阻力与空气动力接触力(静态接触力 F_0 与空气动力垂直分力 F_A 的总和)有本质的不同,它是由与运行方向相反的气流施加在受电弓上的,空气动力阻力主要产生在弓头上。

单臂受电弓的空气动力接触力和空气动力阻力取决于铰链关节是引前还是拖曳,因此,其工作性能和使用方向有关。高速运行时,需要在弓头上安装空气动力学翼板,用来均衡两个运行方向的空气动力的性能差异。

除此以外,弓网动态相互作用还会引起上下振动的惯性力,如图 4-1-5 中的 F_D 所示,它为动态接触力分力。该力与接触悬挂单位质量和受电弓归算质量有关,即

$$F_D = Ma \tag{4-1-2}$$

式中 M——受电弓归算质量和接触悬挂单位质量之和;

a——受电弓在垂直方向改变运动状态时的加速度。

受电弓归算质量是指将整个受电弓的活动部分(如滑板、托架、框架等)的实际质量利用动能相等原理归算到受电弓工作高度(弓线接触点),使整个受电弓具有与滑板相同加速度的质量,该质量所产生的动能与整个受电弓所产生的实际动能相等。

受电弓归算质量不是一个常数,随受电弓的升弓高度变化而变化。实践和研究表明:受电弓的归算质量越小,受电弓的跟随特性就越好,适应接触网的能力也就越强,受电弓的动态振幅也就越小。高速受电弓的归算质量应在 8~10 kg 之间。

研究表明:受电弓框架各部件在整个受电弓框架的归算质量中的贡献值随高度略有变化,但变化不大;影响受电弓框架归算质量的主要部件是上臂杆,它在整个归算质量中所占份额接近 80%,平衡杆的质量在整个框架的归算质量中的份额比推杆大,原因是它随上框架运动;滑板对受电弓归算质量的贡献是 100%;因此,要降低受电弓的归算质量必须想法降低上臂杆和滑板的质量。

受电弓和接触悬挂以一定的加速度位移时,振动加速度的数值和方向随时变化,因此,惯性力在整个跨距内是变化的。

受电弓总平均抬升力 F_m 为若干接触力瞬时值的算术平均值,对于 AC 25 kV 受电弓,F_0 通常取为 70 N,F_A 与列车运行速度的平方成正比,目标值通常取为 $0.000\,97\,v^2$,即

$$F_m = 70 + 0.000\,97\,v^2 \tag{4-1-3}$$

如图 4-1-6 所示。

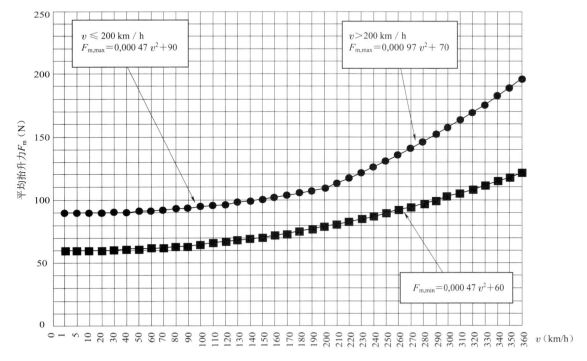

图 4-1-6 AC 25 kV 受电弓总平均抬升力随速度变化的目标值(范围)

对于 DC 1.5 kV 和 DC 3.0 kV 受电弓,总平均接触力的目标值如图 4-1-7 所示。

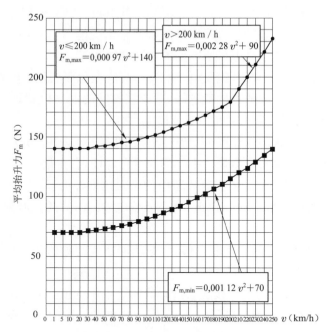

图 4-1-7   DC 1.5 kV 受电弓总平均抬升力随速度变化的目标值(范围)

第二节   受电弓与接触网的几何作用

接触线是受电弓的滑道,接触线不能离开受电弓的工作范围。接触线在线路上方的几何特征值须与受电弓的几何特征相适应。

一、受电弓的几何特征

受电弓几何特征参数包括:弓头长度、弓头宽度、弓头高度、滑板长度、下部工作位置高度、上部工作位置高度、工作范围、落弓高度、电气厚度、最大伸展等,如图 4-1-1 所示。

弓头长度是沿车辆横向所测得的弓头水平尺寸。

弓头宽度是沿车辆纵向所测得的弓头尺寸。

弓头高度是弓角的最低点与滑板的最高点之间的垂直距离。

滑板长度是沿车辆横向所测得的滑板总长度。

下部工作位置高度是受电弓升至能正常取流的最低设计高度时,受电弓在绝缘子之上的安装平面与滑板上表面之间的垂直距离。

上部工作位置高度是受电弓升至能正常取流的最高设计高度时,受电弓在绝缘子之上的安装平面与滑板上表面之间的垂直距离。

工作范围是上部工作位置高度与下部工作位置高度之差。

落弓高度是指处于落弓位置的受电弓在绝缘子之上的安装平面与滑板上表面或受电弓结构上的其他较高点之间的垂直距离。

受电弓"电气厚度"是指在落弓位置的受电弓最高处的带电体与最低处的带电体之间的垂直距离。

最大伸展是指机械止挡内的受电弓最大伸展高度(在工作范围内,无任何设备限制受电弓伸展);受限最大伸展是指靠中间机械止挡减少的允许伸展范围。

1. 弓头的几何外形

受电弓的几何外形越小,对线路的结构限界要求就越低,但接触网可选用的跨距就越小;几何外形越大,接触网可以选用的跨距就越大,但对线路的结构限界需求高。

各国铁路部门根据各自情况确定受电弓的弓头几何外形。中国干线电气化铁路受电弓弓头的几何外形如图 4-2-1 所示,弓头总长度为 1 950 mm。

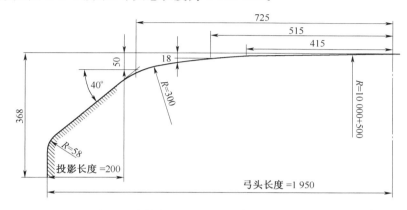

图 4-2-1　中国干线铁路受电弓弓头几何尺寸示意图(单位:mm)

2. 工作高度及弓头宽度

DSA380 型受电弓的工作范围,以受电弓底架的上部位置为基准,最低工作高度为 606 mm,最高工作高度为 2 570 mm,最大升高高度为 2 770 mm,弓头宽度为 597 mm,如图 4-2-2所示。

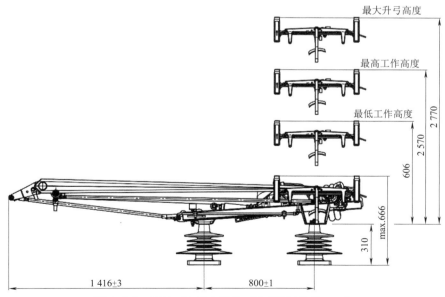

图 4-2-2　DSA380 受电弓的工作范围(单位:mm)

3. 滑板长度及弓头倾斜

DSA380 型受电弓滑板的总长度为 1 576 mm,如图 4-2-3 所示。为改善受电弓的跟随性能,弓头与弓头支持装置之间安装有弹性元件,弓头在一定情况下会产生倾斜(如图 4-2-4 所示),倾斜值应在容许范围内。

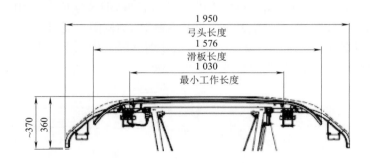

图 4-2-3　DSA380 型受电弓的滑板长度(单位:mm)

图 4-2-4　受电弓弓头倾斜示意图

滑板倾斜量:因弓头受力倾斜,接触线工作面在滑板所处位置与滑板最高点之间的垂直距离。

二、架空接触网的几何特征

接触网的几何特征参数可用垂直与平行于轨面的两个方向的参数表征。垂直方向的特征参数主要有接触线高度、接触线坡度、接触线在定位点处的抬升量等;平行方向的特征参数主要有拉出值、侧风作用下的横向偏移等。

垂直方向的参数应在接触线定位点、每根吊弦点和接触线最低点处测量,这类参数应保证受电弓在高度方向能够平稳运行;平行方向的参数应在距离轨道平面垂直中心线最远处测量,以确保任何情况下要求有一支接触线在弓头的工作范围内。

1. 接触线垂直轨道平面方向的空间参数

(1)接触线的坡度与坡度变化

因施工误差以及局部地段的特殊条件(如隧道)而需要改变接触线高度时,其变化量应尽可能小,由此引起的接触线坡度及其变化不得超过表 4-2-1 给出的与列车速度有关的对应值。

表 4-2-1　接触线的坡度和坡度变化

速度 (km/h)	接触线最大坡度 (‰)	接触线坡度变化 (‰)	速度 (km/h)	接触线最大坡度 (‰)	接触线坡度变化 (‰)
10	60.0	30.0	160	3.3	1.7
30	40.0	20.0	200	2.0	1.0
60	20.0	10.0	250	1.0	0.5
100	6.0	3.0	>250	0	0
120	4.0	2.0			

对于列车速度不小于 250 km/h 的高速电气化铁路,接触线定位点处的设计高度应保持恒定不变。

（2）最小接触线高度

最小接触线高度处于车辆的动态包络线之外,同时还要考虑最小空气绝缘间隙和受电弓的最低工作高度。

最小接触线高度

$$H_{jx}=Y+D+\delta_1 \tag{4-2-1}$$

式中　H_{jx}——最小接触线的允许高度(mm);

　　　　Y——货物最大允许装载高度(mm),(中国铁路机车车辆限界高度为 4 800 mm,超限货物列车装载高度分为三级,一级超限装载货物高度为 4 950 mm,二级超限装载货物高度为 5 000 mm,三级超限装载货物的最大装载高度为 5 300 mm);

　　　　D——接触网带电部分至机车车辆及装载货物的最小距离,一般取 350 mm,其中考虑了 50 mm 的列车振动余量;

　　　　δ_1——考虑施工误差、起道等因素,取 50 mm。

接触网停电通过超限货物列车时,最小接触线高度为

$$H_{jx}=Y+\delta_2 \tag{4-2-2}$$

式中　δ_1——停电通过时,超限货物对接触线的最小允许距离,一般取 70 mm。

由式(4-2-1)可计算出带电通过三级超限装载货物的接触线的最低允许高度

$$H_{jx}=5\ 300+350+50=5\ 700(mm)$$

由式(4-2-2)可计算出停电通过超限货物时的接触线的最低允许高度

$$H_{jx}=5\ 300+70=5\ 370(mm)$$

在电气化线路上,接触网带电部分至货物列车装载高度的绝缘空气间隙为 350 mm。根据上述条件,在不同区段上的最小接触线高度规定如下:

① 当隧道净空符合国标《标准轨距铁路建筑限界》(GB 146.2—2020)中"隧限-2A"及"隧限-2B"的条件时,隧道内的最小接触线高度为 5 700 mm,可带电通过 5 300 mm 的超限货物,困难情况下不应小于 5 650 mm。

② 当隧道净空不符合国标《标准轨距铁路建筑限界》中"隧限-2A"及"隧限-2B"的条件时,隧道内的最小接触线高度为 5 370 mm,可停电通过 5 300 mm 的超限货物,带电通过 5 000 mm的超限货物;同时,《铁路技术管理规程(普速铁路部分)》还规定,旧线改造时,最小接触线高度可降为 5 330 mm。

③ 一般中间站和区间的最小接触线高度为 5 700 mm。

④ 编组站、区间站及配有调车组的中间站内的最小接触线高度为 6 200 mm。如该站已建成的天桥下方不能满足该高度要求时,经批准可降为 5 700 mm。

（3）接触线高度最小设计

接触线高度最小设计是在最小接触线高度的基础上,计算附加上导致接触线高度减小的各种不利因素后得出。设计时应考虑以下不利因素:

① 轨道横向不平顺;

② 接触线的施工安装偏差;

③ 接触线的动态上下运动;

④ 接触悬挂导线覆冰和温度变化条件的影响。

（4）接触线高度最大设计

通过考虑可能导致接触线高度大于受电弓最大工作高度的各种不利因素后得到接触线高度最大设计。这些不利因素包括：

① 接触线由于受电弓而导致的抬升；

② 接触线向上的动态振动；

③ 接触线施工安装偏差；

④ 因接触线磨耗而导致的接触线高度位置上升；

⑤ 由于接触悬挂导线温度变化而导致的接触线高度位置上升。

接触线高度最大设计是根据受电弓的工作范围确定的。考虑到接触线可能出现的最大负弛度以及保证必要的弓网接触力，规定接触线高度最大设计不得大于 6 500 mm。

（5）标称接触线高度

标称接触线高度是指在定位点处，接触线工作面与两轨顶面连线间的垂直距离。可以在接触线高度最小设计与接触线高度最大设计之间自由选取。

标称接触线高度考虑了接触线弛度对接触线高度产生的影响，在最大正弛度时不低于最小接触线高度，在最大负弛度时，不高于最大接触线高度。

根据上述要求，设计中采用的标称接触线高度为：

① 一般区间及中间站为 5 800～6 000 mm；

② 编组站、区段站及配有调车组的中间站为 6 200 mm，特等站、大站为 6 400～6 450 mm；

③ 高速接触网的标称接触线高度为 5 300 mm，最低点高度不宜小于 5 150 mm，不考虑超限货物列车运行要求。

（6）接触线在定位点处的抬升

在受电弓抬升力作用下，接触线会有一定程度的升高，定位点处接触线的抬升会引起定位器坡度变化，如图 4-2-5 所示。

如果定位点的接触线抬升量过大，受电弓会不可避免地与定位器发生碰撞，引起弓网事故。

限制受电弓通过定位点处的接触线抬升量非常重要。在正常运行条件下及最大跨距时，定位点处的接触线抬升量应由弓网系统设计人员通过计算机仿真系统进行预测。非限位式接触线定位装置结构的抬升范围至少是接触线在定位点处抬升量预测值的 2 倍。限位式接触线定位装置结构的抬升范围至少是接触线在定位点处抬升量预测值的 1.5 倍。

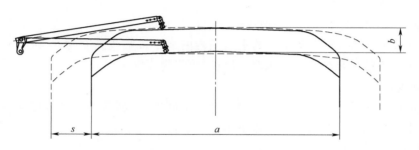

图 4-2-5　受电弓通过定位点引起定位器状态改变

a—受电弓长度；b—最大抬升量；s—受电弓的摆动量

2. 接触线在平行轨道平面方向的空间参数

表征接触线平行轨平面方向的主要参数是拉出值和横向偏移,在规定的环境条件和机械偏差下,接触线和受电弓之间在平行轨道平面方向上的相互位移不得导致接触线偏离受电弓的弓头,接触线应总是处于受电弓弓头的工作范围(受电弓弓头的工作长度减去至少 $2\times$ 200 mm 后所得到的数值)以内。为此,应考虑以下因素:

① 受电弓偏离机车车辆的设计位置;

② 机车车辆的左右晃动以及轨道偏差;

③ 接触线移动的极限位置值。

接触线移动的极限位置主要为横向偏移。任何架空导线在风的作用下都要偏离自己的起始位置,接触线也不例外。接触线偏离起始位置过大会使受电弓无法沿接触线正常滑行。因此,应对接触线的风偏移给予足够的关注。

接触线横向位置取值与接触线高度有关,接触线最大高度设计值应满足弓网相互作用的几何需求,因此,接触线最大高度设计值也称为校核高度上限。在每一项接触网工程设计中都应校验设计值高度上限的接触线横向位置,实际的校核高度在 5~6.5 m 之间,最大高度设计值校核高度通常为标称接触线高度、受电弓引起的接触线抬升、弓头倾斜量和滑板磨耗之和,其中,受电弓引起的接触线抬升应考虑定位点和跨中两种情况。

第三节　弓网材料接口

接触线和滑板的磨耗以及弓网接触点允许通过的最大电流很大程度上依赖于二者的材料组合。

一、滑　　板

滑板按材料可分为纯金属滑板、粉末冶金滑板、纯碳滑板及浸金属碳滑板等。

纯金属滑板一般采用钢、铜等纯金属制作,滑板机械强度高、集电容量大、耐磨性好、导电性较好。但金属滑板和接触线材质相近,二者之间会产生黏着磨耗,加之金属滑板无自润滑性能,因此,无论是与之匹配的接触线还是滑板自身的磨耗均比较严重。

粉末冶金滑板分为铁基滑板和铜基滑板两类,在铁或铜粉末中添加某些(如碳、铅和二硫化钼等硫化物)润滑成分并通过机械混合均匀化后模压成型,然后将毛坯高温烧结后浸入润滑油形成,最后通过机械加工制成滑板。铁基滑板一般用于钢铝接触线,铜基滑板一般用于铜及铜合金接触线。

粉末冶金滑板机械强度高,抗冲击性好,有较好的导电性、耐电弧性以及较低的电阻率,耐热性高,热传导性良好,耐磨性和减磨性好,有一定的自润滑性能,使用寿命较长,一般为 3.5 万~7.0 万 km。

由于粉末冶金滑板材料的主要成分仍是金属,它与接触线材质具有很多相似性,加之其自润滑性能的局限性,因此,粉末冶金滑板对铜或铜合金接触线的磨耗仍然比较严重。为改善粉末冶金滑板与接触线间的摩擦环境,可在粉末冶金滑板上添加润滑剂。润滑剂有润滑油(脂)和固体润滑剂两种。由于润滑油(脂)易硬化,易被水冲掉,易高温挥发和失效,飞散的黄油会污染车顶设备和降低车顶绝缘子的电气绝缘强度,所以多选择在粉末冶金滑板上加装固体润滑剂(如石墨、石蜡)。

碳滑板的主体是碳,本身就是很好的润滑剂,自润滑性能和减磨性能好,对接触线磨损小,滑动时电磁噪声小,且耐高温,不易和接触线发生焊附现象。

碳滑板在与铜或铜合金接触线摩擦时可以在导线表面形成一层碳膜,大大改善了接触线的磨耗状况。但碳滑板机械强度低,耐冲击性差,运行中遇到障碍容易造成滑板折断和破裂,使用寿命低,特别是在雨季和潮湿地区,易局部拉沟,并导致弓网事故。另外,碳滑板电阻率高,集电容量小,接触温度高,有可能引起接触线过热熔化,烧成连续麻坑,加速接触线磨耗。碳滑板粉末还会污染机车车顶上的绝缘子,使绝缘子绝缘强度下降。

碳滑板制造方法:将一定比例的沥青焦、石油焦、石墨粉、炭黑或硬碳在混料机中混合均匀,并加入一定量的煤焦油沥青,搅拌成炭糊状,然后将炭糊挤压成型。成型坯料在高温烧结炉内焙烧,向焙烧制品中浸渍高温煤油焦沥青,浸渍后进行固化处理制得滑板坯料,最后对所制取的坯料进行机加工整形。

向滑板中浸渍高温沥青既可以降低滑板的孔隙率,使滑板吸水率低于2%,达到封孔和防水的目的,延长阴雨潮湿天气下的使用寿命,还可以提高滑板的综合机械性能。

浸金属碳滑板既具有粉末冶金滑板机械强度高、电阻率小的特点,又具有纯碳滑板对接触线磨耗小、在接触线摩擦表面易形成润滑膜和耐弧性强的优良性能,是目前被认为对接触线适应能力较强的滑板类型。

浸金属碳滑板的基本制造方法:先制成碳滑板坯料,然后向坯料中浸渍熔融金属,形成坚硬的网状骨架,达到提高滑板强度、耐冲击性、耐磨性和延长使用寿命的目的。用于浸渍的金属必须具有机械强度高、耐磨、导热率高、耐腐蚀,在熔融状态下黏度小,流动性好的特点。一般选用锡、锑、铜铅合金或巴氏合金。为了达到好的浸渍效果,针对金属对碳石墨浸润性差的问题,一方面可采用真空高压浸渍设备,另一方面可采取措施改善合金和碳石墨的浸润性,如用浸渍金属的盐熔液煮沸坯料,使坯料空隙表面形成金属层,或者向合金中添加促进浸润的物质(如 B_2O_3、SiO_2、Ti、Cr、Mn 等)。

二、滑板与接触线的组合

由于铜和铜合金具有良好的导电性,抗拉力、硬度及高温软化特性和抗腐蚀能力均较其他金属材料更符合接触网的需求,因此,硬拉电解铜和铜合金已成为全球使用的接触线材料。

在滑板的发展过程中,钢、铜合金,石墨和金属碳均已用作过滑板的材料,这些材料与接触线的相互作用原理具有明显不同的特性。碳和石墨带来光滑的表面,没有任何粗糙成分磨损接触线;铜和钢滑板会在接触线和自身表面形成一种类似于细锉的粗糙表面,使接触线和滑板均迅速磨损,且金属滑板比同体积的碳滑板重得多,会对受电弓的动态性能产生不利影响,对弓网接触力的动态范围有副作用。但对于直流电气化铁路,由于电压低、电流大,为避免接触点过热,有时不得不采用金属滑板;碳滑板已被证明特别适用于铜及铜合金接触线,碳滑板的自润滑性能和耐电弧性能良好,能满足高速弓网系统的动态需求和延长弓网系统使用寿命的要求。但碳滑板的电阻率较高,滑板和接触线的接触电阻偏大,需要提防静态接触温升对接触线的热侵蚀,避免引起接触线的局部温度超过允许限度;同时,碳滑板的机械强度较差,产生机械碰撞时容易破碎。因此,使用碳滑板的受电弓通常需安装自动降弓装置,便于滑板损坏后及时降弓。

为了适应不同供电制式的需求,意大利 ETR500 型高速铁路电气列车牵引单元上安装了两架滑板材料不同的受电弓,分别与 AC 25 kV 和 DC 3 kV 接触网匹配,如图 4-3-1 所示。碳滑板受电弓在 AC 25 kV 区段使用,铜滑板受电弓在 DC 3 kV 区段使用。在直流高速区段,接触网为双接触线,列车的两个牵引单元同时使用两架铜滑板受电弓取流。两弓相隔 320 m,前弓抬升力 160 N,后弓抬升力 200 N,该区段的接触线约 3 年更换一次。

图 4-3-1　意大利高速电气列车牵引单元上的受电弓

运行实践表明,金属滑板引起的接触线磨损率几乎是碳滑板的 10 倍。如果碳滑板和金属滑板在同一接触线上混合运行,会形成不同的接触线表面结构,使接触线和碳滑板的磨损率明显加剧。因此,对于同一线路的接触网应采用同种型号和材质的受电弓滑板。适合欧洲高速铁路的互操作性技术规范规定用碳作为受电弓滑板材料。

在某些电气化线路上,接触网使用钢铝接触线或铝包钢接触线,当这类接触线钢的成分与滑板滑动接触时,常引起滑板的严重磨损。运行在此类型接触线区段的受电弓滑板宜采用铁基粉末冶金滑板。

列车不从接触网取流时,接触线和滑板只有机械磨耗,当两者间的电流增大到一定程度时,电气磨损开始起作用,并使总的磨损率提高。弓网接触力的提高,使机械磨损成分增加,并成为主要磨损。这意味着,为保证弓网系统有尽可能长的使用寿命,实现均匀且合理的弓网接触力十分重要。

影响接触线寿命的因素很多,滑板对接触线的机械磨耗是最基本的。接触线的造价比较高,更换起来也比较麻烦,因此,对接触线的磨耗大小往往成为选择滑板材质的重要依据。大量的实践表明,没有自润滑性能的金属或粉末冶金滑板,在运行速度比较高时,其本身和接触线的磨耗都十分明显。为了减少其磨耗量,常常要求附设良好的润滑措施,这不仅带来不少的麻烦,而且会提高运营和维修费用。因此,具有低磨耗和自润滑性能是人们对滑板的自然要求。综上所述,滑板和接触线的使用寿命基本取决于:受电弓作用在接触线上的综合抬升力,制作接触线和滑板的材料,每架受电弓滑板的数量和制作尺寸,通过接触线和滑板接触点的电流量,牵引车辆的速度,线路处于隧道或区间的环境系数。

第四节　弓网电接触

电气列车所需电能通过接触线与滑板的接触处——电接触点传输,较小的接触面积是电能传输的瓶颈,有时会导致弓网系统产生严重故障。

在所有接触网设施的损坏中,有相当比例是因为接触线与滑板之间不良电气接触带来的短期热效应造成的。这种情况在车辆静止不动或缓慢移动而又高额取流或受电弓滑板磨损和损坏时都有可能发生。

弓网系统相对静止不动时,受电弓与接触网接触区域表现为滑板平面与接触线圆弧面之间的线接触。无论接触部分如何加工,在微观上总是凸凹不平的,如图 4-4-1 所示。即使有很大的接触力使滑板与接触线相互贴紧,也只有少数的点(或小面)实际发生了真正的接触,这些实际接触的点(或小面)承受着全部的弓网接触力。由于接触线和滑板表面一般都覆盖着一层导电不良的氧化膜或其他种类的杂质,因而在实际接触点(或小面)内,只有少部分膜被压破的地方才能形成电的直接接触,电流实际上只能从这些更小的接触点中通过,如图 4-4-2 所示。把实际发生机械接触的点(或小面)称为接触斑点,接触斑点中那些形成金属或准金属接触的更小面(实际传导电流的面)称为导电斑点。

电气列车所需的电流通过导电斑点从接触网流向受电弓,电流线在导电斑点附近发生收缩,如图 4-4-2 所示,电流流过的路径增长,有效导电面积减小,会出现局部附加电阻,称为收缩电阻。电流通过接触斑点时还会遇到准金属接触,电子通过极薄的膜时还会遇到另一附加电阻,称为膜电阻。这两部分电阻表现为串联,相加后的总电阻构成弓网系统的静态接触电阻。

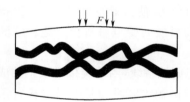

图 4-4-1　滑板与接触线接触斑点

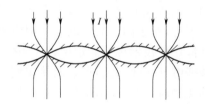

图 4-4-2　导电斑点附近电流线收缩现象图

一、弓网静态接触电阻

静态接触电阻是表征弓网系统接触面电特征的重要参数,对于弓网系统点状接触的粗糙表面,依据电接触理论,单个导电斑点的接触电阻

$$R_{e1} = \frac{\rho_1}{4a} \tag{4-4-1}$$

$$R_{e2} = \frac{\rho_2}{4a} \tag{4-4-2}$$

$$R_c = R_{e1} + R_{e2} + R_f = \frac{\rho_1}{4a} + \frac{\rho_2}{4a} + R_f \tag{4-4-3}$$

式中　R_c——收缩电阻(Ω);

　R_{e1}、R_{e2}——分别为两接触面收缩电阻(Ω);

　　R_f——膜电阻(Ω);

　ρ_1、ρ_2——分别为接触线、滑板材料的电阻率($\Omega \cdot m$);

　　　a——导电斑点的半径(m)。

如果通过弓网接触斑点的电流增大,或弓网静态接触电阻增高,则接触斑点的电压降必然增大,导电斑点和收缩区内的温度亦会相应增高,当温度达到接触线或滑板材料的软化点和熔

化点时,导电斑点及其附近的接触线或滑板材料就会发生软化和熔化。

实际上,新开通电气化铁路或受电弓滑动接触次数较少的接触线表面均有一层导电率较差的表面膜,弓网滑动接触过程中,电火花现象较明显。随着弓网滑动次数的增加,接触线的表面膜逐渐被弓网相对滑动破坏,也可能被较高的电场破坏,此时弓网系统单个导电斑点的接触电阻只有收缩电阻部分,即

$$R_c = \frac{\rho_1}{4a} + \frac{\rho_2}{4a} = \frac{\rho_1 + \rho_2}{4a} \tag{4-4-4}$$

式(4-4-4)为弓网系统一个导电斑点的接触电阻,假设弓网之间的导电斑点有 n 个,他们的半径均为 a,相邻导电斑点间的距离比 a 大得多,多斑点间的收缩电阻为并联关系,弓网系统总的静态接触电阻为

$$R_c = \frac{\rho_1 + \rho_2}{4na} \tag{4-4-5}$$

当压强超过较软接触材料屈服强度时,接触点就会出现塑性变形,考虑到弓网系统静态压力范围及材料的硬度定义,认为接触硬度 H 为

$$H = \frac{F}{S} = \frac{F}{n\pi a^2} \tag{4-4-6}$$

式中　H——滑板和接触线两者中较软材料的接触硬度(N/m^2);

　　　F——弓网系统的接触力(N);

　　　S——接触面积(m^2);

　　　n——导电斑点的数目;

　　　a——单个导电斑点半径(m)。

由式(4-4-6)知

$$a = \sqrt{\frac{F}{n\pi H}} \tag{4-4-7}$$

将式(4-4-7)代入式(4-4-5)得弓网系统的静态接触电阻为

$$R_c = \frac{\rho_1 + \rho_2}{4} \sqrt{\frac{\pi H}{nF}} \tag{4-4-8}$$

如果将所有导电斑点等价为 1 个,即 $n=1$,式(4-4-8)演变为

$$R_c = \frac{\rho_1 + \rho_2}{4} \sqrt{\frac{\pi H}{F}} \tag{4-4-9}$$

由式(4-4-9)可知,弓网系统的静态接触电阻与受电弓滑板及接触线材料的电阻率有关,与接触材料中较软一种的接触硬度及两者的接触力有关,而导电斑点数目与材料硬度、接触力也有关。可见,影响弓网静态接触电阻的因素主要有四个:滑板和接触线的材料性质、弓网接触力、弓网接触形式及滑板与接触线的接触面状况等。

1. 材料性质对接触电阻的影响

受电弓滑板与接触线材料的性质直接影响接触电阻的大小。这些性质包括受电弓滑板与接触线的材料电阻率 ρ_1、ρ_2,接触材料中较软一方的接触硬度 H、材料的化学性能等。接触线材料主要为铜或铜合金(铜银、铜锡或铜镁等),受电弓滑板材料主要为金属、粉末冶金、碳(石墨)或浸金属碳等。典型的滑板和接触线材料电阻率分别如表 4-4-1、表 4-4-2 所示。

表 4-4-1　常用受电弓滑板的电阻率

国　　家	滑板种类	电阻率($\mu\Omega \cdot m$)
欧美	浸金属碳滑板(MY7D)	8.10
	纯碳滑板(CY3TA/CY280)	38.00
中国	浸金属碳滑板	8.00
	纯碳滑板	35.00
	粉末冶金滑板	0.35
	钢滑板	0.30
日本	浸金属碳滑板(MC)	9.00
	纯碳滑板(SW)	30.00
	烧结合金	0.24

表 4-4-2　铜或铜合金接触线的导电率与电阻率

接触线型号 (不含规格)	导电率① (IACS)	电阻率(20 ℃) ($\Omega \cdot mm^2/m$)
CT(Cu)	97%	0.017 77
CTA、CTAH(CuAg)	97%	0.017 77
CTS(CuSn)	80%	0.023 95
CTMH(CuMg0.5)	62%	0.027 78

注:①IACS 为国际标准退火纯软铜的导电率,记为100%。

以目前使用较多、且电阻率较高的纯碳滑板分别与上述材料的接触线滑动接触,显然,在接触力相同的情况下,电阻率最高的铜镁接触线与电阻率最高的碳滑板之间的静态接触电阻最大,碳滑板与铜银接触线静态接触电阻最小。

2. 弓网电接触形式

从运动学角度看,受电弓与接触线之间存在静止、滑动和可分合三种工作接触状态。

(1)当电气列车静止并从网上取流时,受电弓与接触线之间处于静止接触状态,弓网接触点静止不动,车内设备运行所需的电能通过接触点所引起的温升不应超过规定范围。

(2)当电气列车处于高速运行状态时,受电弓与接触线之间处于滑动接触状态,弓网接触点高速移动,接触点的高速移动阻止了车辆取流所引起的接触点温升。此时,接触点温升不会成为制约取流的主要因素。

(3)在列车高速运行过程中,受电弓滑板会短时脱离接触线形成弓网间的可分合接触状态。在可分合接触状态下,弓网之间可能产生电弧,电弧维持了电气列车取流的连续性,这对移动接触能量传输系统非常重要,但电弧会引起高频电磁干扰并加大受电弓滑板和接触网的电气磨耗。至于电弧对接触网线索的热侵蚀程度,需根据具体情况具体分析。

从几何学角度看,接触线与滑板间存在点、线、面三种接触形式:

(1)受电弓弓头上通常安装1根、2根或4根断面为矩形的滑板,滑板表面多为平面;新安装及使用较少的接触线断面为圆形,滑板与接触线之间的接触形式表现为线接触,两者接触在一条直线上,实际接触面是分布在狭长区域内的若干个接触点。

（2）对于使用预磨损型截面接触线的接触网,在实际运行中因无法保证动态受电弓滑板平面与接触线下表面相吻合,弓网接触形式多数时间依然表现为线接触。

（3）对于受电弓与接触网之间的强电接触情况,接触形式对接触电阻的影响主要表现在每个接触点的受力上。当滑板与接触线之间接触力一定时,由于面接触的接触点 n 最多,每个接触点的压强变小,接触点的接触电阻变大。因此接触形式对接触电阻的影响比较复杂。乍一看来,似乎面接触的接触点最多,接触电阻应最小,其实不然,在接触力较小时,由于膜电阻的影响,面接触的接触电阻不一定比点或线接触的接触电阻小。

3. 滑板与接触线的接触面状况

接触面是滑板与接触线相互摩擦后形成的。摩擦情况对接触电阻有一定影响,主要表现在接触点数目 n 的多少不同。当接触线或滑板表面有缺陷时,这种表现对弓网接触质量的影响尤其明显。

4. 弓网接触力对电接触的影响

弓网静态接触电阻与接触面内接触斑点的数目、尺寸及分布是一个统计变量关系,接触力变化时,接触斑点的数目、尺寸及分布也会发生变化。

当滑板和接触线相对静止时,二者间的静态接触力表现为受电弓滑板对接触线的静态抬升力,方向垂直向上。弓网接触力存在一个取决于不同用途的最佳值,如图 4-4-3 所示。

弓网接触力小到一定程度或完全失去时,在接触位置会发生过热或燃弧,燃弧带来弓网系统电气磨损的同时还会对环境造成电磁干扰。相反,接触力过大会对弓网系统带来无法接受的机械磨耗,定位点的过度抬升也会对弓网系统的运行可靠性带来影响。

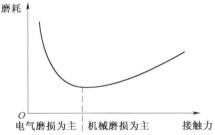

图 4-4-3　弓线磨损与接触力的关系

城市轨道交通一般采用铜银接触线,受电弓滑板的主要成分为浸金属碳。为避免电气列车停车时其附属设施运转引起相对静止的接触线和滑板变热的危险,弓网系统的静态接触力应满足地铁列车停车时的取流要求。

弓网系统的磨损包含机械磨损与电气磨损两方面,接触力取值偏大会导致机械磨损增加,取值过小时电气磨损又不能接受。在满足弓网系统静态取流的基础上,接触力的取值应兼顾机械磨损与电气磨损两方面因素。

从以上分析中可以看到,影响弓网系统静态接触电阻的因素很多,准确计算弓网系统的接触电阻比较困难,通常用经验公式估算或通过试验测量。

二、接触点的温度升高

静止状态下的电气列车滑板与接触线相对静止不动时,通过弓网接触电阻的电流产生的焦耳热会使接触点局部区域的温度升高,滑板和接触线（尤其是接触线）在温度超过一定值后机械强度会明显下降。

根据电位—温度理论可知,导电斑点超过接触点外的温度——接触温升与接触电阻及通过接触点的电流成简单的函数关系

$$\theta = \frac{U^2}{8\,\overline{\lambda\rho}} = \frac{(IR_c)^2}{8\,\overline{\lambda\rho}} \tag{4-4-10}$$

式中　θ——导电斑点超出接触点以外区域的温度,即接触温升(K);

　　　U——电流 I 通过接触点产生的压降,即接触压降(V);

　　　I——通过接触点的总电流(A);

　　　$\overline{\lambda\rho}$——滑板与接触线材料的热导率与电阻率乘积的平均值(V²/K)。

将式(4-4-8)的 R_c 代入式(4-4-10)得

$$\theta = \frac{(\rho_1 + \rho_2)^2}{128\,\overline{\lambda\rho}} \cdot \frac{\pi H}{nF} I^2 \tag{4-4-11}$$

在接触材料相同的对称接触情况下,式(4-4-10)表明,接触材料一定时,接触温升与通过接触点的电流的平方成正比,与接触电阻的平方成正比。

利用式(4-4-11)准确计算接触温升比较困难,通常用经验公式估算,或者通过试验得到特定条件下的接触温升。

单相交流电气化铁路采用的碳类受电弓滑板在高速运行状态下的允许工作电流的上限值为每块滑板 500~700 A,带双滑板的受电弓的允许工作电流上限值约为 1 400 A。当牵引车辆需要较大电流时,必须增加每辆车的受电弓数量。

在高速列车上,用于生活设施和辅助设备的电力需求可能达到 1 000 kV·A,该电力必须通过固定在车辆上的受电弓进行安全传送。为避免弓网接触点处的接触线过热软化,静止车辆的电流必须保持在允许限度以下。

三、弓网系统电弧的产生与影响

1. 电弧的基本特性

开关触头在分、合电路时,如果能满足一定的条件,触头间(以下称弧隙)便会产生电弧或其他放电现象。电弧的温度很高,即使存在的时间很短,也会使触头表面的材料熔化、气化、飞溅,造成触头的接触面损坏,破坏触头的接触性能,影响触头间的电能传输。

弧隙中气体由绝缘状态变为导体状态,使电流得以通过的现象,称为气体放电。电弧是气体放电的一种形式。

触头断开或闭合电路时,在一定的电压作用下,能直接引燃电弧,也可能由辉光放电转变为电弧放电。

触头在闭合的过程中,当两触头表面运动到相互接近时(此时触头间尚有一很小的间隙),往往会被加在触头上的电压击穿而引燃电弧,这个现象常称为触头闭合时的预击穿。触头一旦闭合,电弧立刻熄灭。

触头断开电路时,如果供给触头的电压和电流超过某一最小值时将引燃电弧。电弧引燃的过程如下:触头从闭合位置开始向断开的方向运动,因接触力逐渐减小,实际接触面和导电面的面积逐渐减小,接触电阻相应增大。在接触面最后分离前的一瞬间,$I^2 R_c$ 能量集中加热最后分离点的一个很小的金属体积,使其温度迅速上升到金属的沸点而引起爆炸式的气化。在间隙充满高温金属蒸气的条件下,可能在 10^{-3} s 以内就形成电弧。这种由触头断开电路而引燃的电弧称之为"拉弧"。

触头断开电路时,如果电流小于电弧的最小电流,电弧可能瞬时引燃就立即熄灭。这是因为电弧引燃瞬间电流由电路的寄生电容供给,由于寄生电容一般很小,电流很快衰减到零,电弧便立即熄灭。电弧熄灭时产生一个高的线路电压,使寄生电容又充电,间隙可能再次被击穿引燃电弧,随即电流衰减,电弧又熄灭。这个过程可能重复若干次,直到触头间隙拉开到相当程度使击穿不再发生为止。

试验表明,电弧是一种低温等离子体,其主要外部特征有:

(1)电弧是一种自持放电现象,不用很高的电压就可维持相当长时间的稳定燃烧而不熄灭。

(2)电弧是强功率的放电现象,在开断数十千安的短路电流时,电弧的温度可达上万摄氏度,甚至更高,并具有强辐射。

(3)电弧是等离子体,质量极轻,极容易改变形状。

任何以等离子体态存在的物质均具有导电性,电弧也不例外。电弧的形成主要分为四种类型:

(1)当触头刚分开时,产生很大的电场强度,阴极表面的电子被拉出成为弧隙间最初的自由电子。

(2)阴极表面发射出的电子和弧隙中原有的少数电子在电场作用下,不断与其他粒子发生连续的碰撞游离,导致在触头间充满了电子和离子,在外压的作用下触头间介质就可能导致被击穿而形成电弧。

(3)电弧形成后,弧隙间的高温使阴极表面受热,形成强烈的热点,金属不断地发射出电子,促使热电子发射形成电弧。

(4)在开关电器中的电弧总存在一些金属蒸汽,而金属蒸气的游离温度只需 4 000～5 000 ℃,因此金属蒸气热游离维持着电弧燃烧。温度的升高,使得质点碰撞能游离出电子和正离子。

电弧通常由阴极区、弧柱区、阳极区三个区域组成,图 4-4-4 为电弧三个区域的位置状态示意图。

弧柱贴近电极的部分称为弧根,弧根在电极表面上形成的圆形明亮点称为斑点。电弧燃烧时,如阴极区和阳极区的斑点均静止不动或一端斑点运动、另一端静止不动,称其为静止电弧;如两端斑点均沿物体表面运动,则称为运动电弧。

当电弧垂直放置时,由于对流作用,热气流上升,弧柱直径上部变粗而呈倒圆锥形。当电弧水平放置时,弧柱直径部分则会向上弯曲。

弧柱向周围介质散热的方式有三种:传导、对流和辐射。

2. 弓网系统的电火花和电弧现象

在大多数情况下,滑板与接触线脱离接触时,供给滑板和接触线离线间隙的电流和电压分别大于生弧电流和生弧电压,弓网系统的电弧现象不可避免。

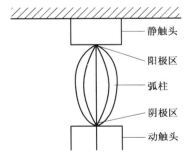

图 4-4-4　电弧的形状及三区示意图

电弧将滑板与接触线的离线间隙击穿,维持了电气列车取流的持续性,这对滑动接触能量传输至关重要。

弓网系统产生电火花和电弧现象的情形有多种,不同情况下产生的电弧可能是运动的,也可能是半运动的或静止不动的,其对弓网系统材料的影响也不尽相同,应根据具体情况具体分析。

(1)滑动接触过程中的弓网电火花现象

弓网系统滑板和接触线的接触区域是机械接触,实际的接触面积非常小,滑动接触使其位置很快变换。当电压施加在滑板和接触线之间时,电流流过在机械接触面的、与各种参数有关的一系列导电斑点。电流通过接触面产生的能量加热导电斑点,要么导电斑点温度迅速上升并被熔化或气化而形成电火花,要么导电斑点错位后的间隙产生电火花。电火花一直持续到新的、不被熔化的导电斑点产生为止。这也说明滑板与接触线接触斑点的寿命是短暂的。

当电气列车取流量及滑板与接触线的接触电阻均较大时,弓网系统的电火花现象会显著得多。

滑动接触过程中的电火花现象在弓网系统受流过程中比较常见,电气列车低速运行时也能见到。需要强调的是:此时滑板与接触线并未出现机械脱离或接触力不足的情况。

(2)滑动接触过程中的弓网电弧现象

在弓网系统的滑动接触中,受电弓与接触网相互振动,接触网周期性的弹性变化及受电弓通过不规则(例如接触线不均匀抬升量、接触线安装缺陷、接触线本身缺陷、单一质量块等)地方时,导致弓网接触力波动加剧。当接触力逐渐下降时,滑板和接触线的接触面积减小,两者之间的接触电阻增加,电流通过接触电阻引起的焦耳热增加,接触面的温度上升。当滑板和接触线之间的接触力为零、两者之间机械脱离时,弓网系统的电弧现象也就产生了。

实际运行经验表明,双滑板受电弓的任一滑板与接触线脱离接触时,即使另一滑板与接触线接触良好,脱离接触的那一根滑板与接触线之间也会产生电弧。

滑板与接触线恢复良好接触后,电弧立即熄灭。

电气列车运行时,接触线在滑板表面往复运动,弓网离线时产生的电弧为运动电弧。

弓网系统滑动接触过程中的离线间隙极短,电弧热量主要以热传导方式向滑板和接触线传递。

(3)受电弓升降操作时的弓网电火花或电弧现象

电气列车静止不动时,受电弓的升弓或降弓应为无负载或小负载操作,此时的电气列车主断路器应处于分状态。滑板与接触线接触或脱离瞬间,由于要切断或接通电气列车的电压互感器等负载,接触区域在接触或脱离瞬间有电火花现象发生,电火花的能量较小,一般不会对弓网系统带来严重后果。

当电气列车断路器处于合状态时,受电弓的升弓或降弓(尤其是降弓)操作接通或开断的电流较大,滑板与接触线之间的高电压及大电流导致弓网系统产生强烈的静止电弧现象,可能造成接触线或承力索的熔化断线及引起金属类滑板的局部熔化。

(4)受电弓通过接触网电气分段时的电弧现象

接触网电气分段的主要形式包括绝缘锚段关节、绝缘锚段关节式电分相及分段绝缘器等。

① 受电弓通过绝缘锚段关节时的弓网电弧现象

受电弓滑板通过绝缘锚段关节过渡区时,两侧接触线分别由工作支变为非工作支或由非工作支变为工作支。在接触线等高区域,滑板与两根接触线同时接触,在等高区域外只与一根接触线接触,如图 4-4-5 所示。从滑板与接触线良好接触到脱离接触,如果供给滑板和接触线间隙的电压与电流超过生弧电压与生弧电流,电弧的产生会不可避免。

电气列车运动时,产生的电弧是运动的,直到沿接触线运动的电弧遇到绝缘子为止;电气列车静止不动时,产生的电弧也是静止不动的。

② 受电弓通过绝缘锚段关节式电分相时的弓网电弧现象

电气列车通过接触网电分相时,受电弓与中性段接触线接触时,若牵引车辆的主断路器已断开,则越过无电区时电流不会形成损坏接触网的电弧,如图 4-4-6(a)所示。若牵引车辆因故未能断开主断路器,牵引电流没有被中断,

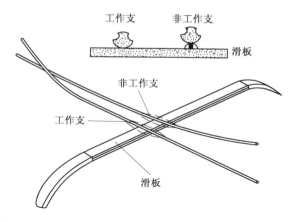

图 4-4-5 受电弓滑板通过绝缘锚段关节时的示意图

则受电弓从有电区进入无电区时,会从带电的接触网到中性段拉出一个电弧,如图 4-4-6(b)所示,沿接触线运动的电弧遇到绝缘子后停止运动,另一端随受电弓滑板继续运动,电弧被拉长到一定长度后因无法复燃而熄灭。

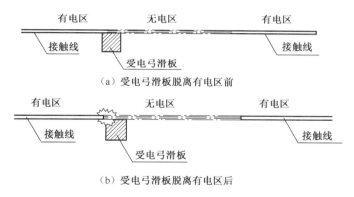

(a) 受电弓滑板脱离有电区前

(b) 受电弓滑板脱离有电区后

图 4-4-6 电气列车带负载进入中性区时的弓网电弧现象

在电气列车正常操作的情况下,也有因受电弓通过电分相产生过电压而导致弓网系统燃弧的现象,这时维持电弧的电流主要是绝缘间隙被击穿后的短路电流。

③ 受电弓通过分段绝缘器时的弓网电弧现象

安装在接触网上的分段绝缘器将接触网分成不同的电气区段,为接触网上的电气断点,如图 4-4-7 所示,由于分段绝缘器两端与不同的接触网电路相连,受电弓滑板通过此处时,将导致不同接触网电路之间的瞬时连接与瞬时断开,不同电路之间会有电流穿越滑板。

在滑板短接后再分开分段绝缘器两侧导体的瞬间,出现类似隔离开关带负载分断的那种现象:滑板与离开的分段绝缘器金属滑道尖端出现电弧现象。切断的电流越大,燃弧会越强烈。

电气列车通过分段绝缘器时产生的电弧通常表现为静止电弧,安装引弧角的目的是使电弧运动,减轻电弧热侵蚀分断绝缘器金属滑道的程度。

④ 滑板或接触线表面有异物时的弓网电弧现象

当受电弓滑板或接触线表面有冰雪等异物时,将导致滑板与接触线无法直接接触,从而引

发电火花或电弧现象,严重时会造成接触线断线。如图 4-4-8 所示为受电弓滑板表面有雪或结冰时的情况。

图 4-4-7   接触网上的分段绝缘器

图 4-4-8   滑板或接触线表面有雪或结冰时的情况

⑤ 接触线具有安装缺陷时的弓网电弧现象

接触线在安装过程中,外力作用容易导致接触线出现较大的硬弯,当受电弓通过该弯曲点时,滑板表面与接触线之间的有效接触面积减小,甚至造成滑板与接触线机械脱离,当电气列车取流量大到一定程度时,受电弓与接触网之间就会出现电弧现象。此种情形的电弧具有规律性的产生地点,其特性也是运动的。滑板通过接触线硬弯时的电弧示意如图 4-4-9 所示。

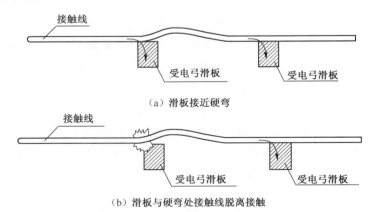

图 4-4-9   滑板通过接触线硬弯时电弧示意图

弓网相对运动过程中,滑板和接触线的接触位置不断变化,引起的电弧也在不断变化位置,电弧位置的快速变化在一定程度上阻止了电弧能量引起接触线固定点的温度升高,电气列车运行速度越高,这种阻止程度就越明显。换句话说,电气列车运行速度越高,弓网系统电弧对接触线的热侵蚀程度就越小。

电弧会随着弓网离线的消失而消失,弓网系统因受到冷却,电弧热流引起的温度升高会因散热而逐渐消失。

电弧热功率导致接触线温度升高,另一方面,接触线的热量也会向周围介质传递,当输入热量大于输出热量时,接触线的温度才会升高,并在温度达到一定程度时,接触线的表面才会发生熔化。

静止电弧与运动电弧对接触线的热侵蚀程度不同,静止电弧在很短时间内就能导致接触线表面熔化。弓网系统应尽量避免静止电弧的产生,例如,应禁止电气列车带负荷升降受电弓、禁止电气列车带负荷进入接触网中性区及禁止列车在绝缘锚段关节区域停车等。

四、弓网系统的摩擦磨损

受电弓滑板与接触线相对滑动时的接触区域,是由一些分散的微小接触点所构成,这些接触点不仅支撑载荷,而且承受摩擦功和电流流过接触电阻所引起的热流。因而电流收缩及机械载荷的高度集中会产生高密度的焦耳热,随着热量的积累,接触点温度升高,材料性能改变,当其不能继续支撑接触载荷时,接触点遭受破坏,直到另一个合适的"冷"接触点重新支撑载荷为止,如此构成了滑动受流接触条件下的磨损行为。

弓网系统的滑动接触磨耗如图 4-4-10 所示,大致可以分为机械磨耗、化学磨耗和电气损耗三种。

1. 机械磨耗

机械磨耗通常又可分为黏结磨耗、硬粒磨耗和疲劳磨耗。

黏结亦称发热黏结,是凸部之间原子相互结合的产物。不同金属相接触就生成合金,因此,越容易合金化的金属就越容易引起黏结。当然,同种金属之间的"均质黏结"是最为常见的现象。材料越硬,黏结磨耗就未必越少,因为凸部之间相互结合后,剪切力破坏弱的凸部,如进一步发展,另一方凸部多起来,相互之间达到一定限度,即使是强的凸部也会破坏而生成独立的粒子,这个粒子夹在滑动面之间,又可能在凸部再度破坏、如此反复循环,最终排出,这就是磨耗粉。

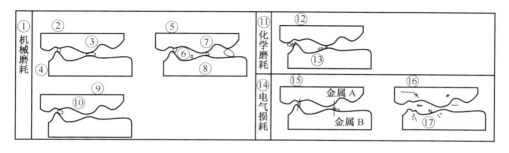

图 4-4-10　受流磨耗机理分类示意图

1—机械磨耗;2—黏结磨耗;3—移动;4—黏结;5—硬粒磨耗;6—二元磨耗;7—三元磨耗;

8—夹在中间的硬质粒子;9—疲劳磨耗;10—疲劳破坏;11—化学磨耗;12—腐蚀磨耗;

13—腐蚀、氧化;14—电气损耗;15—金属离子移动;16—电弧熔损;17—电弧

从黏结磨耗的机理可以看出,黏结磨耗使双方磨耗,对于滑板—接触线摩擦副,滑板有磨耗,接触线也必定有磨耗。由此可见,同种金属或相近金属材料不可作为滑板—接触线的材料匹配,否则极易引起黏结磨耗。

与金属难起黏结作用的碳基滑板的磨耗主要是硬粒磨耗。在与铜基滑板混用时,接触线变得很粗糙,从而增大了磨耗。

在使用金属基滑板的情况下,前述的黏结磨耗起支配作用。而在日本新干线使用铁基滑板时,曾经出现过接触线上产生卷曲切削屑磨耗物的例子,这种现象大多是由于异常的硬粒磨耗引起的。

疲劳磨耗是指凸部在反复剪切力的作用下产生疲劳裂纹,最后导致凸部微粒脱落而引起的磨耗。弓网受流系统由于温升的原因而频繁发生软化,疲劳磨耗问题是不大的。

通过以上分析可以看出,为避免出现黏结磨损,与铜系接触线性能相近的金属材料不可作为滑板材料。为避免出现硬粒磨耗,在同一线路区段运行的受电弓应统一使用相同材质的滑板。

2. 化学磨耗

化学磨耗又称腐蚀磨耗,即在腐蚀环境下溶解、生锈等而又在滑动中加速了损耗。这与上述的软磨耗的情况截然不同。如在海底隧道漏水区段,腐蚀作用增大而受电弓通过次数较少的情况下,引起这种磨耗是有可能的。

3. 电气损耗

电气损耗(为与后述的那种狭义的"电气磨耗"相区分)是指电离子转移和电弧熔损。前者是金属离子沿着电流方向移动、而成为产生"均质黏结"的黏结磨耗的加速因素。从金属电刷的实验例子可以推断,电气列车在牵引工况下,接触线的铜离子向滑板方向移动,而在再生工况下,则是滑板的成分向接触线方向移动。

电弧熔损按词义解释是指因电弧熔化而引起的损耗。转动接触的齿轮和轴承,或者固定接触处等由于形成放电熔融而称之为电蚀。

在弓网滑动电接触情况下,通常称为"电气性磨耗",即通电时的磨耗量比不通电时的大。

初步估算电弧熔损仅占电弧引起的磨耗的16%,就磨耗机理来说可以认为金属系列滑板磨耗多数是由黏结磨耗引起的。

电气列车速度提高时,滑板与接触线之间的摩擦速度相应提高,凸出部相互接触时间缩短了,较难引起黏结作用。因此,高速时会因摩擦系数下降而磨耗减少。

第五节　弓网动态相互作用

一、弓网系统的振动与波动

接触网上既有均布质量,又有集中质量,是一个非常复杂的弹性振动系统,其动力学模型可用图 4-5-1 的上半部分表示。受电弓本身也是一个弹性振动系统,可由替换的质量块通过弹簧和缓冲器相互耦合,其动力学模型可用图 4-5-1 的下半部分表示。

受电弓和接触网通过接触点组成一个相互振荡和耦合的新的振动系统,这个系统具有弹性和惯性。由于弹性,系统偏离其平衡位置时会产生回复力,促使系统返回原来位置;由于惯性,系统在返回平衡位置的过程中积累了动能,从而使系统越过平衡位置向另一侧运动。正是由于弹性和惯性的相互影响,才造成系统的振动。

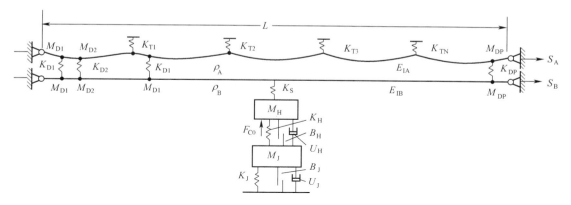

图 4-5-1　弓网系统的动力学模型

弓网系统的振动是随机振动,只能通过数理统计方法进行研究。

二、动态相互作用指标

受电弓在弓网接触点将接触线抬起的同时本身也要承受一部分接触网的重力(接触线对受电弓抬升力有一个反作用力)。受电弓对接触线的抬升力引起两种必须考虑的后果。第一,接触线在受电弓抬升力作用下的抬升量必须加以限制。过大的抬升量一方面会增加受电弓碰打定位装置的概率,同时,过大的抬升量会使接触线产生过大的弯曲应力,使接触线的机械寿命缩短。第二,受电弓的抬升力必须大小适中且稳定在一定范围之内,由其引起的滑板与接触线之间的摩擦力和磨耗合理。由于受电弓对接触线的抬升力是变化的,因此,接触线和滑板之间的摩擦力、接触线的高度位置以及接触电阻都会发生变化。如果个别地点抬升力过大,则该点的摩擦力也会增大,接触线就会产生局部磨耗。局部磨耗的后果是须部分或整个锚段更换接触线,以避免发生断线事故。如果抬升力为零,则弓网间会产生离线现象,从而会产生电火花或者会产生稳定的电弧,增大接触线和滑板的电气磨耗。

接触力连接受电弓和接触网两个机械系统,这两部分均能振荡并且具有各种不同的质量模块、弹性系数、衰减系数和自然频率。由于接触网具有弹性,在受电弓作用到接触网上时就使接触线有一定的抬升量,实际上,沿跨距和锚段变化的弹性导致受电弓周期性上下运动,这种运动幅度取决于抬升力本身。

随着列车速度的增加,弓网系统的动态部件对接触力的影响越来越大。为了保持受电弓滑板沿着接触线并不间断地与接触线接触,接触力的值必须保持在一定范围,即动态范围。

连续送电时没有电压降或电流损失,这就意味着受电弓与接触网之间必须一直保持机械接触,如果失去机械接触,就会发生燃弧,电弧对环境产生影响,引起干扰并加大弓网系统磨耗但却能保证列车取流的持续性,这对移动接触能量传输非常重要。如果空气间隙增大,电弧熄灭会导致电流中断,车辆就会因为电源切断而失去牵引动力。

弓网系统燃弧产生的高频电磁波,对频率高达 30 MHz 的调幅无线电传输产生干扰,在燃弧产生高频电磁波的同时,还产生可闻噪声。

为保证运行安全和避免接触线内产生集中应力,应对高速铁路接触线的抬升值予以限定,因此,高速接触网应具有小而均匀的弹性。

可见,弓网接触力和接触线在定位点处的抬升量是弓网动态相互作用性能的核心指标,这些指标影响着列车运行的性能及安全、接触线和滑板的寿命。同时,弓网接触力还影响着弓网系统的电接触性能,对弓网系统的几何相互作用也有一定程度的影响。

三、测量与评估

弓网接触力和定位点处接触线的抬升需要采用专用设备进行测量。通过接触力和定位点处接触线抬升的观测可以对受电弓和接触网的动态相互作用进行评估。

由于受电弓和接触网动态相互作用产生的力的变化取决于列车运行速度、设计方案和两个系统的相关特性,其结果是,可利用接触力变化评价各种不同的受电弓和接触网的设计质量。在评价过程中可以采用下列力的统计标准:

(1)算术平均值;

(2)标准偏差;

(3)极值(最大接触力值和最小接触力值)。

经验表明,如果弓网接触力符合正态分布曲线,则该套弓网系统具有较好的动态相互作用特性。沿接触线能测量出一定速度下的弓网接触力值,可以确定测量结果的平均值$\bar{x}$、标准偏差s以及接触力的分布,因此,可以直接将标准偏差值作为判断弓网接触性能的标准。

从理想的目标考虑,接触力应为常数,标准偏差越低弓网接触性能越好,因此,标准偏差值和平均接触力可用来建立接触力动态范围的界限,即:

(1)68.3%的接触力数值在$\bar{x}-s$和$\bar{x}+s$之间;

(2)95.5%的接触力数值在$\bar{x}-2s$和$\bar{x}+2s$之间;

(3)99.7%的接触力数值在$\bar{x}-3s$和$\bar{x}+3s$之间。

数值$\bar{x}-3s$和$\bar{x}+3s$是动态接触力范围的有效界限。因此,可以从平均值与标准偏差之和得出的数值确定系统部件总负荷及其磨损。可以由接触电阻的上升和开始燃弧确定可接受的动态接触力的最小值。

在标准偏差低的情况下,可以通过对受电弓结构进行处理,以减少接触力的平均值,这样使之没有离线,进一步降低接触网磨损。

在同样界限条件下得出的标准偏差值可用来比较各种接触网和受电弓设计方案的接触性能,然后通过调整相应设计的参数达到优化运行性能的目的。

动态接触力的极值多发生在不规则的地方,例如:

(1)不均匀抬升量;

(2)接触线安装缺陷;

(3)接触线的缺陷;

(4)单一质量块(集中质量)。

特殊的接触力极值很可能发生在动态力统计限定范围之外,可将它们识别为接触网的局部故障,对接触网进行定期的维护运行试验,发现有关故障位置信息的评估报告可立即递交给维修部门,以便及时对接触网采取修正措施。

通过对测量结果的评估,包括对故障的评估,可得出下列结论:

(1)动态接触力记录中任何明显的断续,如接触力峰值大于平均值的1.8倍,可以表明与特殊原因有关。

（2）每个故障点的接触线会加剧磨损，甚至在速度相当低的情况下发生这种现象。

（3）在很多情况下，故障的原因是在接触网安装时调整不佳造成的。可通过检查接触网的调整情况决定修正措施。

（4）其他原因可能是局部质量的积累、不适当的锚段关节和接触线线岔安装不良。

定位器是支持装置中的重要零件。当定位器无抬升限制时，接触线定位点应有 2.0 倍预期抬升值的抬升范围；定位器有抬升限制时，接触线定位点应有 1.5 倍预期抬升值的抬升范围。

第六节 弓网系统的评价

弓网系统以高速滑动接触方式完成牵引电能的传输，为满足高速滑行、动态接触、滑动摩擦、电能传输等多领域技术要求，精准评价弓网系统是比较复杂的。但从保障电能输送和安全运营两点上看，弓和网之间必须满足特定的几何关系、机械关系、电气关系和材料关系。因此，弓网系统的评价必然离不开这四个方面。几何关系指标主要影响弓网系统的安全性和耐久性；机电关系指标主要影响弓网系统的适用性和安全性。材料关系指标主要影响弓网系统的耐久性和安全性。各关键指标对弓网系统性能的影响侧重点不同，如图 4-6-1 所示。

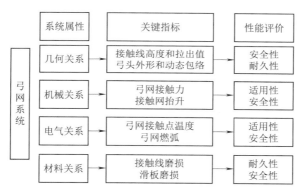

图 4-6-1 弓网系统的匹配关系及其评价指标

弓网系统的评价体系如图 4-6-2 所示。在该评价体系中，弓网接触力是最为重要的一个核心要素。稳定的弓网接触力是系统追求的理想目标。然而，影响弓网接触力的因素太过复杂，除受电弓、接触网自身的因素，如弓头结构与质量、弓头追随特性、受电弓结构的气动性能，接触悬挂的质量均布性、弹性均匀性、高度一致性等外，还有其他专业因素和环境因素的影响。

稳定和合适的弓网接触力是评价一套弓网系统品质优劣好坏的关键，接触力影响滑板和接触线接触点的温度和燃弧，接触点温度和燃弧共同影响弓网电气磨耗；接触力还会影响弓网机械磨耗；电气磨耗和机械磨耗共同影响接触线磨耗；电气磨耗、机械磨耗以及拉出值和弓头几何外形影响滑板磨耗。

弓网系统的评价体系应适用于所有电气化铁路类型。但不同电气化铁路的牵引供电和电气化车辆的运行特点是不同的，各自的弓网系统的主要属性也有所不同。对于高速铁路，弓网高速滑动接触，机械匹配关系成为弓网系统的主要系统属性；对于重载铁路，弓网滑动接触状态下通过大电流，电气匹配关系成为弓网系统的主要系统属性；对于普速铁路，既无高速弓网机械匹配要求，也无重载弓网电气匹配要求，因此，良好的几何匹配关系就成为普速弓网系统的主要系统属性。不同铁路类型的弓网系统的评价体系中的关键指标取值范围是不同的。如何选取关键指标的范围，需要明确影响关键指标的主要因素。

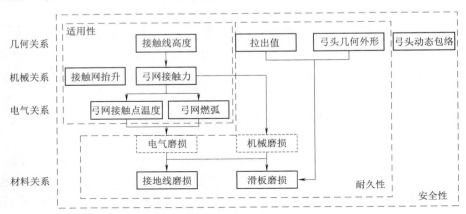

图 4-6-2　弓网系统的评价体系

1. 弓网几何匹配关系

接触网是受电弓的机械滑道。受电弓的几何外形以及动态包络线决定了接触网的空间位置和布局，中国高速动车组的受电弓弓头几何外形遵循 UIC608（《国际通用受电弓标准》）附件 4a 的规定，外形尺寸如图 4-2-1 所示，动态包络线如图 1-3-3 所示。影响受电弓动态包络线的因素：受电弓的实际位置与设计位置的偏差；机车车辆的左右晃动及轨道偏差；受电弓的摇摆和倾斜。任何情况下，接触网的金具均不得侵入受电弓的动态包络线，以免妨碍受电弓沿接触线滑行。任何情况下，接触线的最大横向偏移不得超出弓头的工作范围。单支接触悬挂与受电弓滑动接触的弓网接触点横向位移取决于弓头几何外形尺寸、弓头动态包络线、接触线拉出值和接触线风偏。

在侧风（与线索走向垂直的风）作用下，接触网会偏离初始平衡位置，如图 4-6-3 所示。

图 4-6-3　均匀风与瞬时风作用下的接触网横向位移示意图

由图 4-6-3 可知，均匀风作用下，相邻跨的接触线的运动位移以定位点对称分布；脉动风作用下的接触线运动位移每跨均不相同，某些跨接触线的最大水平风偏比均匀风作用时大得多，因此，脉动风作用下的弓网接触点（接触线最大横向位移出现的位置）具有随机性。在锚段关节和线岔处存在至少两组接触悬挂，与受电弓滑动接触的弓网接触点横向位移除了受到单支接触悬挂的影响外，还取决于两组接触悬挂的横向距离。非绝缘锚段关节中两组悬挂的横向距离应满足最大温差下的腕臂转动间隙等因素要求。对于绝缘锚段关节，两组悬挂的横向距离除了应满足最大温差下的腕臂转动间隙等因素要求外，还需考虑带电体对地绝缘间隙的技术要求。

2. 弓网机械匹配关系

弓网机械匹配关系受到受电弓、接触网两个振动子系统的自身结构及参数影响。两个振动子系统具有各种不同的质量模块、弹性系数、衰减系数和固有频率。由于接触网具有弹性，在受电弓作用到接触网上时接触线会产生一定的抬升量。实际上，沿接触网锚段变化的弹性导致受电弓周期性上下振动，其振动幅度又与受电弓抬升力相关。随着电气列车运行速度的提高，动态部件对弓网接触力的影响越来越大，弓网接触力的动态范围也越来越大，弓网振动引起的接触线抬升也会相应增加。弓网接触力和接触线抬升是表征弓网动态相互作用性能的核心参数，可以用于评估弓网接触质量。

弓网接触力等于静态接触力、摩擦阻力、空气动力及动态接触力分力的矢量和，受电弓的平均接触力等于受电弓的静态接触力与规定工作高度和速度下的空气动力的总和，又称准静态接触力。受电弓的平均接触力是弓网系统电气作用与机械作用的最佳匹配值，是决定弓网接触力上、下限值的关键因素，也是弓网系统动态性能设计的重要依据。平均接触力的目标值不仅应使弓网系统没有不适当的燃弧，而且也应使弓网系统不产生无法接受的磨耗与抬升。

弓网接触力的动态接触力分力主要取决于运行速度、受电弓和接触网结构参数，一般为随机量。受电弓经过定位点时，定位点的接触线抬升会使定拉器的角度发生变化，如图 4-2-4 所示。如果定位点处的接触线抬升超过允许值，会因受电弓与定位器发生机械冲突而出现弓网事故。因此，接触网抬升影响了弓网系统的安全性。

根据标准 EN 50119—2020 和 EN 50367—2020，弓网接触力和接触网抬升应符合表 4-6-1 所示的取值范围。

表 4-6-1　弓网接触力和定位点抬升量评价标准

序号	评价指标	取值范围		
1	接触力范围 F_c	速度≤200 km/h，$F_c \in (0,300]$ N	速度≤320 km/h，$F_c \in (0,350]$ N	速度>320 km/h，$F_c \in (0,400]$ N
2	接触力最大标准差 σ_{max}	$\sigma_{max} < 0.3F_m$（F_m 平均接触力）		
3	最大燃弧率 NQ	速度<250 km/h，NQ≤0.1%	速度≥250 km/h，NQ≤0.2%	
4	定位点设计最大抬升 d_{upmax}	$d_{upmax} \geqslant 1.5d_{up}$（$d_{up}$ 为仿真值或实测值）		

弓网接触力和接触网抬升的获取途径有两种，分别为计算机仿真和现场测量。以京沪高铁为例，建立相关弓网动态仿真模型，得到对应的弓网接触力，如图 4-6-4 所示。

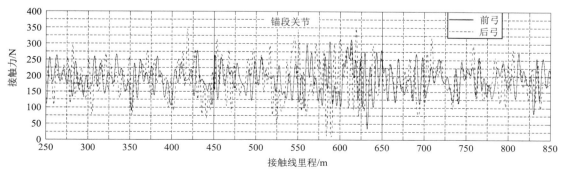

图 4-6-4　京沪高铁接触力仿真曲线

对弓网系统的动态性能进行计算机仿真,既能证明弓网系统各种参数的作用,也能对不同弓网系统的动态相互作用性能进行评估与对比;现场测量的弓网系统的动态性能参数既可用于评估弓网系统性能,也可用于弓网系统的技术诊断。弓网动态性能计算机仿真与现场测量是研究弓网动态特性的必要手段,仿真系统与测量设备需要经过严格的确认才能令人信服。

3. 弓网电气匹配关系

弓网处于静止或低速滑动状态时,接触点的电阻应小且稳定,避免过热;弓网快速滑动接触时,接触材料应具有较强的抵抗摩擦磨耗的能力;弓网离线时,滑板和接触线除要承受振动、冲击等机械作用外,还应具备耐受电弧热侵蚀的能力。

接触线的抗拉强度与温度有一定关系,如图 4-6-5 所示,当接触线温度升高到一定值时,抗拉强度较快下降,影响弓网系统机械性能,甚至造成接触网断线故障,因此,弓网在静态电接触、滑动电接触和可分离电接触各状态均需控制弓网接触点的温度,弓网接触点温度是评价弓网电气匹配关系的关键指标。当弓网在可分离电接触状态,可观测到燃弧现象,控制燃弧现象,可减少弓网因可分离电接触引起的热侵蚀问题,故弓网燃弧也是评价弓网电气匹配关系的另一关键指标。弓网燃弧可通过统计一段区间的燃弧总时间与测量总时间的比值来表征可分离电接触对弓网系统的影响程度,其中最小燃弧持续时间需大于 5 ms。不同运行速度的最大燃弧率见表 4-6-1。

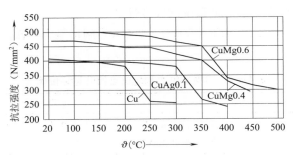

图 4-6-5　温度升高时各种接触线合金的抗拉强度

4. 弓网材料匹配关系

弓网系统接触材料的匹配关系不仅影响传输电能和滑动接触的质量,还影响弓网系统的寿命。交流铁路弓网系统接触材料一般为铜合金接触线和碳质滑板。

接触线和滑板的磨耗不仅与接触材料有关,还与磨耗形式有关。弓网系统的表现形式为滑动接触,因此,机械磨耗属于接触线和滑板磨耗的一种形式。弓网系统的内在要求为传输电能,因此,电气磨耗属于接触线和滑板磨耗的另一种形式。不同磨耗形式的磨耗影响因素不同,其中机械磨耗受到接触材料的机电特性、运行速度和接触力等因素影响,而电气磨耗则受到接触材料的机电特性、电流、运行速度、燃弧持续时间和接触力等因素影响。

根据标准《铁路电力牵引供电设计规范》,接触线允许最大磨耗为截面积的 20%。滑板最大磨耗不仅受到弓网接触点的机械磨耗和电气磨耗的影响,还与拉出值、弓头几何外形有关。通过滑板与接触线的载流摩擦磨耗试验可以对影响接触材料磨耗的因素进行研究。试验台既可以在材料不变时,研究弓网接触力、电流、速度与磨耗的关系,也可以在弓网接触力、电流、速度不变时,研究不同材料组合与磨耗的关系。

5. 弓网系统与接触网、零部件的关系

弓网系统由受电弓和接触网组成,而接触网是由一系列零部件和线索组成的。弓网系统的载荷和位移作用于接触网,除影响接触网的空间姿态外,也会影响接触网零部件和线索的工程寿命,因此,弓网系统的关键指标不仅可以评价弓网系统性能,还可进一步评价接触网零部件和线索的运行状态,如图 4-6-6 所示。

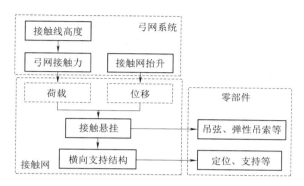

图 4-6-6 弓网系统与接触网、零部件的关系

复习思考题

1. 简述单臂受电弓的基本组成及各部分的功能。

2. 请画出受电弓静态特性曲线图,并依据该图说明弓网系统设计应注意的相关问题。

3. 最小接触线高度和接触线高度最小设计之间有何区别和联系? 如何确定接触线的高度?

4. 简述弓网系统产生电弧的原因与影响。

5. 机械磨耗可分为哪几类? 各自有何特点? 在设计滑板与接触线匹配时应遵循什么样的原则。

6. 表述弓网振动和波动特性的技术参数有哪些? 这些参数在实际工程中有何重大工程意义?

7. 评价受电弓与接触网动态相互作用的主要指标有哪些?

8. 什么是接触力的算术平均值和标准偏差?

9. 如何描述弓网相互作用特性?

10. 在确定接触线和滑板的匹配时应注意哪些问题?

第五章　接触网的设计施工与运营

第一节　接触网设计

一、接触网设计流程

依据《铁路建设项目预可行性研究、可行性研究和设计文件编制办法》(TB 10504—2018),铁路大中型建设项目应在决策阶段开展预可行性研究和可行性研究,在项目实施阶段开展初步设计和施工图设计。小型项目或工程简易的项目可适当简化,其文件应满足项目决策和工程实施的要求。

1. 预可行性研究文件

预可行性研究文件是项目立项的依据,应按铁路建设的长远规划,充分利用国家和行业资料,经调查踏勘后编制。其主要内容包括:客货运量及前景预测,系统研究项目在路网及交通运输中的意义和作用,论证项目的必要性;解决拟建规模、线路起讫点和线路走向方案(改建铁路则应针对其运能与运量不相适应的薄弱环节拟定改建初步方案。铁路枢纽则应结合总图规划拟定研究年度的建设方案。铁路特大桥则应结合线路方案初拟桥址方案和桥式方案);提出铁路主要技术标准、各项主要技术设备设计原则的初步意见和主要工程内容;对相关工程和外部协作条件作初步分析;提出建设时机及工期、主要工程数量、投资预估算、资金筹措设想;初步进行经济评价;从宏观上分析对自然和社会环境的影响。

2. 可行性研究文件

可行性研究文件是项目决策的依据,应根据批准的项目建议书,从技术、经济两方面进行全面深入的论证,采用初测资料编制。主要内容包括:解决线路方案、接轨点方案、建设规模、铁路主要技术标准和主要技术设备的设计原则(改建铁路则应解决改建方案、分期提高通过能力方案、增建二线的第二线线位方案,以及重大施工过渡方案。铁路枢纽则应解决主要站段方案和规模、枢纽内线路方案及其铁路主要技术标准、重大施工过渡方案。铁路特大桥则应解决桥址方案,初步拟定桥式方案);进一步落实各设计年度的客货运量,提出主要工程数量、主要设备概数、主要材料概数、用地及拆迁概数、建设工期、投资估算、资金筹措方案、外资使用方案、建设及经营管理体制的建议;深入进行财务评价和国民经济评价;阐明对环境与水土保持的影响和防治的初步方案,以及节约能源的措施。可行性研究的工程数量和投资估算要有较高精度。

可行性研究文件中,与接触网有关的主要内容有:

(1)气象区、设计用气象条件、污秽区划分及主要地质情况;

(2)接触网新建及改建范围(沿线主要工点和工程说明);

(3)接触网悬挂类型;

(4)线材规格及张力;

（5）主要技术数据：导线高度及允许车辆装载高度、结构高度、跨距长度、锚段长度、侧面限界、绝缘距离、支柱、支持装置、基础及绝缘子选择原则、站场雨棚、桥梁、隧道、跨线建筑物处的接触网悬挂安装类型，电分相及供电分段原则，防雷、接地及回流等。

3. 接触网初步设计和施工图设计

初步设计文件是项目建设的依据，应根据可行性研究文件进行现场调查，采用定测资料编制。主要内容包括：解决各项工程设计原则、设计方案和技术问题；提出工程数量、主要设备数量、主要材料数量、用地及拆迁数量、施工组织设计及总概算；确定环境保护和水土保持措施。

初步设计文件经审查、修改、批准后，作为控制建设总规模和总概算的依据，应满足工程招标承包、设备采购、征用土地和进行施工准备的需要。初步设计概算（静态）与国家批复的投资估算（静态）差额不应大于10%。

接触网的初步设计是根据可行性报告确定的"设计任务书"进行的，主要解决以下五个方面的问题：

（1）电化范围。
（2）主要技术标准的确定。
（3）主要设计原则及配合关系。
（4）经济技术性能比较。
（5）主要工程概算。

初步设计所完成的技术文件为技术说明书和若干装配图。技术说明书应确定的主要技术原则有下列十二项内容：

（1）线路、车站概况。
（2）气象条件及污秽区划分情况。
（3）接触网架设范围。
（4）接触网悬挂类型。
（5）平面布置。
① 接触网平面布置的主要技术原则；
② 供电分段：变电所及分区所位置及供电方式、分相结构及形式、站场、区间及大型建筑物的纵向分段、横向分段；
③ 锚段关节类型及结构形式；
④ 主要数据：跨距长度、锚段长度及补偿形式、侧面限界及绝缘距离；
⑤ 支柱基础处理（不良地质地段、高填方路堤地段等）。
（6）支柱设备及支持装置。
① 区间支持装置形式及支柱类型；
② 站场支持装置形式及支柱、基础类型；
③ 隧道内支持装置，支持形式及方案比较说明；
④ 道岔区接触网线岔设计形式。
（7）附加导线的架设标准。
① 供电线的类型及支持方式；
② 加强导线的类型及架设方式；

③ 其他附加导线(电力线、回流线、负馈线等)的类型及支持方式。

(8)防护措施。

① 防雷保护(大气过电压防护);

② 支柱防护;

③ 接地方式;

④ 绝缘间隙及绝缘配合;

⑤ 特殊抗干扰防护。

(9)接触网运营维修机构。

① 领工区、工区位置、规模及管辖范围;

② 主要维修设备及交通机具。

(10)重大特殊设计的原则及新技术应用。

(11)存在亟待解决的问题。

(12)工程概算资料。

根据上述设计原则,结合电气化铁路的特点,初步设计说明书应附有必要的安装示意图。这些图纸一般包括:腕臂柱安装图、软横跨或硬横跨安装图、隧道悬挂安装图以及特殊设计安装图等。

此外,在初步设计说明书中还应列入接触线、承力索及支柱等设备数量表。

4. 施工图设计

施工图设计是根据批准的初步设计文件进行的,应完成全部施工文件及施工图纸,作为工程施工的依据。施工文件和施工图纸主要有:

(1)施工图设计说明书

① 初步设计审批意见;

② 施工设计的必要说明;

③ 施工注意事项。

(2)附件及附表

① 工程数量表;

② 主要设备表;

③ 主要材料表;

④ 采用标准图、通用图目录;

⑤ 有关协议、重要谈话记录与公文指示;

⑥ 图纸目录表。

(3)附图

① 站场接触网平面设计图;

② 区间接触网平面设计图;

③ 隧道内悬挂平面设计图;

④ 供电线、回流线、捷接线、负馈线、保护线平面设计图;

⑤ 接触网供电分段图;

⑥ 锚段关节示意图;

⑦ 各类支柱装配图;

⑧ 软(硬)横跨装配图;

⑨ 接触悬挂安装曲线(或安装表);

⑩ 各类设备如隔离开关、避雷器、分段绝缘器、吸流变压器等安装图;

⑪ 隧道内悬挂结构图及安装图;

⑫ 中心锚结安装图;

⑬ 电连接图;

⑭ 吊弦安装图;

⑮ 线岔安装图;

⑯ 接地装置安装图;

⑰ 腕臂结构图;

⑱ 定位器设计图;

⑲ 隧道内悬挂下锚结构图及安装图;

⑳ 隧道口悬挂下锚结构图及安装图;

㉑ 接触网工区设计图;

㉒ 支柱设计图;

㉓ 基础设计图;

㉔ 硬横梁设计图;

㉕ 零件设计图册;

㉖ 大型建筑防护网、防护栅;

㉗ 非标零件设计图;

㉘ 其他设计或特殊设计图。

施工图是工程实施的依据,应根据已审批的初步设计和补充定测资料编制,为施工提供所需的图表和必要的设计说明,详细说明施工注意事项和要求,并编制投资概算。当所有设计文件都按要求设计完成之后,工程进入施工阶段。

在施工设计阶段,如因情况发生变化,当技术标准与确定的技术原则或鉴定意见不符合时,应报有关主管部门。

施工阶段,设计单位要派技术人员到现场进行施工配合或技术处理。解决由于现场勘测数据不准等各种原因造成的遗漏、疏忽甚至错误。设计单位的技术人员应配合施工部门在现场就实际存在或新出现的问题,进行就地协商处理,以免影响工程进度或工程质量。

工程施工完成后,设计单位还应参加工程部门与业主共同组织的竣工验收工作。

二、接触网平面图

1. 平面图简介

接触网平面图是指依据《铁路工程制图图形符号标准》(TB/T 10059—2015)(见本书附录一)表示的具体描述接触网结构和技术参数、技术性能、设备安装位置的平面布置图,它综合了接触网结构、设备,设计计算,平面图绘制等知识,集中反映了接触网设计的主要技术原则,是接触网施工和运营维护的主要技术依据。

接触网平面图由平面图、表格栏、主要工程数量及材料表、设计说明、图标五部分组成,见本书附录二和附录三。

表格栏位于平面图下方,内容包括:支柱侧面限界、支柱类型、地质条件、基础类型、软横跨节点(站场图纸)、安装图号、附加导线的安装高度和安装图号等原始技术参数。表格栏的每一组技术数据都对应着一根支柱或一个支撑点。

(1)支柱侧面限界

根据《铁路电力牵引供电设计规范》(TB 10009—2016)直线区段,通过超限货物列车,正线或站线支柱侧面限界必须大于 2 440 mm,考虑施工误差后取为 2 500 mm;不通过超限货物的站线支柱侧面限界必须大于 2 150 mm。曲线区段按《标准轨距铁路建筑限界》的规定加宽。

曲线外侧的支柱侧面限界

$$C_x = 2\ 440 + \frac{4\ 400}{R} \tag{5-1-1}$$

曲线内侧的支柱侧面限界

$$C_x = 2\ 440\cos\theta + H\sin\theta + \frac{40\ 500}{R} \tag{5-1-2}$$

式中　R——线路曲线半径(m);

H——计算点至轨平面的高度(mm),接触网支柱一般取为 3 100;

θ——外轨超高引起的倾斜角(°),$\theta = \arctan(h/\delta)$;

δ——轨距(mm);

h——外轨超高(mm)。

在大型机械化养护的路基路段,支柱侧面限界困难时不应小于 3 100 mm,牵出线处支柱侧面限界不应小于 3 500 mm。

(2)支柱类型

标明对应支柱的型号。因支柱均为定型产品,为简便起见,平面图中的支柱类型常常简写,不写型号中的分母部分。

(3)地质

支柱基础的设计和选型与支柱所在处的土壤特性密切相关,地质栏应清楚标明支柱所在位置的土壤种类及容许承载力,挖、填方等基本情况。

土壤容许承载力表示为"±n","+"表示填方、"−"表示挖方;"n"表示土壤的容许承压力,单位为"kPa"。

土壤容许承载力还可用土壤安息角(±n°)表示,"±"的意义同上,"n°"表示土壤安息角。土壤安息角是指松散的砂土在自身重力作用下个别地自由地运动所形成的与水平面的自然坡度角。

土壤容许承压力与土壤安息角的对应关系如表 5-1-1 所示。

表 5-1-1　土壤容许承载力与土壤安息角对应关系表

土壤容许承载力(kPa)	100	150	200	250	300
土壤安息角(°)	17~20	30	35	40	40 以上

(4)基础(横卧板)类型

基础类型一栏应标明基础(针对钢支柱)及横卧板(针对直埋式钢筋混凝土支柱)的类型和

数量。选型的理论依据是基础稳定性校验。

（5）支持与定位设备型号或软横跨节点

对应每根支柱都应标明平腕臂、斜腕臂、定位管、定位器的型号和规格，表示方法如下

$$\frac{平腕臂＋斜腕臂}{定位管＋定位器}$$

对应每个软横跨，应按照从图纸上方到下方的顺序填写软横跨节点，并与软横跨支柱和各股道定位对齐。

（6）安装图号

安装图号是指支柱装配图号。由于接触网支柱装配形式繁多，为了设计的标准化和规范化，提高设计效率，国家铁路局或各设计单位将支柱装配结构进行规范定型，每一种定型后的支柱装配图都给定一个代号，这个代号就是安装图号。表 5-1-2 为直线区段绝缘转换柱的安装图号（此表仅供学习参考，因近些年来新材料和新技术应用较多，应注意新安装图）。

表 5-1-2　直线绝缘转换柱(ZJ1)安装图号

类型	R(m)	侧面限界(mm)	形式	拉杆	腕臂	定位管	定位器	安装图号
ZJ1	直线	$2\,500{\leqslant}C_x{<}2\,700$	工	12	2-2.6	1-960	A1	1120-04(1)
			非	Y 改	2-2.6	1-1150		
		$2\,700{\leqslant}C_x{<}2\,900$	工	16	2-2.8	1-960	A1	1120-04(2)
			非	YD	2-2.8	1-1500		
		$2\,900{\leqslant}C_x{<}3\,100$	工	16	2-3.0	1-1150	A1	1120-04(3)
			非	YD	2-3.0	1-1500		
		$3\,100{\leqslant}C_x{<}3\,400$	工	21	2-3.2	1-1500	A1	1120-04(4)
			非	YD	2-3.2	1-1500		
		$C_x{=}3\,400$	工	21	2-3.4	1-1500	A1	1120-04(5)
			非	YD	2-3.2	1-1850		

接触网安装图在不断地推陈出新，设计接触网时应注意新技术和新装配形式的应用。

（7）其他

在表格栏或图注内，还应标明接触线高度。如有附加悬挂，还应标明附加悬挂的安装高度和安装参考图号。

（8）工程数量统计表

工程数量统计表位于平面图的右上角，表中应注明主要设备、线材、部件及构件的数量、规格、型号，如避雷器、隔离开关的型号、规格和台数，接触线和承力索的规格和长度，各类支柱、横卧板、基础、拉(压)管、腕臂、定位管、定位器、线岔、分段绝缘器、悬式绝缘子、棒式绝缘子的型号、规格和数量。

（9）说明或附注

一张完整的接触网平面图决不允许存在有似是而非或不确定的问题，必要时可用少量文字加以说明，如无法用图形符号表达的、不易标注清楚的、为避免重复的，设计中有特别协议、约定和规定的、新产品或新设备应用等均需用文字来表达，再如接触线坡度、接触线型号、悬挂类型、道岔柱定位形式、支柱及距带电体 20 m 以内的金属体接地方式、支柱特殊安装条件、悬

挂零件的改形、某些特殊设计等均需用文字来表达。

（10）图标

常用图标式样两种，如图 5-1-1 和图 5-1-2 所示。图 5-1-1 为一号图标，用于首页图纸或者较重要的图纸（如各种总图及主要平面图）。图 5-1-2 为二号图标，用于除一号图标以外的其他图纸。

图标内的字体使用仿宋体，单位名、工程名称、图名的字体，高 6～8 mm，其余字体高均为 4 mm，字体高度与宽度的比例为 1：0.7。

设计号写法：ABX-C。其中：A 表示年份，B 表示地区或铁路线路拼音缩写，X 为编号，ABX 合起来为工程设计编号，-C 表示子项序号。例如：$2008CD_7-01$。

图别写法：DE-F。其中：D 指专业词头，E 指设计阶段词头，-F 变更设计序号。

图号写法：G/H。其中：G 指成册图纸序号，H 指图纸总页数。例如：1/15、6/8 等。

设计单位名称		工程名称	
设　　计		设计号	
复　　核		图　　别	
专业负责人	图　名	图　　号	
院总工程师		比　　例	
所总工程师		日　　期	

图 5-1-1　一号图标示意图

设计单位名称		工程名称	
设　　计		设计号	
复　　核	图　名	图　　别	
审　　核		图　　号	
		日　　期	

图 5-1-2　二号图标示意图

2. 平面图设计

接触网平面图设计可分为室内设计、外业测量和修改整理三个阶段。

室内设计是根据线路平面图和纵断面图，初步确定支柱位置、锚段长度及中心锚结和锚段关节的位置，提出现场测量需要注意的有关事项。

室内设计是否符合现场的实际情况，需经过外业测量才能得知。外业测量的内容主要有：支柱在线路上的位置；桥隧建筑物的净空高度、宽度及与邻近支柱的距离；需要采用特殊设计地段的地形地貌及特殊设计所需的其他资料；平交道、地道的宽度及与邻近支柱的距离；站台及站舍与接触网支柱的相对位置；股道预留情况；车挡后允许埋设支柱的范围；必要的路肩宽度；与埋设接触网支柱及吸流变压器有关的地形地貌，填方或挖方等地质资料；与埋设支柱有关的必要的线间距等。

外业测量是根据支柱布置初步设计方案进行的，进行外业测量前，平面图应具备下列内容：跨距及支柱编号；必要的侧面限界；曲线的半径、长度、起迄点；锚段长度及中心锚结位置；站场的中心里程，道岔位置及辙岔号；桥隧建筑物的长度、里程及桥梁的结构形式；小桥涵、平交道、地道等的位置;自动闭塞区段信号机的位置;接近桥隧建筑物的支柱与建筑物的距离;测量起点及终点;吸流变压器的位置等。

外业测量主要是核对室内设计与现场情况是否相符,支柱埋设有否困难。纠正室内设计的错误,同时记录和收集与原设计资料相差较大的特殊情况。测量后应及时整理确认最终的支柱位置。特殊地段应根据实际需要确定特殊设计方案。

修改整理是将外测资料汇总整理,对室内设计进行必要的调整和修改,完成平面图的全部设计内容。

3. 站场接触网平面布置

站场接触网平面布置的主要依据是站场的平面图和纵断面图以及站场范围内的桥梁、涵洞和隧道等图表。站场接触网平面布置包括放图、支柱布置、划分锚段、确定拉出值、确定支柱类型、选择安装图号及软横跨节点、选择基础及横卧板类型、设备安装,支柱编号、填写主要设备材料表等内容。

（1）放图

依据车站平面图,将与接触网有关的建筑物位置及相关数据描绘制图的过程称作放图。放图的主要内容有:

① 全部电化股道(包括近期和远期规划的电化股道)。

② 与架设接触网有关的非电化股道。

③ 股道编号及线间距。

④ 道岔编号、型号及站内最外方道岔中心里程。

⑤ 曲线起止点、半径、总长;缓和曲线起止点、总长;桥梁名称、中心里程、总长、孔跨式样及结构形式。

⑥ 隧道名称、起讫里程及总长。

⑦ 涵管、虹吸管、平交道、地道、天桥、跨线桥、架空渡槽等的中心里程及宽度。

⑧ 站场名称、中心里程、站台的长宽高、线路两侧与接触网架设有关的建筑物(如站舍、雨棚、仓库、扳道房、起重机械、煤台及上、下挡墙等)。

⑨ 进站信号机的位置及里程。

（2）支柱布置

从站场两端最外端道岔(1号和2号道岔)的道岔定位柱开始,依次向车站中心布置支柱,最后完成道岔外侧的支柱布置。

支柱布置应遵循以下基本原则:

① 正线上的道岔柱位置及装配形式应能满足受电弓高速受流的技术要求。

② 尽量采用设计允许最大跨距值,以减少支柱数量,降低工程造价。除特殊情况外,相邻跨距之比不应大于1:1.5,桥梁、隧道口、站场咽喉区等困难地段可放松至1:2.0。绝缘锚段关节内,转换柱与中心柱间的跨距应较正常跨距缩减5~10 m。

③ 当跨距跨越直缓(ZH)点时,跨距值可选用直线跨距值,但必须校验接触线的风偏值;当跨距跨越圆缓(YH)点时,跨距值可选用曲线 跨距的最大值。

④ 绝缘锚段关节的位置不受站场信号机位置的限制,但其转换柱位置应设在距站场最外道岔尖50 m以外,以便于机车转线。

⑤ 应尽量避开风雨棚、站房、仓库、跨线桥、涵洞、信号机等建筑物。站台上要少设支柱,

并尽量与站台风雨棚的立柱共用,站内重要房舍(如值班室)近旁的支柱不得正对门或窗,要注意考虑支柱对通风、采光和环境美观的影响,站房两边的支柱应尽量对称设计。

⑥ 位于基本站台或中间站台上的支柱,其线路侧内缘到站台边缘的距离不得小于1.5 m,基本站台上的软横跨柱的支柱侧面限界一般不小于5.0 m,路肩上的支柱侧面限界不小于3.0 m,牵出线上的支柱侧面限界为3.5 m,最小不得小于3.1 m。

⑦ 位于股道中间的支柱必须保证两侧支柱侧面限界的要求;对于站内远期预留的电化股道,应对其支柱容量和侧面限界留有余量;单线腕臂柱的位置和容量可不考虑预留。

⑧ 下锚柱位置的选择应考虑下锚拉线的安设位置,在下锚支柱后 10 m 范围内不得有影响拉线安装的任何障碍物。

⑨ 位于线路终端的支柱,其距车挡的距离不宜小于 10 m,因地形限制不能满足这一要求时,支柱应设在线路的另一侧。

(3)锚段划分

锚段的划分应注意以下几点:

① 锚段关节不能设于道岔区。

② 中心锚结的位置应使两半锚段的张力差尽量相等,相差应在 100 N 以内。

③ 原则上一股道一个锚段,但必要时需对锚段进行拆分或合并。对于较长的正线可设一个半或两个锚段,在站内通过三跨或四跨非绝缘锚段关节衔接;对于不长的站线、货线、渡线应尽量合并到相邻线路的锚段中去,不得已时也可自成一个锚段。高速线路的正线要独立分段,并保证其接触悬挂的独立性。

④ 合理确定锚段走向,使锚段横向穿越的股道数最少,尽量避免二次交叉。为了避免接触悬挂的二次交叉,两组接触悬挂在通过相邻两道岔时可平行布置。如图 5-1-3 所示的锚段走向,第 3 组悬挂和第 5 组悬挂在渡线区域各交叉一次(图中①②标注处),这是比较合理的布置。同样的线路,另一种布置形式如图 5-1-4 所示,在图中,第 4 组悬挂和第 3 组悬挂各交叉两次(图中①②③标注处),这种布置会给施工和运营维护带来诸多不便。

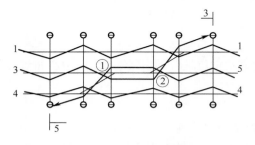

图 5-1-3　一次交叉示意图

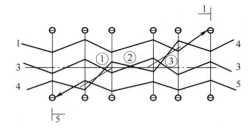

图 5-1-4　二次交叉示意图

⑤ 锚段关节一般设置于站场和区间的衔接处、变电所及分区所附近,确定锚段关节的形式和位置应遵守以下原则:

站场和区间的衔接部一般设绝缘锚段关节。

在有牵引变电所及分区所的车站,变电所及分区所侧可设非绝缘锚段关节,同时设分相绝缘器;设计速度 120 km/h 以上的接触网应一般采用带中性段的绝缘锚段关节式电分相结构。

站场两端的绝缘锚段关节应设在最外道岔与进站信号机之间,靠近站场的转换柱与出站道岔岔尖的距离不小于 50 m,以便于站内电力机车转线。

（4）确定拉出值

确定拉出值从道岔较集中的区域开始。对于大站,则应在咽喉区道岔处画出局部经放大后的接触悬挂路径图(咽喉区放大图),明确相邻道岔接触线拉出值和线岔的分布情况。选定拉出值时,应保证在最大风负载作用下,跨距中任一点接触线的最大风偏移值不超过技术要求。对于道岔连接曲线上的拉出值,在选定后应进行接触线风偏移校验,当超过设计要求时,在线路条件允许的情况下可增设定位柱加以解决。

（5）绘制咽喉区放大图

在确定完锚段及其走向后,应绘制站场咽喉区放大图,如图 5-1-5 所示。绘制咽喉区放大图的目的是让施工人员看清每一组悬挂的起锚和落锚位置和走行线路(走向)。

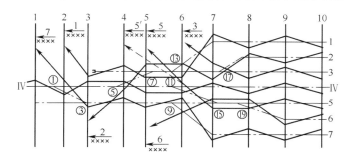

图 5-1-5 咽喉区放大图

绘制咽喉区放大图应遵循以下基本原则:

① 纵向比例,横向比例合适,以看清每组悬挂走向为宜。

② 从靠近站场中心一侧的道岔开始,逐步向区间衔接处绘制,保持正线与区间衔接。

③ 为保证道岔交叉布置的定位,避开二次交叉,允许两组悬挂在同一跨距内平行等高布置。

④ 应保证两组悬挂的交叉点位于定位点与辙岔之间。

⑤ 放大图应明确标明锚段(股道)编号、长度及下锚位置。

⑥ 对于无交叉线岔,应明确标出定位柱位置和相应的无交叉布置标志。

（6）设备选型

依据设计计算,选择腕臂支柱和软(硬)横跨支柱。软横跨最多跨越 8 股道,当超过 8 股道时,应根据站场实际情况,在合适的股道间增设一根软横跨支柱,该支柱的容量和类型应与较多股道一侧的软横跨支柱相同。

在装卸作业繁忙容易发生碰毁支柱的场所,应采用钢支柱,并对支柱采取必要的防护措施;在软横跨钢柱上下锚时,可将普通钢柱容量加一级,并对该支柱硬锚。

根据支柱号编排原则对每根支柱进行编号。支柱号编排原则是:站场和区间支柱分开单独编号;单线区段,支柱从上行至下行依序编号;复线区段,下行线支柱为单号,上行线支柱为双号,从上行至下行依序编号。站场支柱编号同复线区段。列车开往北京方向为上行,列车离开北京方向为下行。列车靠左行驶。

根据支柱所在位置、侧面限界及用途,通过接触网安装图选择不同的装配结构,并将所选图中的平腕臂(或水平拉杆)、斜腕臂、定位管、定位器等设备的规格和软横跨节点及安装图号，一起标注在接触网平面图中的表格栏内。

根据地质条件(土壤承压力或安息角)选择基础或横卧板类型。

(7)确定设备安装位置

根据供电分段，确定分段绝缘器、隔离开关、绝缘锚段关节、电连接、线岔、避雷器、接地线的安设位置。

隔离开关的安装位置应便于电连接跳线，并符合操作机构的操作方向(操作手柄应朝向田野侧)。绝缘锚段关节处的隔离开关应装设在非工作支支柱侧的绝缘转换柱上(即开口侧)；小站在站场中部设一处股道电连接，大站在站场两端机车起停位设两处股道电连接线。

凡能通行机动车的平交道口均应设限界门，限界门的限制高度为 4.5 m。

根据供电要求，应在牵引变电所(或分区所)所在站场设置接触网电分相，具体位置应综合考虑电力机车(或动车组)的运行方式，调车作业、供电线路的合理性及进站信号机位置和显示要求。

(8)编写主要设备材料表

接触网主要设备材料表包括各种线索、横卧板、基础、隔离开关、分段绝缘器、分相绝缘器、避雷器、支柱等设备的型号和数量；安装图号和软横跨节点的编号及数量。

(9)编写必要的技术说明

技术说明包括接触网平面图的设计依据、悬挂点处接触线的工作高度、各股道悬挂类型、道岔定位及设计时必须明确的主要技术原则、接地线情况及一些特殊地段的设计说明等。

4. 区间接触网平面布置

完成站场接触网平面布置后，进行相邻区间的接触网平面布置。车站与区间接触网应相互衔接。站场接触网平面布置的原则、方法、步骤及内容(站场特有者除外)均适用于区间接触网的平面布置。

(1)放图

区间接触网平面布置所依据的线路资料为详细纵断面图(竣工图或施工图)以及区间内的桥梁、涵洞、隧道图表等。放图时应按接触网平面布置的要求，绘出线路平面示意图及与接触网布置有关的内容，绘制比例为 1:2 000。

(2)支柱布置

从车站两端锚段关节处开始，尽量采用最大允许跨距，且相邻跨距的长度比符合技术规范要求；应避开涵洞、小桥、小隧道等建筑物；在曲线区段，特别是小半径曲线(包括缓和曲线)区段，支柱应尽量设在曲线外侧，以便于施工和维修。

在单线区段，为了不妨碍信号标志的显示，在远方信号机及进站信号机前的支柱应尽量设在信号机的对侧，如果同侧布置应适当加大支柱侧面限界。在曲线区段，支柱应设于信号显示前方 5 m 以远的地方。

由于缓和曲线每一点的曲率均不相同，允许跨距也不一样，布置支柱的灵活性较大。一般情况下，缓和曲线的允许跨距应小于直线、大于曲线的允许跨距，为了便于调整，不宜选得太大。选定拉出值时，应使接触线与受电弓的运行轨迹相割或相切。

隧道口的跨距应与隧道内跨距相配合,相邻跨距之比不超过 1.5;隧道口接触线坡度变化不应超过规定的许用值,承力索的升高应保证承力索与隧道顶之间的绝缘间隙;当隧道内采用简单悬挂,而隧道外为链型悬挂时,隧道口应设横向电连接,以免烧毁吊弦。

(3)锚段、锚段关节及中心锚结

与站场衔接处按站场要求选定;区间一般设三跨或四跨非绝缘关节;锚段关节的跨距小于 45 m 时最好采用异侧下锚,以避免转换柱腕臂上的水平拉杆(或手腕臂)受压。

在地形差异不大时,区间内各锚段的长度应尽量相同或相近。

中心锚结两边的张力差应尽量相等。

(4)悬挂布置

在复线电气化区段,上下行接触网在机械和电气上应尽量独立,不发生直接联系。接触网通过跨线桥、天桥、桁架桥等建筑物的方式视具体情况而定,但任何通过方式都要保证线索在极限温度条件下或被受电弓抬升后对地有足够的绝缘间隙,并留有一定的安装调整余量。当接触线高度改变时,一定要注意其坡度变化是否符合相应技术标准。

(5)上拔力校验

对于链型悬挂,当承力索在支柱悬挂点的高差较大时,应校验上拔力。如果存在上拔力,则应采取相应措施消除。

(6)支柱编号

参见站场支柱编号原则。

5. 隧道内接触网平面布置

隧道内接触网的平面布置内容主要包括跨距、悬挂点数量、安装埋入孔位置、定位点配置、拉出值、锚段关节及中心锚结位置的确定。

(1)一般原则

① 尽量采用最大允许跨距,直线区段跨距的大小取决于允许的接触线弛度,曲线区段取决于接触线的允许弛度和接触线对受电弓中心的最大水平偏移。跨距越大则接触线弛度越大,在满足接触线最低高度的条件下,对隧道净空的要求也高。

② 一般在距隧道口 1.0 m 中安设第一个悬挂点。隧道口内第一个悬挂点的位置及接触线的拉出值应与隧道口外第一根支柱的位置及接触线拉出值相协调。线索在规定坡度及抬升量下对拱顶的距离不小于相关技术规定。

③ 隧道内的锚段长度应与隧道结构和尺寸相适应,并符合线路设计等级要求。对于普速接触网,长大隧道(包括隧道间无法设锚段关节的隧道群)内,应利用隧道内已开挖的锚段关节断面。

④ 结构高度应保证最短吊弦长度不小于 250 mm。设计隧道定位点时,根据悬挂的跨距,可以每个悬挂点设定位,也可隔 1~2 个悬挂点设定位,接触线对受电弓中心的偏移不超过 450 mm。

(2)悬挂点中心与线路中心的距离

为便于施工时找准安装埋入孔位置,保证施工完成后接触线与受电弓中心的距离符合设计要求,在进行隧道接触网的平面布置时应给出悬挂点偏离线路中心的具体位置和距离,并在平面图中逐一标明每一悬挂点和定位点的偏离值,即 δ 值。

悬挂中心偏离线路中心的距离与线路条件、定位点配置、跨距和拉出值的大小有关。简单悬挂宜采用较小跨距且每隔 1~2 个悬挂点定位一次;半补偿链型悬挂宜采用适中跨距且每个悬挂点定位一次;全补偿链型悬挂宜采用较大跨距且每个悬挂点都需定位。

直线区段定位悬挂点的偏离值等于拉出值($\delta=a$)。

直线区段非定位悬挂点的偏离值:隔 1 个悬挂点时 $\delta=0$;隔 2 个悬挂点时 $\delta=a/3$。

曲线区段悬挂定位点处偏离距离(图 5-1-6)

$$\delta=C-a \tag{5-1-3}$$

曲线区段非悬挂定位点处,隔 1 个悬挂点时

$$\delta=C-a+l^2/2R \tag{5-1-4}$$

曲线区段非悬挂定位点处,隔 2 个悬挂点时

$$\delta=C-a+l^2/R \tag{5-1-5}$$

式中　C——受电弓中心对线路中心的偏移;

　　　a——定位点的拉出值;

　　　l——跨距;

　　　R——曲线半径。

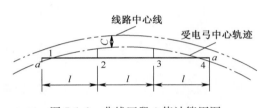 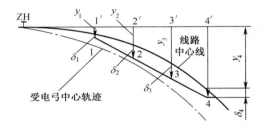

图 5-1-6　曲线区段 δ 值计算用图　　　　图 5-1-7　缓和曲线 δ 值计算用图

缓和曲线区段的偏离情况如图 5-1-7 所示,图中的 2、3 点为非定位悬挂点,1、4 点为定位悬挂点。1、4 点 δ 值的计算方法与曲线区段完全相同。2、3 点 δ 值的计算方法较为复杂。现以图 5-1-7 为例介绍它的计算方法:

① 求出 1、4 点的 δ 值,分别用 δ_1 和 δ_4 来表示。

② 由缓和曲线计算式求出悬挂点 1、2、3、4 处的支跨 y_1、y_2、y_3、y_4。

(工程上常用放射螺旋线方程表示缓和曲线,为了简化计算,可取 $y=x^3/6R \cdot l_0$,式中,R 表示与缓和曲线相连接的圆曲线的半径;l_0 是缓和曲线长度;x 是 ZH 点至计算点的距离。)

③ 由 $\overline{11'}=\delta_1+y_1$ 和 $\overline{44'}=\delta_4+y_2$ 求出线段 $\overline{11'}$ 和 $\overline{44'}$ 的长度。

④ 利用几何相似关系求出 $\overline{22'}$ 和 $\overline{33'}$ 的长度。

⑤ 从图 5-1-7 中可以看出:$\delta_2=\overline{22'}-y_2$;$\delta_4=\overline{33'}-y_3$。

6. 桥隧接触网预留

新建电气化铁路时,桥梁上和隧道内需要预留支柱基础,悬挂点基础,下锚或锚段关节的空间位置(当需要时)。桥隧设计应考虑接触网的要求,并将该部分工程的施工也纳入相应的土建工程中,这一方面可节约成本,避免二次施工对桥隧的破坏,另一方面也有利于增加接触网基础的稳定性和可靠性。

(1)桥梁上预留

当桥梁总长超过接触网允许跨距时,应在桥梁的适当位置预留支柱基础。T 形梁桥预留

位置在桥墩上，箱梁桥预留在梁上且距桥墩 10 m 左右，预留基础应符合桥梁和接触网两专业的要求；当桥梁长度超过接触网一个锚段长度时，应考虑在桥梁上预留接触网下锚位置。当接触网补偿张力较小时，承力索与接触导线可在同一根支柱上下锚，当接触网补偿张力较大时，承力索与接触导线可分别在两根支柱下锚，接触线先下锚，承力索后下锚。

（2）隧道内预留

在隧道内，通常需预留悬挂点位置和下锚位置（如果需要的话）。悬挂点位置预留应根据隧道净空、接触线张力、结构高度、隧道内跨距，隧道口支柱位置等因素确定。

当需要在隧道内下锚时，应根据补偿装置的类型预留放置空间以及维护保养作业的空间。在隧道内预留下锚位置时，应注意锚段关节类型和非支抬升后的绝缘距离是否满足技术要求，预留绝缘锚段关节和电分相位置时还应考虑隔离开关的安装位置。

如果隧道断面不够，则必须加大断面开挖，如果隧道净高不够，则必须加高锚段关节所在位置的隧道净空，隧道开挖量由实际净空及预留关节类型确定。

第二节　接触网施工

一、接触网施工流程

接触网工程分为下部工程和上部工程，支柱及以下工程为下部工程，其余工程为上部工程。接触网施工从下部工程开始，下部工程的主要施工项目完工后才进行上部工程的施工。施工流程如图 5-2-1 所示，包括施工准备、施工测量、下部工程施工、上部工程施工、静态试验、动态试验和竣工验收等 12 个阶段。

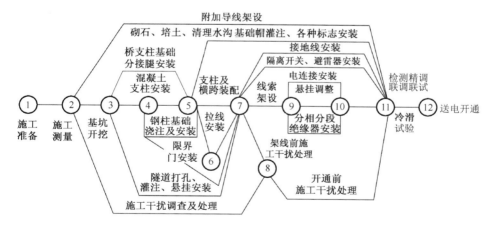

图 5-2-1　接触网施工流程参考图

施工准备的内容众多，包括人员、物资、设备、技术、外围环境（包括人文环境和施工环境）等各个方面，可简单归纳为：

① 熟悉工程合同、工程设计文件及与工程有关的各类规范和标准；

② 开展实地施工调查，与施工有关单位签订各项合同或协议，建立协作关系；

③ 编制实施性施工组织方案和施工计划，施工预算；

④ 准备施工所需的技术、物资、生活设施、施工机具、施工队伍；

⑤ 临时设施的建设及拆迁；

⑥ 各项管理制度的制定,如劳动工资、定额、奖惩制度、分配办法等。

施工准备是施工全过程的首要环节,它直接影响开工日期,工程进度,工程质量和施工安全,也关系到工程效益的好坏。

在各项准备工作就绪后,施工单位应编制开工报告,并于开工前 10 天报送工程主管部门和业主审批备案。

接触网工程开工必须具备以下条件:施工文件和图纸能满足施工要求;施工复测已基本完成,施工标桩完备;与接触网工程有关的线路改造工程已基本完工;在既有运营线上施工所需的施工封锁计划已安排,并能满足接触网占用线路作业要求;与铁路线路交叉、跨越、接近的通讯、电力、电缆、水管、油管、气管及其他建筑物和设备的拆迁工作已不影响接触网作业;主要材料及设备已能满足施工需要;施工组织方案、施工预算已经编制;站前工程的相关工作已完成,满足接触网施工需要;工地布置,临时房屋、运输道路、通信设施、水电等能满足开工要求;施工安全措施符合国家法律和安全规程要求;开工报告已批复和备案。

二、下部工程施工

下部工程施工的主要内容有基坑测量定位、基坑开挖、基础浇制、桥梁隧道打孔及其灌筑、钢筋混凝土支柱安装及调整、钢柱安装与整正、锚板与拉线安装、水沟清理等。

开工前应积极主动地与工务、电务、车务等单位取得联系,签订相关安全配合、机械设备停靠和大宗物资存放等协议,为顺利开工和施工安全创造条件。

为消除基坑开挖对路基稳定的影响,应根据基础尺寸和基础安设点的地质特点进行必要的坑形设计,并提前与工务部门沟通,在施工地段内选几处有代表性的地点进行试挖,总结经验,进一步优化《基坑开挖作业指导书》,尽最大限度减少基坑开挖的工作量以及对路肩的损坏程度。

1. 基坑开挖

根据土壤的稳定特性,采用合理的开挖形式和防塌措施,按照"快挖(挖坑)、快立(立杆)、快浇(浇筑基础)"的原则,消除隐患。对石质基坑,硬土类基坑采取挖小坑,一般不需要防护;碎石类采取挖小坑,局部木板箱式沉井法支撑防护;坚石坑采用小药量控制爆破,用小型压风机带风枪打炮眼,用电雷管引爆,爆破时坑口覆盖防护网,四周派专人防护,离公路较近的地方还要到公路上进行人员、车辆的防护,引爆后及时清理施工现场,在距离电缆、房屋、桥涵很近的地方不得进行爆破,采取人工开挖法施工。

对处于流沙类地质或高水位地质段的支柱基础,应首先采用整体打入桩基础,尽量不采用明挖方法,当地质条件或施工条件不允许,可采用沉井法、围栏支撑法和板桩支撑法施工。

2. 基础浇筑

混凝土所用材料符合规定,需通过试验得出水泥、砂、碎石和水的配合比,对施工用水需进行检测,经检验合格后方可使用。

浇筑前应请监理工程师对基坑的断面尺寸进行检查,合格后方可进行浇筑施工并填好隐蔽工程记录。安装模型板时,用经纬仪确定方向,水准仪确定标高,钢尺确定限界,确保安装质量。为减少钢柱整正工序,宜先将支柱的倾斜度换算成基础顶面坡度,并用水准仪控制基础顶面标高,实现"无垫片整正"。

浇筑时宜采用钢模型板进行作业；粗细骨料、水灰比、配合比按施工前试验确定的要求，用专用量具计量进行施工。为防止混凝土发生离析，在混凝土浇筑自由下落高度大于 3 m 时应采用设置斜槽或竖向吊桶等工具。灌注混凝土必须连续进行，如必须间断，间歇时间不得超过 2 h。

在浇筑中，灌筑分层进行，逐层捣实，每层振捣厚度不大于振捣棒有效工作部分的 1.25 倍，布点采用梅花插点，每捣固一次随时复核基础地脚螺栓尺寸；振捣器在振捣时与模板或坑壁保持 100 mm 的净距，并不得触及地脚螺栓；基础边角处进行人工捣固；同时按照要求制作试块，按时送检。振捣器的振动时间以混凝土不再下沉，不出现气泡，表面开始泛浆为止，防止振动过量。在边角处要用人工重新捣固一次。浇筑完成后必须将表面抹光滑。

基础混凝土填入片石的数量不大于混凝土结构体积的 25%，片石尺寸不大于所在位置基础结构最小尺寸的 1/3，与模型板的距离不小于 150 mm，且用前用水冲洗干净，片石间距大于 100 mm。

浇筑完毕 12 h 后，在基础表面覆盖草袋或其他物品对基础进行覆盖并加水养护。天气炎热、干燥有风时，在灌注后 3 h 进行覆盖并浇水，浇水次数以保持混凝土表面湿润为原则。日平均气温低于 5 ℃时，不浇水。混凝土的养护用水与搅拌时的用水相同。基础初凝期，根据天气情况，保持基础湿润为原则，养护周期为 28 天。

高速接触网的基础施工与线路、桥梁一并进行。接触网立杆前，对螺栓位置不合适的基础进行了复验；对侧面限界偏差大于 100 mm 的基础采取整体移位，保证工程质量。

3. 支柱安装

支柱安装的程序为：外观检查、装杆、坑位尺寸复核、吊立、整正、回填。

混凝土支柱主要检查外表面是否光洁平直，有无麻面和粘皮（局部麻面和粘皮面积不应大于 24 cm²）。支柱下翼缘不应漏浆，翼缘下不应有硬伤掉角，非翼缘处不应有碰伤，翼缘不得有裂纹。一根横腹杆最多出现两条裂纹，且未贯通，最好是无裂纹。支柱翼缘实体部位和其他裂纹不得多于两条，裂纹宽度不应大于 0.2 mm，且受拉、受压面不得贯通。

钢柱不应有弯曲、扭转现象；焊接处无裂纹。钢柱底脚的基础螺栓孔距尺寸偏差不大于 ±2 mm。钢柱主角钢弯曲度不大于 1/750。分节组装的钢柱连接紧固密贴，中间不得加钢垫片，且中心线与中间法兰连接平面不垂直度不大于 H/1 000。热浸镀锌钢柱，锌层应均匀、光滑，连接处不得有露铁、毛刺、锌瘤和多余结块，不得有过渡酸洗造成的蚀坑、泛酸等缺陷。

吊装支柱前，技术人员应对支柱进行外观检查，不合格的严禁装车。施工人员应根据《立杆施工表》吊装支柱，遵循"先入后出"原则，先立的支柱放于平板车最上层，防止和避免倒杆作业。

混凝土支柱采用两点支承法（支承点分别在支柱根部第一腹孔和支柱上部第二腹孔处）装卸和起吊，并遵循"轻起轻放"原则，起吊用的钢丝绳应套上胶皮管；起吊时支柱翼缘的侧面应朝上；1 次起吊支柱数量不超过 2 根；软横跨支柱吊装时应将主筋少的翼缘侧面朝上。

钢柱在起吊装卸时，用一个短钢丝套子连接在支柱重心处的主角钢上。

钢柱立杆前应对基础埋深、基础地脚螺栓除锈、除污情况及螺栓间距误差（小于 ±2 mm）等情况进行检查，合格后方进行安装施工。用水准仪测量基础每个地脚螺栓在基础面处的标高，计算出每个点的高差，确定调整支柱时所需垫片的型号、数量，记录有关数据。

混凝土支柱立杆前，应对支柱基坑的埋深、侧面限界以及锚柱底板的安放、电缆防护情况进行复核。

钢柱安装好后,用厚薄不同的钢垫片垫在钢柱主角钢下面调整钢柱倾斜度,整正钢支柱。每块钢垫片面积不小于 50 mm×100 mm。每个主角钢下的垫片数不多于 3 片。直线上和曲线外侧的 13 m 钢柱的外倾率为 0.5%~1%,15 m 钢柱的外倾率为 1%~2%。应按对角循环顺序紧固基础螺栓的螺帽。

整正混凝土支柱时,支柱应直立,锚柱端部应向拉线侧倾斜,其斜率不大于 2%;曲线外侧和直线上的腕臂柱外倾斜率为 0~0.5%,软横跨混凝土支柱外倾斜率为 0.5%~1%;曲线内侧支柱和安装隔离开关的支柱均应直立,施工偏差为 0.5%~1%;支柱埋深不小于设计值,施工偏差为 ±100 mm。混凝土支柱整正完毕后,立即进行回填,填土要分层夯实,每层厚度0.3 m,其坡度与路基相同,高填土路基上的支柱按设计进行培土,培土困难时采用浆砌片石加固,浆砌片石的砂浆应饱满;对有横卧板的支柱还需进行加固,横卧板应与支柱贴紧,不允许有空隙和夹土。回填时遇有炉渣、碎石、块石或砂质土壤,须掺有黏土拌合回填。应保证回填土层厚度不小于支柱有效埋深,否则支柱需砌护墩台,支柱地面以上部分应适当培土,以免下雨沉降。完成回填后,应清理施工现场,并及时填写隐蔽工程记录。

采用斜率测量仪控制支柱倾斜,铝合金丁字尺控制支柱扭转,钢尺测量限界,确保支柱整正后,侧面限界(允许施工偏差 $^{+100}_{60}$ mm)、倾斜、扭转等各项指标均符合《施规》和设计规定。

在下部工程的施工中,因开挖基坑损坏的路肩、侧沟、加砌的护坡,在支柱立整完毕后应立即予以恢复,确保路基稳定、安全、达标。

对于高速接触网,混凝土支柱基坑深度的施工允许偏差为 ±50 mm。侧面限界的施工允许偏差为 0~100 mm。支柱顺线路方向中心直立,施工允许偏差 ±30 mm;锚柱柱顶向拉线侧倾斜 30 mm;曲外及直线腕臂柱向受力反侧倾斜 0~40 mm;中心锚结支柱,曲线内侧支柱及转换柱中心直立,施工偏差 30 mm;在未铺轨道区段,利用站前公路将支柱运至坑位,用汽车吊吊立支柱,利用四腿螺旋整杆器校正支柱;对已铺轨区段,则可用安装列车运输和安装支柱。支柱倾斜采用经纬仪测量,埋深及倾斜均严格控制在允许范围内。回填按设计要求用 C20 混凝土回填,在回填强度达到 70% 时取掉木楔,用 C20 混凝土封口。

4. 拉线基础施工及拉线安装

基坑开挖结束后,完成立模、下钢筋骨架。浇筑前,复核钢筋骨架距坑壁的间距是否符合混凝土保护层厚度的要求,检查拉线锚环的高低、水平位置,检查拉线环是否在下锚支的延长线上;不符合要求的应现场调整。其余施工方法与钢柱基础浇筑相同。

拉线基础浇筑完毕,并至养护期限后,安装支柱下锚固定角钢,进行拉线长度测量,并根据测量长度预制好拉线。

安装拉线时,一定要先将拉线的 LX 线夹安装在下锚固定角钢上,然后才能用手拉葫芦将拉线与拉线棒连接,通过调整手拉葫芦使支柱倾斜至规范值,将 UT 型楔形线夹与拉线 NUT 线夹连接,拧紧后松开手拉葫芦。

三、上部工程施工

接触网上部工程包括腕臂柱装配、软(硬)横跨装配、隧道悬挂装配、大型建筑物装配、附加导线架设、承力索架设、接触线架设,接触悬挂(中心锚结、补偿器、吊弦、线岔、电连接、导线)的调整、承力索涂油、设备(地线、隔离开关、避雷器、分段绝缘器、限界门)等的安装。

在上部工程施工中,应坚持"先测量计算,后预配安装"的总体思路,将大量的准备调试工作放在工厂或车间内完成,尽量减少现场作业的内容和时间,减少高空作业量,提高施工效率和施工安全。

1. 支持结构的装配

施工前,应采用计算软件绘制出"软横跨预配施工图、表"和"腕臂柱预配施工图、表"。

(1)软横跨装配

选择平整场地,支好线盘,根据"软横跨预配施工图、表",分段做好标记。线索不得有断股、交叉、折叠、硬弯、松散等缺陷。钢绞线回头的回头点必须在楔子中心线上,回头长度必须满足施工规范要求,绑扎工艺美观。在预制双横承力索时,应用 3t 导链平衡两条线索的张力,然后再安装双横承力索线夹和"V"形连板,确保安装后,两承力索受力平衡。预制完成后,再次复核软横跨的几何尺寸。

软横跨安装前,首先校核预制的软横跨上标注的支柱号与现场支柱号是否一致;根据预配图,现场安装悬式绝缘子;先只安装横承力索及上部固定绳,待车站纵向悬挂的承力索架设完成后,再行安装软横跨的下部固定绳。

按计算高度安装软横跨固定角钢,在固定角钢上安装杆头杆和球形、角形垫块,安装好后,把滑轮组固定在支柱顶部、上部固定绳处(线路侧),下面连接到绝缘子串处,人工拉滑轮组把软横跨一端悬挂起来,把软横跨移至对面支柱下,再用同样方法把软横跨迅速拉起并固定好。由专人指挥进行绝缘子串对位。横向承力索和上、下固定绳施工完毕后,杆头杆在螺帽处外露 20~80 mm。预应力混凝土软横跨支柱,花篮螺杆必须露扣,且螺杆间有可调间隙。

(2)硬横梁的吊装

吊装 GQ400 圆杆硬横梁时,根据设计要求,按照梁上的编号,在平整场地放置 4 根高度相同的方木,将端梁和中梁用螺栓组装在一起,复核检查硬横梁型号、密贴状况,无误后吊到平板车上。为减少占用封锁时间和提高安全系数,将临时托架安装到支柱的适当位置。利用安装列车的轨道吊车将硬横梁吊起放在临时托架上,待梁稳定后,吊车摘钩,列车退出现场。施工人员登上支柱,按设计规定的型号、位置先将抱箍与弦杆用螺栓连接好,然后再将抱箍与支柱连接好。一组硬横梁安装完毕后,卸下临时托架,用 C18 级混凝土将另一根支柱与基础的间隙填充密实。

吊装钢立柱硬横梁时,根据设计要求,按照梁上的编号,在便于测量的位置设置水准仪测量各支架顶面高度,并用垫木调整水平。吊车将硬横梁各段分别吊起,放置在两支架上,落下时,梁的中线与支架中线重合,用螺栓将两节梁连接紧固。用轨道吊车将梁稍稍吊起,撤除下边的支架,用水准仪测量硬横梁的预留拱度。为减少占用封锁时间和提高安全系数,将临时托架安装到钢立柱的适当位置。35~42.5 m 硬横梁运输时需在平板车上放置特制的旋转底盘,确保列车顺利通过小半径曲线和岔区,吊装时增加一扁担梁。吊车和装有硬横梁的车组分别进入待装硬横梁的中间两股道,吊车停在距硬横梁安装位置约 7 m 处,硬横梁车组与吊车组并行,在硬横梁的两端各拴一条大绳,控制梁起吊后的旋转,吊车先起吊扁担梁,待横梁高度高于钢立柱时,利用大绳转动硬横梁至两钢立柱正上方停下,徐徐放下横梁,套在钢柱上,落在临时托架上,在杆上人员指挥配合下,插入临时销钉,安装螺栓。架好经纬仪测量钢立柱顺线路和垂线路方向是否直立,确认钢立柱在两个方向均直立后拧紧地脚螺栓。

硬横跨安装后,根据复测的线路参数安装吊柱及腕臂,为保证测量精度,用经纬仪测量支柱倾斜率,用高精度激光测距仪测量支柱侧面限界和底座安装位置,严格控制测量偏差。

吊柱安装时,先测量吊柱距所在股道的轨面的距离和吊柱内排螺栓的位置,根据测量数据对照设计要求编制吊柱预配表。根据吊柱预配表,将固定杆吊柱连接紧固,预配腕臂上、下底座。通过一组滑轮组,利用人工将吊柱吊起并临时紧固。用水平尺调整吊柱的斜率,合格后进行对角循环紧固。

当采用接触网安装作业车施工时,作业车的转动作业平台不得侵入邻线建筑限界,吊柱垂直度利用经纬仪测量,施工偏差不得大于1°。安装后,在任何情况下不得侵入建筑限界。

(3)腕臂柱装配

接触网施工的基准点(轨面标高和线路中心线)是保证腕臂柱装配质量的关键。应随时了解线路施工情况,与站前施工单位共同确定线路中心线和轨面标高,作为上部施工基准点。将现场实测的原始数据输入计算程序,得到"腕臂柱预配施工图、表"。根据"腕臂柱预配施工图、表",在预配车间将各支持零件进行组合预装配,并标明支柱号,对于双腕臂柱,注明工作支或非工作支,并同时注明安装在支柱的哪一侧。预制完毕,复核尺寸,对绝缘子进行包扎、防护。装配前,需按要求对绝缘子分批按比例抽查,做交流耐压试验,试验标准满足规范的规定。

腕臂预配时,应检查各部零件是否紧固好;注意悬式绝缘子瓷裙方向不能朝上,以免积水,影响其绝缘性能;并检查其他各零件活动部分,保证其灵活。

腕臂安装时应分工明确,采用轨道车或施工便道汽车送料,使运料辅助作业、高空作业有序进行,并保护好棒式绝缘子,防止运装过程中损坏。腕臂底座的安装符合设计规定,底座与支柱密贴,底座槽钢(或角钢)呈水平,横平竖直。腕臂安装后应满足承力索悬挂点距轨面的设计高度,允许偏差±20 mm。腕臂上各部件处在同一垂直平面上(不包括定位装置),铰接处转动灵活,顶端管帽密封良好,雨水不得进入其中。

为控制腕臂预配加工偏差,应在现场料库设预配间,根据腕臂预配表提供的数据,把腕臂的各部分零件在腕臂预配专用平台上组装,组装时考虑棒式绝缘子制造长度等各种偏差。腕臂预配时,先全面核实检查各部分尺寸是否满足设计要求,后使用扭力扳手检测。把高空作业放在地面预配车间完成。腕臂预配好后,对腕臂进行标识,使用作业车对号入座进行机械化安装。

2. 接触悬挂的架设与调整

(1)承力索和接触线的架设

承力索和接触线按设计锚段长度,由生产厂家配盘供应,架设时对号入座。为确保导线架设完毕后平整、光滑、有弹性,无硬弯、扭曲变形和表面硬伤等现象,应采用恒张力架线设备和技术。实践证明,架线张力波动范围越大,导线产生的波浪形硬弯就越多。

实施恒张力架线作业时,作业人员和设备应符合以下要求:

① 设备操作人员必须经过技术培训,考试合格后持证上岗。

② 架线车组的运行必须严格遵守高速铁路和普速铁路的《铁路技术管理规程》《轨道车管理规则》《铁路行车组织规则》等规定。

③ 提前排除架线锚段内的施工障碍。在曲线区段、转换柱处的支持结构应采取临时加固措施,将腕臂临时固定并与线路方向保持垂直。调整好锚柱拉线,使锚柱保持中心直立。

④ 架设承力索、接触线时,应根据线材规格选用相应材质、型号的放线滑轮和S钩滑轮,

并保证各滑轮对轨面的悬挂高度基本一致,每个跨距内均匀悬挂 2～3 组。

⑤ 应根据导线的硬度、弹性和线路的曲线半径等因素设定架线张力的大小,曲线半径大,架线张力也应大;导线的弹性越大,张力也应大。但一般取 5～10 kN,不得超过额定张力;架线时张力保持恒定,变化范围:静态张力为设定放线张力的 ±1% 以内,动态张力为设定放线张力的 ±3% 以内(包括车组的起动和制动过程)。

⑥ 架线车组的速度一般在 3～5 km/h 范围内。

⑦ 紧线时应用力均匀,避免产生冲击性破坏。

线索架设工法有:"单根单车小张力落锚线索架设法"和"双线并列线索架设法"两种。一般车站和区间采用"双线并列线索架设法",如图 5-2-2 所示。当车站各锚段下锚处非支翻线工作量太大,线索架设宜采用"单根单车小张力落锚线索架设法",如图 5-2-3 所示。

架线施工时,使用闭口滑轮,使线盘匀速转动,并保持恒定的张力。架设完后按设计标准对承力索和接触线进行超拉。

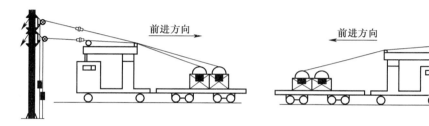

图 5-2-2　双线并列线索架设图　　　　图 5-2-3　单根单车小张力落锚线索架设图

架线前检查本线路跨越线、其他建筑物是否拆除、上部支持安装是否完成、锚柱偏斜方向是否正确、拉线是否符合施工规范要求。

施工人员和机具就位后,在起锚处将线索锚挂在起锚支柱上,架线车开始向锚段另一方向行驶,在每一中间柱处,将线索放入滑轮内悬挂在装好的腕臂上(在曲线处采用铁线绑扎双保险)。当到达锚段终端,放线车在线盘加足张力后,通知起锚处人员注意坠砣的情况,开始紧线,当起锚处坠砣离地 1.5 m 左右时,停止紧线,开始落锚。落锚完成后,派专人对所放线索每一悬挂点进行检查,确保安全。架设承力索、接触线过程中,如发现有损伤、断股,应作出明显标志,并及时按照施工规范要求进行处理。承力索、接触线每个锚段内接头数量须满足施工规范的规定,接触线接头处平滑、不打弓。

下锚装配时,补偿滑轮(或棘轮)应完好无损,转动灵活,补偿绳无偏磨现象,补偿绳无松股、断股等缺陷,更不能有接头。承力索和接触线均架设完成后,承力索的补偿绳不得摩擦接触线的双环杆,如有这种情况发生,应利用作业车及时处理。下锚处,悬式绝缘子须等线索超拉后安装,以保证承力索与接触线下锚瓷瓶上下对齐、工艺美观。

为防止施工时磨损承力索,在跨线建筑物处、悬吊滑轮处,除按照规范要求对承力索做必要的防护外,还要在跨线建筑物处承力索上加装绝缘套管和悬吊滑轮处承力索处安装防磨防护条。

(2)承力索和接触线初伸长的处理

线索架设完成后,为消除新线的初伸长对悬挂参数的影响,应尽量一次将新线初伸长除尽。关于初伸长的处理方法,各国不尽相同。

美国采取在绞线安装前以破断张力的 50%~70% 进行预拉、人为地造成永久性伸长、而避免绞线在安装后再产生永久性伸长。在不能采取上述措施时、根据气象特点适当减少绞线安装弛度。

日本国铁接触网施工中,采用大于额定张力的张力对承力索(1.6 倍额定张力、10 min)或接触线(2.0 倍额定张力、铜接触线 30 min、钢绞线 10 min)进行预超拉,消除其初伸长后才正式下锚固定,安装支持定位装置和吊弦。

法国在 200 km/h 及以上接触网施工中,是在承力索和接触线架设后,采用 1.5 倍线索额定张力 72 h 对其进行预超拉,恢复到额定张力,再安装支持定位装置和吊弦。

德国在 Re200、Re250 和 Re330 接触网施工中,采用线索在额定张力下放置 4~8 周时间来克服新线初伸长。德国工厂试验表明:150 ℃时,镁铜合金接触线在额定张力下的新线延伸率约为万分之一,约 100 h 后达到稳定。

(3)承力索中心锚结安装

承力索架设后,未安装中心锚结前,在两侧下锚处做临时固定。中心锚结绳按现场测量长度预制、下料,并做好锚结绳一端的回头,调整好承力索两侧的补偿距离,取消承力索两端的临时固定,然后按设计弛度安装中心锚结,中心锚结线夹两端锚结绳长度及张力相等,中心锚结线夹处接触导线的高度应根据最高设计速度作相应抬升,一般比相邻吊弦点高出 0~40 mm,张力越大,抬高的量越小。

(4)定位装置安装

定位装置的施工关键有 4 个:定位支座的安装高度、拉出值、限位间隙和定位器的允许抬升值。

定位装置安装前应按设计规定调整定位管的斜率,保证定位管与定位器的夹角或定位器的抬升量。定位器的限位间隙应严格按照定位器型号和拉出值选取对应的 d 值。拉出值采用接触网多功能激光测量仪检测,螺栓紧固力矩用力矩扳手检测。安装基本完成后用定位器坡度测量尺进行坡度较核,检查定位器的允许抬升量是否符合要求。

定位器安装前,先对腕臂柱定位环进行复核测量,以保证定位管及定位器安装后的有效坡度;在高度无误的情况下,记录定位环到线路中心的距离,作为计算定位器在定位管上安装位置的依据。向计算机输入定位环到线路中心距离、外轨超高、拉出值、定位器有效长、正定位或反定位等原始数据,计算输出"定位器安装施工表",按照该表进行预配,并用油漆做好标记。按照"定位器安装施工表"由中心锚结向下锚方向安装,安装的同时校正导线线面。顺线路的偏移量与吊弦的偏移量一致。

在上部安装过程中,紧固紧固件时应全部采用力矩扳手,严禁使用活口扳手,力矩紧固值要符合设计要求。

(5)悬挂调整

接触悬挂的调整工作分两步:先粗调,后细调,从中心锚结处向两端下锚方向进行。

接触网粗调包括:接触线中心锚结安装,定位器安装,整体吊弦的安装,线岔安装,电连接安装,关节调整,补偿装置调整。

接触线中心锚结安装:调整工作的第一步是安装中心锚结,只需将接触线对承力索进行临时固定,以保证后续工作的进行,在定位器、吊弦安装后,按设计及施工规范要求对中心锚结进行调整。中心锚结所在跨距内不得有接触线接头,中心锚结补偿绳内不得有吊弦。

（6）附加导线架设

根据设计图，预配附加导线安装肩架，按杆号将肩架和零部件预配成套，每一根杆为一个单位，将杆号用红色油漆标写在肩架上。

肩架安装时，以地面为基准测出肩架安装高度；挂单滑轮，穿吊绳，地面人员绑晃绳。起吊肩架安装，为保证工艺统一，安装螺栓穿向一致；按设计安装平直，单肩架端部允许稍抬高；起吊绝缘子须加晃绳，防止绝缘子损坏。

附加导线在放线前应先进行配盘，在线盘上用油漆标明区间、锚段号。放线时，组织若干名劳动力，拉线速度力求均匀、严禁忽快忽慢，线盘看守人员应使导线展放均匀，不散盘，必要时用木棍制动线盘。导线在展放过程中不能使其落地拖拉，防止磨伤、刮伤，落锚时，跳线处的耐张线夹要留有足够长的导线余头。附加导线不得有断股、交叉、折叠、硬弯、松散等现象，如出现上述情况应按照施工规范的要求及时处理。

（7）整体吊弦的制作与安装

整体吊弦的测量、计算、预配和安装执行四个一次到位的国家级工法，保证其安装精度。

在承力索、接触线超拉完成后，精确到毫米级测量悬挂点承力索高度，精确到厘米级测量实际跨距；精确计算补偿坠砣的实际质量，保证坠砣实际质量误差小于 1%，以此来保证张力计算值。转换柱双腕臂考虑 1 200 mm 的间距；承力索和接触线的单位自重采用实际重量。

根据实际测量数据，利用计算软件，自动生成"吊弦预配表"。依据该表在预配车间内完成吊弦线预张拉和吊弦制作。预配车间应配备：下料台、电动液压钳及各种压接模具、检验台等专用设备。整体吊弦预制长度误差为 ±2 mm（引进吊弦为 ±1.5 mm），其耐伸工作荷重不小于 3.6 kN。

应严格控制吊弦预制过程中的线长误差，零件偏差以及各种因素引起的累计误差，复检达标后，应对每根吊弦标注清楚锚段、跨距和安装序号，并以跨距为单位成捆打包。安装人员利用接触网作业车安装，对号入座，从跨距的悬挂点向跨距中间安装。吊弦间距采用吊弦间距测量仪按设计布置图测量，最大允许安装误差为 ±50 mm。螺栓紧固力矩采用力矩扳手检测。安装时严禁踩踏导线和给导线施加外力，线夹一次安装到位，以免产生冲击与振动影响弓网受流质量。安装后，整体吊弦垂直，处于受力状态。

（8）线岔安装

交叉线岔的施工安装和施工工序按以下步骤进行：检查→调腕臂→调承力索→调拉出值、导高→检查安装交叉吊弦→安装线岔→检查始触区→模拟冷滑。

对于交叉线岔，在两接触线相距 500 mm 处，两工作支对轨平面等高，施工偏差小于 ±10 mm。非工作支比工作支接触线抬高不小于 50 mm，接触线在线岔处能随温度变化自由移动。在受电弓始触区范围内不得安装线夹（电连接线夹、吊弦线夹），以免线夹打弓。

对于无交叉线岔，由于国内还没有完全定型的标准结构，因此，应根据设计原理和相应技术要求进行安装调整。

（9）电连接安装

对关节、股道、线岔处的电连接进行测量，测量数据包括导线水平间距、相邻承力索高差和相邻接触线高差等，作为电连接线长度计算的原始数据。

对于股道电连接，根据电连接设计位置，在"吊弦施工表"中查出左右两根吊弦长度，直接计算出横向电连接有效长；对于关节、线岔电连接，将测量原始数据输入电脑，按一定的预留弛度,通过不等高链型悬挂曲线方程求出水平间距有效长,输出"电连接安装施工表",内容包括站场或区间、杆号、电连接类型、工作支、非工作支横向电连接有效长、水平有效长、安装位置、电连接线夹安装方向及总下料长度。根据"电连接安装施工表",由专门预配班组进行加工,并标明编号;施工人员按施工表所标位置进行现场安装。电连接要安装在设计规定的位置,施工偏差为±500 mm。电连接线与导线接触面要平整、光洁、牢靠,并涂电力复合脂以加强导电性能。电连接线无松散、断股现象。电连接线夹螺栓受力均匀,安装时逐个拧紧,螺栓的拧紧力矩符合施工规范要求。多股道的电连接在平均温度时,垂直于正线,电连接做成弹簧形状,弹簧圈为三圈,每圈直径为 80 mm,圈底距接触线为 250 mm,股道间的电连接做成弧形。

(10)关节调整

锚段关节的调整主要包括承力索高度、导线高度、拉出值以及工作支与非工作支的相互位置。对于绝缘锚段关节,则必须先作电分段。转换柱处,首先调整工作支的高度和拉出值,再调整非工作支,非工作支抬高 500 mm,两支悬挂水平间距 450 mm。中心柱处,远离支柱的悬挂定位管根部可适当抬高,承力索的位置与接触线在同一垂面内。对于非绝缘锚段关节,转换柱处保证工作支的情况下,非工作支抬高 300 mm,工作支与非工作支水平间距为 200 mm,承力索的位置与接触线在同一垂面内。

关节式分相结构的调整与绝缘锚段关节的调整方法相同。

(11)补偿装置调整

补偿装置的调整内容包括 a、b 值及补偿绳与滑轮(棘轮)轴心的垂直度。a 值调整标准:动滑轮与定滑轮间距大于 1 500 mm,下锚补偿绳不与双环杆相摩擦,承力索、接触线下锚绝缘子串对齐;b 值调整标准:坠砣距地面高度值符合安装曲线,坠砣在限制架上来回自由活动且无卡滞,坠砣完整,表面光洁平整,坠砣串排列整齐,其缺口相互错开 180°。

细调主要包括:在接触悬挂粗调过后,全面检查调整导线高度、弛度、拉出值、定位器坡度、整正导线面、消除硬点及调整补偿等。接触悬挂经细调后,达到冷滑试验的程度。

3. 设备的安装与调试

(1)隔离开关安装

安装前,对隔离开关进行仔细检查:绝缘瓷柱光洁、无裂纹、破损等缺陷;铁件防护层良好;零配件齐全;分闸时角度为 90°,触头接触良好,瓷柱转动灵活;接地刀闸分、合闸角度符合要求,联锁可靠,转动灵活;操动机构配套,操作灵活省力。

安装时,先安装踏脚底座,在田野侧支柱顶部安装临时吊臂,随后安装开关托架,并将隔离开关吊装在托架上,固定好隔离开关后,安装操作机构托架,最后安装操动杆。隔离开关安装完毕后,进行调试,安装电连接引线,并用钥匙固定好操作机构。

(2)消弧分段绝缘器安装

根据设计图纸到现场确认安装位置,并用油漆标注在轨枕上,地点最好选在跨中央,且接触线和承力索处在轨道中心±50 mm 范围内;渡线上分段绝缘器尽量安装在垂直连接渡线的两股道的正中间。使用水平仪或轨道尺确定该分段绝缘器安装点处轨道的倾斜角(超高)。

依据分段绝缘器安装图,利用作业车在选好的分段绝缘器安装位置中心处的承力索上安装承力索绝缘子、鞍型线夹和吊弦。在分段绝缘器的安装处,用弹簧秤提起接触线,并记下弹簧秤指示 120～150 N 时,接触线到作业平台的高度,此为安装分段绝缘器的最佳高度。

把分段绝缘器的零部件放在一起。松开接头线夹的螺母和紧线器的上下螺母,拆下紧线器上的不锈钢丝、U形螺栓（如果有）、专用螺母、单孔线夹和 L 形支撑架的连接件，并保存好这些拆下的零件。把上述结构骑跨在安装点的接触线上，并使接头线夹的齿形角嵌入到接触线的沟槽内，再用扭力扳手按合理的顺序将接头线夹的螺母逐步拧紧，最好重复拧三次，最终力矩达到 50 N·m，使线夹的齿形角与接触线的沟槽紧紧钳牢。

在距两端接头线夹约 100 mm 处，用剪线钳截断两端接头线夹之间的接触线。用弯线钳或 3/4″ 400 mm 长的钢管将接头向上弯曲，使之与水平线成 45°角。如果接头线夹为带 U 形螺栓的形式，则应将接触线的线头向上弯曲与水平线成 120°角，使接触线紧贴入接头线夹斜面的凹槽内，安装上 U 形螺栓、压线板、弹垫和螺母，并以 25 N·m 的扭力矩拧紧螺母，以使接触线牢牢地卡紧在线夹上。

按照装配图的要求，把吊弦的下端连接在紧线器的套环上，并使吊弦初步拉紧分段绝缘器，稍拧紧吊弦的螺栓卡子。将四支铜滑道（两长、两短）、单孔线夹和两个 L 形支撑架安装上去，使达到分段绝缘器的全部质量，但暂不扭紧专用螺母和单孔线夹，也不拧紧 L 形支撑架的螺栓。

通过抬升分段绝缘器和向上提升四根吊弦粗略调整分段绝缘器的高度，使分段绝缘器的中央处的高度比计算出的高度 H 高出 50～70 mm。通过紧线器的微调精确地调整分段绝缘器的高度，使负弛度达到规定的数值（50～70 mm），并使分段绝缘器与轨道平面保持平行，而后穿上紧线器的螺杆上的不锈钢丝。

用水平仪调整铜滑道的安装位置，使两根铜滑道的下表面和接触线的下表面在同一平面上并与轨道平面平行。而后以 30 N·m 拧紧单孔线夹的螺柱。调整两根长铜滑道，调整的位置在引弧角的一端靠近下陷的内侧处，使两根长铜滑道的下表面在同一平面并处于绝缘滑道下表面以下 2～5 mm，然后稍微拧紧专用螺母。调整两根短铜滑道，调整的位置也在引弧角的一端靠近下陷的内侧处，使两根短铜滑道的下表面与两长铜滑道的下表面的对称点等高，并稍微拧紧专用螺母。

用水平仪检查铜滑道安装的结果，如果发现安装位置不正确，应重新调整。确定位置正确之后，用 30 N·m 的扭矩拧紧专用螺母，使螺母的齿完全抓住铜滑道。再用 10 N·m 的扭矩拧紧薄螺母。用水平仪细调绝缘滑道与铜滑道在分段中间处应始终保持 2～5 mm 的高度差。

将 L 形支撑架的支撑臂的长卡槽嵌入到铜滑道上，并用 20 N·m 的扭矩拧紧六个 M10×15 mm 的螺栓。用受电弓模型从头到尾滑动检查，要求实现平滑的滑动。再一次检查拧紧所有的螺母，特别注意拧紧紧线器的上下螺母。把穿在紧线器螺杆的不锈钢丝缠绕并拧紧。把吊弦的多余部分缠绕在自身成环状，并把四根吊弦上的螺栓卡子上的薄片折弯，压在螺母上。重新调整分段绝缘器两侧吊弦（直至定位线夹处）的松紧度，但不能影响已经调整好的分段绝缘器高度，以保证负弛度不变。

（3）氧化锌避雷器安装

安装避雷器的角钢呈水平状态，棒式绝缘子呈垂直状态，安装位置、尺寸及引线方式、接地电阻符合设计规定，各连接处的金属接触表面除去氧化膜及油漆，涂一层电力复合脂，并调整好放电间隙。引线连接不应使端子受到超过允许的外加应力。

（4）接地装置安装

混凝土柱、钢柱地线安装：用皮尺测量所需安装地线尺寸，绘制草图，按尺寸下料。安装时地线密贴支柱，接地钢筋用软聚乙烯管套设（地下部分要挖沟），螺栓连接牢固。

接地极安装:按设计焊接接地体、挖接地沟,依次将接地体垂直打入沟底正中,与电缆水平距离保证在 1 m 以上,扁钢贴地,角钢头露出 50 mm,回填土,夯实,用接地电阻测试仪测接地电阻,并填写隐蔽工程记录。当阻值达不到要求时,采用接地模块方式处理。

混凝土支柱上安装的接触网金具、设备底座与支柱接地线相连,采用钢筋连接并涂刷防腐漆和面漆。

(5)标志牌的安装

接触网中常见的标志牌有:支柱号码牌、"高压危险"标志牌、机车过分相的"断""合""禁止双弓"预告牌、"接触网终点"标志牌、"安全作业区"标志牌等。各种标志牌必须牢固、可靠,字迹清晰明显、便于观望。标志牌不得侵入基本建筑限界,与行车有关的标志牌设置在列车运行方向的左侧。

支柱号码牌采用正反两面反光标牌,区间、站场编号方向与线路公里标一致,安装位置应尽量统一、协调、美观、统一。

"高压危险"标志牌设置于安装电气设备及行人经过较多的支柱上,牌为白底黑字、黑框、红闪电。支柱上设的"高压危险"牌用厚 2 mm 的钢板制成,尺寸为 400 mm×300 mm,牌下沿距轨面为 2 m,牌的背面刷成白色。当"高压危险"标志牌安装于站台上的钢柱时,标志牌下沿距站台面为 2 m。

机车过电分相的"断""合""禁止双弓"等预告标牌,均为白底、黑字、黑框,其规格、标准、埋设位置符合规范要求的规定。预告牌用厚 2 mm 的钢板制成,表面力求光滑,背面漆成白色,柱身用 ϕ50 mm 钢管制成,油漆成白色。

"接触网终点"标设在接触网终点处,局与局分界处,其位置高于接触网高度,标牌用厚 2 mm 钢板制作,白底、黑字、黑框,背面白色。

"安全作业区"标志牌设在装卸线、电力机车整备线、给水线等分段绝缘器内侧 2 m 处,距线路中心 3.5 m(电力机车整备线、给水线,以不侵入限界为原则)面向相对而立,用厚 2 mm 钢板和直径为 40 mm 的钢管焊成,白底、黑字、黑框,各面漆成白色,尺寸为 800 mm×220 mm,字体为 140 mm×100 mm。

四、接触网施工管理

施工管理的主要职能有:计划职能、组织职能、协调职能和控制职能。

计划管理工作的主要内容有:针对一定时间内施工生产的主要工作或行动,预先制定工作的具体目标、工作内容、工作步骤和采取的主要措施。

由于电气化工程建设所具有的特殊性,在制订施工生产计划时一定要进行认真的调查研究,收集各种资料,掌握工程进展情况,了解工程中出现的诸如质量失控、停工待料、设备闲置等问题出现的原因,以及各专业工程间结合部的协调情况等,在制订计划的同时制订各种控制措施,长期计划通过短期计划不断进行调整和优化,使得计划具有科学性、权威性、可行性。

组织的主要职能包括建立合理生产组织机构和明确各个组织机构的职责与任务两个方面。施工生产过程中的各项要素、各个环节和各个方面,应该在组织这个联结纽带作用下在时空间上科学合理地联结起来,形成一个有机的整体,最大限度地发挥各自的作用。

控制是实现施工生产目标的必要手段,也是保持正常施工和管理的有效工具。其目的是为了确保施工生产过程能够按照预定的计划顺利实施,并取得预定的经济效益。

控制的方式通常有事先控制、过程控制和事后控制三种；控制的内容对一个工程项目来讲主要有：工期控制、质量控制、安全控制和成本控制。

由于电气化铁路施工涉及诸多单位，每个单位对某一问题的看法不可能完全相同。为了完成施工生产任务的大目标，企业施工管理部门就要充分发挥协调作用，使各方的不同意见和看法在某些方面取得妥协或协同，促使他们为实现计划目标而步调一致、相互配合、共同工作。

协调分为垂直协调和水平协调，对内协调和对外协调，无论哪种协调，人际关系的协调最为重要，为了使协调能够取得双方或多方的认同，协调前一定要认真详细的了解情况，认真诚恳地听取各方意见。

管理的最终目的是使企业效益最大化，在确保安全、质量的基础上，使企业在开展经营活动（施工生产也是一种经营活动）中，成本最低、收益最大。影响施工管理的四大要素是：工期、安全、质量和成本，施工管理活动均要围绕这四要素展开，在计划、生产、技术、安全、质量、成本等诸多方面满足工程利益相关者的利益需求。工程利益相关者包括一切参加或可能影响工程施工的所有个人或组织，主要有：工程发起者，工程接受者，工程使用者，工程合作者及工程协作者，工程资金提供者等。

(1)计划管理

计划管理的主要任务就是在工期要求的约束下，在综合平衡基础上，确定施工各阶段及各专业工程的施工进度，协调好各方面的关系，使施工生产能够均衡连续进行，保证工程能够安全、优质、如期地完成，交付运营单位使用。其主要内容有劳力使用计划、物资计划、机械使用计划、成本计划、工程进度计划、工程作业计划等。

(2)生产管理

生产管理的主要任务就是合理组织施工生产，充分利用人力、物力、时间和空间，综合协调施工生产要素和生产关系，使施工生产顺利开展。它主要对施工准备、施工过程及施工调度实施管理：

① 施工准备包括集结与培训人员、准备施工设备和物资、组建工地料库、准备施工技术标准及规程规范、整顿施工现场环境等工作。

② 施工过程是指从工程开工到工程竣工的全部过程。对电化施工而言，施工过程管理的一项重要内容首先是安排和利用好运输封闭点时间，其次是组织好物资运输及分配，安排好施工进度，组织现场文明施工，处理施工中各类问题等。

③ 施工调度管理主要是传达和检查上级各项指令完成情况，掌握施工信息和进度，做好综合平衡工作等。

(3)技术管理

技术管理的主要作用是建立良好的技术秩序，保证施工生产符合技术规程、规范，技术管理的主要内容有：

① 编制施工技术规划，落实设计文件、施工规范、验交标准及操作工艺执行情况。

② 针对新技术施工项目，制订施工工艺、施工标准和施工操作方法。

③ 抓好技术革新和合理化建议活动。

④ 建立技术档案制度。

⑤ 工程技术总结的编制工作。

技术标准是组织施工生产必须遵循的准则和依据。在电气化铁路施工中，各专业均要遵守相应的国家标准、行业标准和企业标准。国家标准主要指各类基础标准,如名词术语标准、图形代号标准等;行业标准主要指各专业的施工规范、验收标准、施工通用图册等;企业标准则为企业自订的各类技术规定、操作细则等,如施工工艺、各专业标准化施工细则等。技术标准作为技术管理工作的重要内容,主要有:

① 建立技术标准档案,收集齐全施工生产中要用到的各专业技术标准。

② 组织工程技术人员、管理人员及工人学习技术标准文件,做到按标准规范施工。

③ 编制企业技术标准,由于国标和行业标准不可能覆盖施工企业的全部生产活动,尤其是施工生产中新技术的不断应用,企业必须制定本企业的技术标准,使企业的施工生产活动有章可循。

④ 加强技术标准的信息管理,技术标准在贯彻执行中的问题要及时反馈给技术管理部门,以便研究和修改。由于技术标准的有效范围和有效时间的局限,企业技术部门应定期公布各类技术标准的修订、淘汰及编制情况。

(4)信息管理

施工生产信息是指人们在施工生产活动中,通过观察和测量所收集到的信息、数字、图形等信息数据。这些信息数据是计划决策的依据,是对施工生产进行有效控制的重要工具。在施工生产活动中,信息的来源广泛,包括各类情报、资料、报表、数据、凭证等,信息管理就是指企业对施工生产活动所需信息的处理工作,包括信息的收集、处理、传递、储存、归档等。具体的信息管理工作有以下几大项:

① 加强各种原始记录(报表、凭证、台账、单据、日志)的填写和收集工作。

② 对照各类原始记录,对工程进行专项分析,如经济分析、技术分析、质量分析等,企业领导层可依据各种分析结果进行必要的决策和控制。

③ 设置专门机构,对各种原始资料、报表、台账以及经过综合分析数据后的各种数据进行档案化管理,分门别类进行登记、编月、保管等。

(5)安全质量管理

安全和质量管理工作的内容相当广泛,但最根本的是要建立健全各种与奖惩措施挂钩的安全、质量责任制度,并抓好这些制度的落实。

(6)成本管理

成本管理是一项综合管理,它必须与过程管理、技术管理、安全质量管理、物资管理、机械设备管理相结合,做到科学组织施工,保证安全质量,降低消耗,提高效率,压缩费用,缩短工期,才能达到降低工程成本、获得最大经济效益的目的。

另外,电化工程管理还包括物资管理、机械设备管理等,这也是施工管理工作中的重要内容,同时也是企业管理工作中的重要环节。在组织施工生产时,施工生产组织者应当加强和这些职能部门的联系和合作。

(7)定额管理

定额是企业在一定的生产技术组织条件下,为合理利用人、财、物所规定的消耗或占用标准。铁路电化工程施工定额主要有劳动定额、材料消耗定额和机械台班定额。

定额是施工计划管理和合理组织施工生产的重要依据,也是衡量职工劳动成果确定经济分配的重要依据,先进合理的定额,可以促进生产潜力的发挥,提高企业经济效益。

定额管理工作是建立在健全的定额管理制度基础上的,开展定额管理工作的基础工作是抓好定额的制定、修订、执行。

组织制定各类定额管理制度,应遵照先进性和合理性的原则,与劳动组织、经济责任等工作挂钩,通过检查、统计等手段,切实保证定额的落实;在施工班组中应设立专兼职定额员,如实、及时地填报原始记录和统计报表,作为修订定额、劳动竞赛和经济分配的主要依据。为保持定额的先进合理性,必须定期修改和补充定额。同时还要维持定额的严肃性,不经企业定额管理部门批准,任何人无权修改定额。

(8)规章制度管理

规章制度是企业全体职员行动的规范和准则,是企业有效组织生产的基本保障。建立和健全施工生产管理的各项规章制度,是施工管理的一项极其重要的基础工作。

施工企业的规章制度种类繁多,简而言之,主要有基本制度、工作制度和责任制度三种。其中责任制度是基础。

责任制度是企业内部各级组织和各类人员工作权限的制度,包括担负的工作范围,应负的责任及在执行工作中所拥有的权力。按企业人员层次分,责任制度分为领导岗位责任制、职能机构和职能管理人员岗位责任制及工人岗位责任制。在施工生产活动中,还有许多专项责任制,如技术责任制、安全责任制、质量责任制等。

责任制度的落实,是规章制度管理中最为重要的一环,管理部门必须制定必要的考核标准,并同经济利益挂钩,使每个职工自觉地执行各项规章制度。

五、项目法施工管理概述

项目法施工管理是针对企业管理的,属于管理科学的范畴,与工程技术无关。所谓项目法施工管理是指以工程项目为对象、以项目经理负责制为基础、以构成工程项目要素的市场为条件,按照工程项目管理的自身规律,优化配置和动态管理生产要素,提高工程项目和企业综合经济效益的一种工程管理模式。

项目(Projects)是指一个临时性的、具有明确目标的一次性活动,是在一定时间内满足一系列目标的多项相关工作的总称。工程项目又称土木工程项目或建筑工程项目,是项目的一大类别,它是指是以建筑物或构筑物为目标产出物的、有开工时间和竣工时间的相互关联的活动组成的特定过程。该过程要达到的最终目标应符合预定的使用要求,并满足标准或业主要求的质量、工期、造价和资源等约束条件。本书中的工程项目主要指电气化工程项目中的接触网工程。

与传统的直线管理结构比较,项目法施工管理采用了更加适应工程项目管理特点和需求的矩阵式管理结构,使生产要素的占有方式,流动方式和生产资料的支配方式更有利于生产活动的开展和企业经济效益最大化。项目法施工管理改变了传统管理结构中生产要素和生产资料固定配属的弊病,以动态管理为手段,以优化组合为目标,使施工组织结构更具活力和效率;改变了传统管理结构中管理层和劳务层职责不清、管理混淆,效率低下的弊病,实现了管理层和劳务层的分离,使管理的职责、内容、方式更加清晰;改变了传统的成本核算办法,能更有效地控制工程成本、增大经济效益;改变了传统管理结构中企业领导权力过于集中、管理不分轻重的现象。

实施项目法施工管理必须解决好以下三个方面的问题。

1. 对生产要素实施动态管理

项目法施工管理要求施工企业对生产要素的占有方式、流动方式和生产资料的支配方式实施动态管理，优化组合。

动态管理、优化组合是项目法施工的灵魂，是项目法施工的标志，也是项目法施工的基本特征。动态管理是指根据工程项目的需要，配备和调动各生产要素，使生产要素形成最大的生产力。动态管理的优点是企业可以根据各工程项目的实际情况，在项目与项目之间、项目与企业之间、项目内部各要素之间合理调配企业的人、财、物等资源，使企业资源得到最大利用，同时也使企业获得最佳经济效益。

动态管理是建立在科学先进切实可行的施工组织设计和施工实施方案基础上的，需要运用现代管理方法和科学技术，如系统工程、网络计划（用网络图表达的进度计划）、线性规划等等。只有这样才能使得生产力要素在空间、时间、数量、质量上不断优化，不断重组，发挥出最大潜力。

优化组合则是动态管理的最终目的，它要求在组织施工生产时，按工程项目的内在规律，最大限度地使企业各种生产要素在发挥出最佳能力。

2. 有适应项目法施工管理的项目经理

项目法施工管理的直接执行者和责任者是项目经理，一个企业要开展项目法施工管理就必须要有相应的项目经理可供遴选，项目经理的遴选工作是开展项目法施工管理的一项非常重要的基础性工作，项目经理有权调动对他开展工程项目管理所需的一切要素，项目经理的思想素质、业务素质、管理能力、道德修养是项目法管理是否成功的关键。可以说，有成功的项目经理才会有成功的项目法施工管理。要成为一个合格的项目经理，必须具备以下素质：

① 良好的道德品质

道德品质包括社会道德品质和个人行为道德品质。项目经理必须对社会的安全、文明、进步和经济发展负有道德责任；项目经理所具备的个人道德品质能抵挡来源于社会和自身权力的诱惑；项目经理必须能从政治高度遴选项目组领导成员，并保证参与项目的每一个成员严格遵守国家法律，坚持抵制和杜绝各种不法行为。

② 强健的身体素质和稳定的心理素质

项目经理应有强健的身体素质和稳定的心理素质，能承担从事项目管理所面临的大量的繁重的日常工作和复杂的人际协调工作。项目经理应该性格开朗，胸襟豁达，能与各种人交往，同各方人士相处；意志坚定，能经受挫折和失败，具有承担失败的勇气、没有对失败的恐惧；有主见，不优柔寡断，遇事沉着、冷静，不冲动、不盲从，善断果行，既有原则性、又有灵活性。

③ 广泛的知识素养

广泛的知识素养是项目经理顺利完成任务的基础，广泛的知识素养可简单概括为专业技术知识、管理学知识、心理学知识、法律知识、财务知识等多个层面。

项目经理必须懂得项目的行业属性和与其相关的专业知识，成为相关行业的专家。由于工程项目、特别是一些大型工程项目，其技术、工艺、设备的专业性很强，在与人的沟通交流中，经常会用到专业知识和专业术语，如果项目经理不具备一定的专业知识，沟通也是困难的，更不用说做出正确的决策了。由于项目经理要对项目负全面责任，一般并不需要亲自去做一些较为具体的专业性工作，在知识深度方面并不刻意要求越深越好，但是知识的全面性及广度是必须的。

法律和财务知识是项目经理必备的基础知识，项目经理代表公司行使项目的全权责任，会调度和支配各种生产要素并与各相关单位签署各类合同,很难想象不具备相关法律知识能够做到依法处理相关事物。

④ 良好的系统思维能力

系统思维能力是指逻辑思维能力、形象思维能力以及将两种思维能力辩证统一于管理活动中的能力,具体表现为良好的分析能力,整体上把握问题核心的能力,综合运用知识解决问题的能力。

⑤ 娴熟的管理能力

管理能力主要表现在:决策能力、计划能力、组织能力、协调能力、激励能力、人际交往能力等多个方面。

决策能力是指项目经理对项目确定、方案选择、技术手段的决断能力;计划能力是指项目经理在一定约束条件下达到项目目标的细致周密的计划能力,项目经理应了解制定并运用计划的方法和步骤,懂得如何运用计划去指导项目工作;组织能力是指项目经理设计团队组织结构,配备团队成员,确定团队工作规范的能力;协调能力是指项目经理能正确处理项目内外各方面关系,解决各方面矛盾的能力;激励能力是项目经理调动团队成员积极性的能力;人际交往能力就是项目经理与团队内外、上下左右人员打交道的能力,人际交往能力对于项目经理特别重要,人际交往能力强、待人技巧高的项目经理,就会赢得团队成员的欢迎,形成融洽的关系,从而有利于项目的进行,为团队在外界树立起良好的形象,赢得对项目更多的有利因素。

⑥ 丰富的实践能力

项目管理是一门实践性很强的学问,把管理理论和方法应用于实际工作中是一门实践艺术。只有通过不断的项目管理实践,项目经理才会增加他对项目及项目管理的悟性,总结和提炼出解决项目管理问题的技巧和方法。

⑦ 积极的创新能力

创新是一个人或一个团队保持活力的基础,对问题的敏感性和重新认识能力,思维的流畅性、灵活性、创见性是创新能力的基础和具体表现形式。思维创新是创新的源泉,思维创新就是要敢于突破传统的社会障碍和思想方法,突破人们自觉不自觉认可的占统治地位的观点,突破思想上的片面性和局限性。作为一个项目经理,创新能力是其保持活力和人格魅力的能源。

⑧ 取得国际项目管理专业的资质认证

目前,项目管理理论已经发展成为一门独立学科,已有完善的项目管理知识体系,如国际项目管理协会制定的项目管理知识体系及中国项目管理研究会制定的中国项目管理知识体系等。如果要成为一个有所作为的项目经理,就必须掌握这些管理知识,并取得相应的资质认证。

国际项目管理专业资质认证(International Project Management Professional,IPMP)是国际项目管理协会(International Project Management Association,IPMA)在全球推行的四级项目管理专业资质认证体系的总称。IPMP 是对项目管理人员知识、经验和能力水平的综合评估和证明。

IPMA 依据国际项目管理专业资质标准(简称 ICB),针对项目管理人员专业水平的不同,将项目管理专业人员资质认证划分为 A、B、C、D 四个等级,每个等级分别授予不同级别的证书。A 级证书是认证的高级项目经理,获得这一级认证的项目管理专业人员有能力指导一个公司(或一个分支机构)的包括有诸多项目的复杂规划,有能力管理该组织的所有项目,或者管理一项国际合作的复杂项目;B 级证书是认证的项目经理,获得这一级认证的项目管理专业人员可管理大型复杂项目;C 级证书是认证的项目管理专家。获得这一级认证的项目管理专业人员能够管理一般复杂项目,也可以在所有项目中辅助项目经理进行管理;D 级证书是认证的项目管理专业人员,获得这一级认证的项目管理人员具有项目管理从业的基本知识,并可以将它们应用于某些领域。

3. 有符合项目法施工管理需要的管理体系

项目法施工管理必将与传统管理模式下的干部管理制度、劳动管理制度、分配制度、施工管理体制等发生矛盾。因此,企业的用工制度和管理体制必须适应项目管理模式,经营理念的需要,从单纯的生产管理型向综合的市场经营型转变,建立具有法律效力的内外目标承包体系的经济责任制度;建立以工程项目管理为核心的管理体系,管理层要充分发挥计划、组织、指挥、协调、控制、监督等职能作用,并根据各项职能制定必要的管理标准和管理目标,使整个工程项目均在项目经理部有序和有效的控制之下,作业层则具体组织和实施生产作业,提高作业人员的技术业务素质,加强职工的政治思想教育;工程项目进行单独的经济核算并成立项目成本核算体系。

第三节　接触网运维

接触网运维是指接触网工程全部竣工并验收接管后,由牵引供电设备管理单位保持其技术状态,安全可靠地向电气列车供电,实现其使用价值的过程。

接触网运维管理是指铁路部门按国家及行业的相关法律和规范,调配人员、物资,对投入运营的接触网进行设备巡视、检测、维修、管理,保证其安全可靠地向电气列车供电的全过程。

一、接触网运维的组织管理

接触网日常运营工作由中国国家铁路集团有限公司(以下简称国铁集团)工电部、铁路局集团公司供电部、供电段(基础设施段,综合段等,下同)、供电车间和工区五级机构组织实施。接触网运维管理的主要依据是接触网运行维修规则(有高速铁路和普速铁路两个版本)。接触网运维应坚持"预防为主、重检慎修"的方针,按照"定期检测、状态维修、寿命管理"的原则,遵循专业化、机械化、集约化维修方式,依据 6C 系统建立共享平台,实行"运行、检测、维修"分开和集中修模式。

工电部是铁路供电的最高管理机构,负责管理、监督、检查工作;制定有关规章。

供电部是牵引供电设备的管理机构,负责贯彻执行上级有关规程、规范和标准;组织制定本局有关标准、制度和办法;制定供电段管理职责和范围;监督、检查、指导、协调全局接触网运营管理工作。

供电段是电气化铁路供电职能的主要载体,其主要任务是贯彻执行上级有关规章、标准和制度;补充制定相关的管理标准、工作标准;制定接触网作业指导书;制定生产计划并组织实施,定期检查、分析、鉴定设备运行状态,组织评比和考核;组织技术革新和职工培训,保证设备运行质量和安全可靠供电。

供电车间负责日常运行管理和应急处置,组织接触网一级修(临时修),跟踪验收维修质量。

检测车间一般设置在供电段所在地,按 6C 系统的运用、维护和数据分析等职能设检测工区。

维修车间负责接触网二级修(综合修)工作,采用集中修方式组织实施。

运行工区负责接触网设备日常运行管理,主要是一级修(临时修)、巡视检查、单项检查、非常规检查、施工配合和应急处理等。对二级修(综合修)结果进行质量验收。

检测工区负责6C装置的运用、维护,并对6C系统检测数据进行分析,为设备维修提供依据。

维修工区按照月度维修计划,负责接触网设备全面检查二级修(综合修)和专项整治。

二、接触网作业制度

1. 工作票制度

工作票是接触网作业的书面依据,除事故抢修和遇有危及人身或设备安全的紧急情况外,接触网的所有作业都必须有工作票。工作票分为三种,分别为接触网第一种工作票,用于停电作业;接触网第二种工作票,用于间接带电作业;接触网第三种工作票,用于远离作业即距带电部分1 m及其以外的高空作业、较复杂的地面作业、未接触带电设备的测量及铁路防护栅栏内步行巡视等。

工作票由工长或技术业务较强、安全等级不低于4级的人员签发。工作票的签发必须字迹清楚、正确,需填写的内容不得涂改和用铅笔书写。工作票填写一式两份,一份交工作领导人(作业6 h之前),一份由发票人保管,便于查对和分析用。事故抢修和遇有危及人身或设备安全的紧急情况,作业时可以不鉴发工作票,但必须有供电调度批准的作业命令,并由抢修负责人布置安全、防护措施。

2. 交接班制度

每天早上上班前,工长应召集工区前日和当日的工作领导人、值班员、安全员、材料员及班长等工区负责人员开一个简短的交接班会议,讨论当日工作及安全情况,总结前日工作情况,解决存在的问题,安排布置好当日的工作,检查值班情况、设备运行情况、各项记录及各工具材料的使用和保养情况、传达上级有关文件等。

3. 要令与销令制度

接触网作业必须在开工前向供电调度申请停电作业命令,必须在作业结束后向供电调度消除停电作业命令,这就是要令和销令。要令人必须是由工作领导人指定的安全等级不低于3级的口齿清晰的一名作业组成员,销令人与要令人必须是同一人。

要令时,要令人应根据工作票的内容向供电调度说明作业的范围、内容、时间及安全措施,双方复读后供电调度方可发布作业命令。停电作业命令包括命令编号、命令要求、完成时间、命令批准时间和命令内容。如果线路封锁,还必须有封锁命令号。供电调度发令后受令人(即要令人)复诵确认。双方确认无误后,要令人应认真填写相应的"命令票"。作业结束后,销令人向供电调度销除作业命令(有封锁令时应同时销除),供电调度要复诵,双方确认后给出销令时间,销令人在命令票上认真填写后,将命令票与工作票连在一起交回工区保存。其他注意事项参见普/高速铁路接触网安全工作规则。

4. 开工收工制度

接触网作业在开工前工作领导人应宣读工作票,分配作业任务,检查作业工具和材料。当接到供电调度命令后,工作领导人应再次检查作业准备工作和安全措施,一切就绪方可宣布开工,发出开工信号,并通知作业组所有成员。收工时,工作领导人确认作业任务全部完成,现场清理就绪,不影响行车时才能发出收工信号。收工命令要及时通知驻站联络员和行车防护人员。

5. 作业防护制度

接触网作业的防护主要有驻站防护和作业区防护。驻站防护一般设在能控制列车运行与作业组信号联系比较方便的车站运转室或信号楼,作业区的防护设在作业组工作区的两端并保持适当距离的处所。防护人员与作业组之间可以利用广播、信号旗、对讲机、区间电话等工具进行信号传递,信号传递必须准确及时,双方确认无误。防护人员要精力集中,不准擅离职守,随时与作业组保持良好的联系。

6. 验电接地制度

验电接地是接触网停电作业必须进行的一项工作。验电接地位置必须设在作业区两端可能来电的接触网设备上。当作业组接到停电作业命令后,工作领导人通知验电接地人员进行验电和接地线工作,只有当接地线挂好后才能进行网上作业。验电接地必须由两人进行,一人操作,一人监护,安全等级分别不低于 2 级和 3 级。验电时,必须将验电器先在有电设备上试验良好,再在停电的接触网上验电,当验明线路的确停电后,才能接挂地线。必须先将地线与"地"接好后再挂在经确认无电的接触网上,撤除时秩序相反。

7. 倒闸作业制度

为减少停电范围,通常要根据接触网的供电分段进行隔离开关倒闸作业。另外,出现某些危及人身或设备安全的紧急状况时需要进行隔离开关倒闸作业。

隔离开关倒闸作业必须由两人进行,一人操作一人监护,其安全等级不低于三级,倒闸前必须向供电调度申请倒闸作业命令,受令人要填写"隔离(负荷)开关倒闸作业命令票"。

8. 作业自检互检制度

在接触网设备的检修作业中,为保证设备的检修质量,工区制定了接触网作业的自检互检制度,把设备分段包干到个人或作业组的责任范围内。检修时尽量由负责人承担其检修任务,自行检查质量。然后工作领导人、工长、领工员及技术员对其质量进行检查并签字。如果作业组在非定管设备上进行作业时,应由定管该设备的作业组对其检修质量进行检查并做好记录,整个检修或施工任务完成后,应按有关规定进行检查验收。

接触网的作业制度除了以上所提到的几项外,还有许多制度有待于进一步完善和改进,提高管理水平和设备质量,减少事故发生率,更好地为铁路运输生产服务。

三、接触网检修作业

1. 修程修制

高速铁路实施一级修(临时修)、二级修(综合修)、三级修(精测精修)三级修程;普速铁路一般实施一级、二级两级修程;对普速低等级铁路(支线、专用线等),铁路局集团公司可根据现场实际安排实施一级修程。

一级修(临时修)是为了使设备状态保持在限界值以内,对导致接触网功能障碍的缺陷或故障立即投入、无事先计划的临时性维修。主要包括一级缺陷的临时性修理、危及接触网供电周边环境因素处理、导致接触网功能障碍的故障修复(必要时采取降弓、限速、封锁等处置措施)。

二级修(综合修)是为了使设备状态保持在警示值以内,对定期检测发现的缺陷进行有组织、有计划地维修,以及对设备进行全面维护保养。主要包括二级缺陷集中修理和设备全面维护保养(必要的防腐和注油等)。二级修(综合修)可结合全面检查进行,或根据缺陷情况有计划地安排。

三级修(精测精修)是指对运行一定年限(或弓架次)的高速铁路线路接触网,通过检测动态条件下的弓网作用参数,测量静态条件下的接触网几何位置,检验零部件质量状态,依据检测、检验分析结果,全面调整接触网静态几何参数,更换失效或接近预期寿命的零部件和设备,更换局部磨耗接近限值的接触线,恢复接触网标准状态。

满足下列条件的,应开展一次三级修(精测精修)工作。

(1)一般运行 7 年或弓架次达到 50 万次以上;

(2)动态检测发现弓网动态作用特性或区段持续不良、故障多发以及线路平纵段面发生调整的区段。

2. 检查

检查分为巡视检查、全面检查、单项设备检查和非常规检查。

巡视检查是对接触网外观、绝缘部件状态、外部环境及电力机车、动车组取流情况进行目视检查,分为步行巡视检查和登乘巡视检查。

步行巡视检查的主要内容:

(1)有无侵入限界、妨碍列车运行的障碍;

(2)各种线索(包括供电线、正馈线、加强线、回流线、保护线、架空地线、吸上线和软横跨线索等)、零部件、各种供电附属设施等有无烧损、松脱、偏移等情况;

(3)补偿装置有无损坏,动作是否灵活;

(4)绝缘部件(包括避雷器、电缆终端)有无破损和闪络;

(5)吸上线及各部地线的连接是否良好;

(6)支柱、拉线与基础有无破损、下陷、变形等异常;

(7)限界门、安全挡板或网栅、各种标志是否齐全、完整;

(8)自动过分相地面磁感应器有无缺损、破裂或丢失;

(9)有无因塌方、落石、山洪水害、施工作业及其他周边环境等危及接触网供电和行车安全的现象。

注意:防护栏内区间一般不进行步行巡视。车站、动车所巡视周期一般为 3 个月,隧道内巡视周期为 12 个月,防护栏外巡视周期为 3 个月。

登乘巡视检查的主要内容:

(1)接触网状态及外部环境;

(2)有无侵入限界、妨碍列车运行的障碍;

(3)有无因异物、落石、山洪水害、施工作业及其他周边环境等危及接触网供电和行车安全的现象。

(4)绝缘部件有无闪络放电现象

(5)电力机车、动车组受电弓取流情况。

全面检查是对所有设备进行检查,周期为 36 个月,全面检查的主要内容:

（1）无法或不易通过监测、检测或其他检查手段掌握设备运行状态的所有项目，如接触悬挂、定位和支持装置、支柱（含拉线）和基础、附加悬挂、接地装置、标识等螺栓是否齐全，有无松脱现象，零部件安装方式是否正确、有无裂纹、变形、烧伤，线索有无锈蚀、散股、断股、烧伤等。

（2）重点处所的附加导线对地距离及线索、引线、接触悬挂间距测量，重点部位（如锚段关节、线岔、中心锚结、馈线上网处）的接触线磨耗测量，高压电缆绝缘测试。

（3）受电弓动态包络线检查。

单项设备检查是对个别设备进行专项检查，并兼有维护保养职能。如分段绝缘器、分相绝缘器、远动隔离开关及其操作机构等重点单项设备 6 个月检查 1 次；避雷装置（雷雨季节前，含接地电阻测量）；非远动隔离开关；高压电缆及附件等单项设备 12 个月检查 1 次。

全面检查和单项设备检查具有检查、测量和试验等多重职能。是针对通过静态和动态检测、监测等手段无法或不易掌握的设备及零部件运行状态，利用天窗在接触网作业车、车梯或支柱上进行的近距离检查、测量和试验。

非常规检查是指在特殊情况下进行的接触网状态检查。一般在接触网发生跳闸、故障或出现极端天气和灾害后开展非常规检查，对接触网设备的状态变化、损伤、损坏情况进行检查。非常规检查的范围和手段根据检查目的确定。

3. 检测和监测

依据相关规范和检测设备对接触网、受电弓及弓网系统的材料、设备以及工程质量和使用功能等进行测量，对其做出量化描述，以确定其质量特性的活动称为接触网检测。接触网检测是利用移动测量设备，对接触网的定位装置和接触悬挂进行在线连续测量。

依据相关规范和检测设备对接触网、受电弓及弓网系统的材料、设备以及工程质量和使用功能等进行定点连续测量，对其做出量化描述，以确定其质量特性的活动称为接触网监测。接触网监测是利用固定测量设备，对接触网特殊断面的设备或结构进行在线 24 h 不间断连续测量。

接触网检测和监测是接触网施工调整和运营维护不可缺少的技术手段，它为施工部门的试验和工程交验提供技术依据；为设计部门评判和优化弓网系统提供试验数据；为运营部门维修提供指导信息，为状态维修提供理论基础和技术条件。

接触网检测可分为工程性检测、功能性检测和状态性检测。工程性检测的主要目的是发现工程隐患、找出工程问题、提高施工质量；功能性检测的主要目的是选择悬挂类型、研究弓网动态匹配特性；状态性检测是对已投入运营的接触网进行状态监控，主要目的是及时发现接触网的技术缺陷，保证运营安全。

接触网检测可分为静态检测和动态检测两大类。静态检测是指利用激光检测仪等测量工具在地面对接触网进行检查和测量，检测的主要参数有拉出值、导高、跨中弛度、跨中偏移、线索补偿张力、接触线磨耗、锚段关节导线的相对位置等。动态检测是指利用专用检测车辆在运行状态下对接触网进行的参数测量。

国内外多年的理论研究、试验和工程实践表明，接触网静态特性良好是保证接触网动态特性良好的先决条件，线路运营速度越高，对接触网的静态特性要求就越高。接触网工程施工完成后应先进行静态检测。若静态检测出的缺陷没有被消除时，则动态检测该处所时同样会出现质量缺陷。因此，接触网工程竣工后，应采用非接触式接触网检测车或综合检测列车对接触网几何参数进行检测。

接触网检测的基本参数如表 5-3-1 所示。

表 5-3-1　接触网检测参数表

检测参数	定义	备注
接触线横向偏移	接触线相对于受电弓弓头中心线的横向偏移值,定位点处的横向偏移值即为拉出值	评价方法:满足设计文件的要求
接触线高度	接触线工作面与轨顶连线的垂直距离,简称导高	评价方法:满足设计文件的要求
接触线坡度	两相邻定位点接触线高度差与该跨距的千分比	评价方法:满足设计文件的要求
接触线平行间距	在线岔或锚段关节处,两支接触线横向偏移的差值	评价方法:满足设计文件的要求
接触线垂向高差	线岔或锚段关节处,两支接触线高度的差值	评价方法:满足设计文件的要求
定位器坡度	定位器两端连线与受电弓弓头面的夹角的正切值	评价方法:满足设计文件的要求
接触线磨耗	被磨损、烧蚀、腐蚀掉的接触线横断面面积	评价方法:柔性网磨耗不超过初始截面积的20%;刚性网不影响弓网取流
弓网接触力	受电弓作用到接触线上的垂直力,等于受电弓滑板与接触线所有接触点的接触力的总和	评价方法:满足设计标准要求
定位点处接触线抬升量	受电弓通过定位点时,接触线高度的变化值	评价方法:不超过定位器所允许的最大抬升量
振动冲击加速度	弓网动态接触时,受电弓运行方向的加速度称为冲击加速度,垂直方向上的加速度称为振动加速度	评价方法:加速度绝对值的峰值位置处可能存在接触网的局部缺陷
燃弧	电流通过滑板和接触线间的空气间隙时产生的强光。一般实时测量燃弧次数和燃弧持续时间,统计计算燃弧率	评价方法:满足设计标准要求
接触网温度	接触网所有带电设备的温度。如果接触网带电设备出现连接处螺丝松动、压接配合失灵、严重腐蚀、磨损或腐蚀、开关接触点缺陷等故障,带电设备及其附近通常会出现高于正常值温度的现象	评价方法:一般采用相对温度诊断法,将当前连续 n 幅无过热状态的接触网红外图像上的平均温度取平均值作为当前基准温度,将当前采集图像上最大温度与基准温度相比较判断过热点
检测速度	车载检测设备进行接触网检测时,检测车辆的运行速度	用途:作为弓网动态检测结果评价的参考量
环境温湿度	接触网检测时,接触网环境的温湿度	用途:作为检测结果评价的参考量
接触网电压	当前检测位置处的接触网电压值	用途:评价当前位置接触网电压是否在要求范围内
受电弓取流电流	用于弓网动态参数检测的受电弓在检测运行时从接触网获取的电流瞬时值	用途:作为燃弧率评价的参考量
定位号	当前检测位置处的接触网定位号(一般用接触网支柱号)	用途:为检测结果提供位置信息
里程	当前检测位置处的公里标	用途:为检测结果提供位置信息

　　接触网检测方式可分为车载检测、人工检测和定点监测几类。车载检测将检测设备安装在专用车辆上,车辆在线路运行过程中实现接触网参数的快速连续测量。人工测量是由作业人员手持测量设备,对接触网参数进行逐点测量。定点监测设备通过在线路旁固定安装测量设备,对接触网关键位置进行不间断测量。各种检测方式的主要检测设备如表 5-3-2 所示。

表 5-3-2　接触网检测方式及设备说明表

检测方式	检测设备	功能说明	特　点
车载检测	多功能检测车	检测设备安装在专用检测车或者接触网作业车等轨道车辆上,对接触网参数进行快速连续测量。可测量接触网几何参数、弓网动态参数、辅助参数。 　　当升起检测受电弓运行时,可测量几何参数动态值;降下检测受电弓运行时,结合车体振动补偿测量功能,将几何参数检测结果换算成静态值	1. 检测项目全面; 　2. 弓网动态检测结果与实际运行载客电动列车的真实情况有一定差异; 　3. 检测受电弓不取流,不能测量燃弧,接触网温度等参数; 　4. 检测效率较高,但需占用专门的行车点
车载检测	在线检测设备	检测设备安装在载客的电动列车上,在列车载客运行过程中,对弓网动态参数进行快速连续测量。可测量几何参数动态值,弓网动态参数,辅助参数。 　　超限检测结果可在检测运行过程中实时发送至数据处理中心,对弓网缺陷及时处理	1. 弓网动态检测结果真实反映列车实际运行工况; 　2. 检测效率高,不需要专门的行车点; 　3. 可在线监测弓网动态接触情况,对缺陷实时报警,及时处理; 　4. 检测设备的安装受电动列车安装空间限制,对检测设备外形和可靠性等要求较高
车载检测	便携式接触网检测小车	检测设备安装在便携式小车上,可在小车人工推行或电动自走行过程中对接触网参数进行自动连续测量。可测量接触网静态几何参数和检测位置参数	1. 可人工携带,在接触网维修过程中进行测量; 　2. 测量效率较人工手动测量高,且可实现对检测结果的连续测量,以及检测结果的自动记录; 　3. 测量精确度较其他车载测量设备高
人工检测	接触网多功能检测仪	利用激光测量技术,由人工手持对接触网参数进行逐点测量。主要测量内容为接触网静态几何参数	1. 设备轻便,携带方便; 　2. 测量精确度高; 　3. 测量效率较低,不能对接触网几何参数连续测量,一般用于维修后对静态几何参数的现场复核
人工检测	游标卡尺/螺旋测微器	在接触网停电作业时,可人工在作业车平台或梯车上逐点测量接触线磨耗	1. 测量精度高; 　2. 测量效率低; 　3. 需在停电情况下进行测量
人工检测	红外测温仪	在接触网运行过程中,人工手持红外测温仪对接触网部件温度进行远距离测量	测量效率较低,一次只能对接触网上一个点进行测量
定点监测	定点监测设备	在线路旁固定安装监测设备,对接触网特定位置的运行状态进行连续不间断的监测,监测结果可实时发送至数据中心进行分析处理。主要监测内容包括:定位点处接触线抬升量,柔性接触网线索张力、接触网特定位置温度、受电弓状态图像自动识别等	1. 可对弓网状态进行持续不间断的监测,可监测到运行中的每一架受电弓; 　2. 只能对接触网特定的点进行监测; 　3. 能对故障数据实时上传,及时处理

对接触网检测设备的要求是：误差小，检测装置的接入不能影响被测量，测量装置要具有好的频率响应特性、高的灵敏度、快速响应能力，测量结果受非被测量的影响要小，测量装置要有好的复现性，应用的测量装置要有适合工作现场条件的能力，检测装置要安全可靠、容易维修和校准。技术指标如表 5-3-3 所示。

表 5-3-3　接触网检测装置测量技术指标

序号	检测参数	测量范围	分辨率	最大允许误差
1	接触线高度	5 000～7 000 mm	1 mm	±10 mm
2	拉出值	±625 mm	1 mm	±10 mm
3	硬点	0～980 m/s²	10 m/s²	1%
4	弓网接触力	0～500 N	1 N	±5 N
5	燃弧	0～500 ms	2 ms	5%
6	接触线间水平距离	0～800 mm	1 mm	20 mm
7	接触线间垂直距离	0～500 mm	1 mm	20 mm
8	接触网电压	0～31.5 kV	10 V	±50 V
9	动车组网侧电流	0～1 000 A	1 A	±10 A
10	定位器坡度	0～20°	0.1°	±0.5°
11	支柱定位	—	—	1%
12	速度	0～400 km/h	0.1 km/h	0.1 km/h
13	跨距	0～80 m	0.1 m	1%
14	里程	0～10 000 km	0.1 m	50 m

4. 分析诊断

分析诊断是根据接触网检测结果判断设备运行状态、判定缺陷等级，为维修提供依据。分析诊断有即时分析诊断和定期分析诊断。

检测监测设备报警或发生危及行车信息时，应立即进行即时分析诊断。

定期检测工作完成后，检测工区、运行工区应在相应时限内完成定期分析诊断，分析诊断时限如表 5-3-4 所示。

表 5-3-4　分析诊断时限参考表

装置名称	分析项点	完成时限
1C	缺陷数据	3 日
	全面分析	10 日
2C	季节性、关键性问题	1 日
	全面分析	3 日
3C	全面分析	10 日
4C	季节性、关键性问题	3 日
	全面分析	20 日
5C、6C	全面分析	1 日

注：表中 1C～6C 的相关内容见本章第四节内容。

当检查和人工静态检测发现设备缺陷时,由发现班组分析并纳入维修处理。

当零部件检验发现质量缺陷时,应立即分析零部件质量缺陷对接触网运行产生的影响,并安排修理。

当发生跳闸、中断供电、打碰受电弓等异常情况时,应立即组织对该区段接触网检测资料进行分析诊断,查找原因并修理。

根据检测结果,对设备的运行状态用标准值、警示值和限界值三种量值来界定。

标准值为标准状态目标值,一般根据设计值确定。

警示值为运行状态提示值,一般根据设备技术条件允许偏差来确定。

限界值为运行状态安全临界值,一般根据计算或运行实践来确定。

标准状态是设备最佳运行状态,一般根据施工允许偏差确定。

第四节　接触网检测和监测技术

一、接触网主要参数的检测原理

1. 接触线几何参数的检测原理

接触线的几何参数包括拉出值、高度、多支接触线相对位置等。测量设备主要采用激光器和高速工业数字相机,如图 5-4-1 所示。将高速工业数字相机和作为光源的激光器安装车顶,激光向上投射到接触线上,高速工业数字相机拍摄激光在接触线上的畸变图像。数字相机输出 8 位灰度位图图像,随着接触线空间位置的变化,激光线打在接触线上

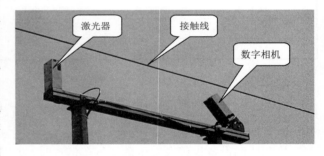

图 5-4-1　接触线空间位置检测装置

所形成的畸变曲线在图像中的位置也不同。利用一定的图像处理算法,找出接触线底部在图像中的像素坐标,通过一定的标定计算,就可以换算出接触线在实际空间中的几何位置。当图像中有多根接触线时,分别计算每根接触线的位置坐标,就可以对多支接触线的相对位置进行高精确度的测量。

在有双支接触线的区段,分别计算两线的拉出值和高度,两拉出值差的绝对值即为两接触线的平行间距,两高度差的绝对值即为两接触线的高度差。导高变化率通过求检测到的两相邻定位点(悬挂点)处的接触线高度之差,结果除于跨距即可计算出。

2. 定位号、定位器坡度、跨距测量

定位号及定位器坡度的测量由接触线几何参数测量设备完成。检测装置通过接触网定位点时,在测量组件相机上的成像与跨中存在较大差异,通过模式匹配算法对图像进行处理,能实时检测出当时位置是否为定位位置。

3. 接触线磨耗测量

接触线磨耗测量采用与接触线几何参数测量相同原理的光切法 3D 测量组件，为了实现对接触线底面的高清成像，采用三组高清工业相机并列来提高对接触线底面的成像分辨率，以实现对接触线磨耗的高精度测量（图 5-4-2）。

根据接触线磨耗底面面外形轮廓，利用圆拟合算法计算出接触线圆心位置和半径，从而得出接触线残存高度值（或磨损掉的高度值）。

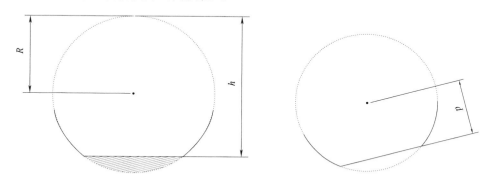

图 5-4-2　工业数字相机接触线磨耗测量用图

对比其他利用线阵相机仅测量接触线底面宽度进行计算的方法，该方法在接触线出现偏磨的情况下仍然能准确地计算出接触线残存高度值。

4. 受电弓电压电流检测

受电弓电压电流的测量可通过与车辆系统接口总线获取车辆系统本身所测量的电压电流数值。如不具备获取车辆系统相应数据的条件，同时还可以通过安装在车顶的电压测量传感器和电流测量传感器输出相应信息，经专用采集模块采集后，传输至检测工控机系统进行分析处理，得到受电弓电压和电流数值。

5. 弓网接触力及弓网振动检测

接触力检测方式有接触式和非接触式两个功能模块，可同步进行数据采集。

接触力接触式测量是在受电弓弓头与上框架间的连接处串接称重传感器，结合对弓头垂直方向惯性力的测量来实现的，称重传感器和测量弓头惯性力的加速度传感器安装如图 5-4-3 所示。

采集安装在弓头和上框架 4 个连接位置处的称重传感器输出信息，可计算出上框架对弓头支持力的合力，采集安装在弓头上的垂直方向上的加速度传感器输出信息，可得到在弓网接触过程中垂直方向上的加速度，已知弓头质量，即可得出运行过程中弓头的惯性力，同时弓头还受到弓头与接触线之间的接触力作用，对弓头进行受力分析，即可计算出弓网接触力。

弓网振动量的测量通过高速弓网成像相机高频率的拍摄受电弓运行图像，对受电弓滑板部分图像进行模板匹配，从而得到受电弓滑板在图像中的像素坐标位置，通过一定标定算法，可将像素坐标换算成实际空间位置坐标，从而计算出受电弓上碳滑板振动位移量，结合采样时间，可计算出受电弓振动频率。

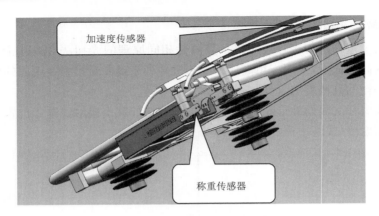

图 5-4-3　弓网接触力和弓头振动检测

接触力非接触式测量是通过采用高速相机采集受电弓运动轨迹,结合相机高速拍摄时的单帧参数,可以计算出受电弓的振动量、振动速度及加速度,从而可以得到弓网的硬点和受电弓振动参数,结合受电弓弓头的当量质量,根据相关力学原理以及受电弓分析模型,来换算出接触力。

6. 弓网燃弧测量

弓网燃弧测量包括燃弧次数、燃弧持续时间以及燃弧率,利用紫外弧光感应器完成。

按照(EN 50317—2012)标准要求设计燃弧检测模块,传感器布置在受电弓开口方向,感应角度能满足受电弓工作范围要求,设置如图 5-4-4 所示。对电弧的起始和终止的响应时间小于100 μs。根据接触线材质燃弧所辐射的波长范围确定特征光检测波段范围,铜合金燃弧所辐射的波长范围为323~329 nm 范围。

该装置的特点是:测量模块通过光学滤波设计,对波长大于 330 nm 的可见光不敏感,能避免太阳光、隧道光等干扰光的影响;采用紫外弧光感应器安装在受电弓开口方向进行非接触式检测。能同时检测受电弓前后燃弧情况。设有燃弧图像采集用工业数字相机,当燃弧检测传感器检测到燃弧产生,同步拍摄弓网燃弧图像,以便于进行燃弧数据分析时,直观了解燃弧状况。

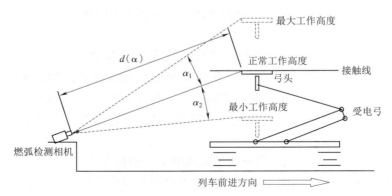

图 5-4-4　弓网燃弧测量原理示意

二、6C 系统及应用典型案例

为适应高铁的运营维护需求,高速铁路牵引供电采用了如图 5-4-5 所示的 6C 系统,6C 系统包括 6 套装置(硬件)和相应数据处理系统。

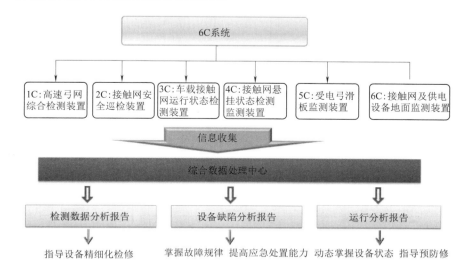

图 5-4-5　电气化铁路牵引供电 6C 系统框图

高速弓网综合检测装置(1C)对接触网的动态参数和弓网的动态参数进行线路实速检测,检测数据用于评估弓网动态性能、识别接触网技术状态。主要检测参数有:弓网接触力、接触网电压电流、接触线动态高度、接触线动态拉出值和离线率等。

接触网安全巡检装置(2C)是临时架设在动车组司机室内的安全巡视设备,对接触网的状态及外部环境进行视频采集,用于判断接触网设备的松脱、断裂及异物侵入等情况。主要用于发现吊弦、腕臂支撑、载流环、网上异物、隔离开关、补偿装置、绝缘子、附加线索、支柱、外部侵限、警示牌丢失等接触网外部环境问题。如线索上方有冰凌、跨线桥上异物、上跨桥未安装警示牌、树木侵限、支柱爬藤、外部吊机作业、号牌脱落、号牌丢失、螺栓脱落、断标缺失、防风支撑等处鸟害等问题。

车载接触网运行状态检测装置(3C)加装在运营动车组的车顶上,实现对接触网温度变化、拉出值超限、接触线硬弯、分段绝缘器燃弧、线夹发热、受电弓发热、定位器坡度超限等动态几何参数超标和弓网受流状态异常的动态监测。

接触网悬挂状态检测监测装置(4C)安装在接触网作业车或专用车辆上,周期性地对接触网支持装置、接触悬挂等零部件进行高分辨率成像,确定接触网各部件裂损、缺失、松脱、移位等结构异常,对接触网潜在缺陷进行预测和判断。主要技术指标:接触网全景高清摄像、分辨定位器区域零部件的松、断、裂、腕臂部分图像,像素不低于 500 万。

4C 的现场运用方式主要包括:接触网几何参数静态测量,接触悬挂状态检测监测。在接触悬挂状态检测监测中,主要对支持装置及接触悬挂进行高精度定位及高清成像,并对典型缺陷进行智能分析及自动预警。通过对典型缺陷的智能分析及自动预警,可相对人工分析查找有效提高缺陷查找定位效率几十倍,显著降低人工劳动强度,及时定位接触网零部件缺陷,有效保障接触网运行安全,如表 5-4-1 和表 5-4-2 所示。

表 5-4-1　某高铁 4C 检测中智能分析预警效果

缺陷	智能分析预警	人工分析	现场确认缺陷	智能分析漏报
开口销缺陷	63	18	18	0
斜拉线钩子装反	18	2	2	0
斜拉线不受力	33	6	6	0
腕臂缺管帽	92	40	40	0
异物	11	1	1	0
定位管处等电位线散股	未定义	1	1	1

表 5-4-2　某高铁 4C 检测中智能分析与人工分析效率对比

	人工分析	智能分析
确认总点数	3 968×16＝63 488	3 968×16＝63 488
线上操作人数	1	1
线上时间(h)	4	4
线上总人时	4	4
线下分析人数	5	0
线下时间(h)	48	0
线下总人时	240	0
总人时	244	4

受电弓滑板监测装置(5C)安装在车站、车站咽喉区、隧道口、线岔和分相等地点,用于监测高速弓网的匹配关系,辨别受电弓碳滑板的磨损、断裂等异常情况,并实时报警。

接触网及供电设备地面监测装置(6C)安装在接触网特殊断面及供电设备处,监测接触网的张力、振动、抬升量、线索温度、补偿位移及供电设备绝缘状态和温度等运行状态参数,指导接触网及供电设备的维修。

目前,有许多城市轨道交通线路也采用了 6C 技术。

1. 1C 装置应用案例

案例一　导高超限

图 5-4-6 为某高铁上行线检出的接触线高度曲线,从图 5-4-6 中曲线可知,导高最小值为 5 198 mm,低于标准值 5 300 mm 达 102 mm,已超出允许误差 5 290 mm,构成一级超限。经过现场静态测量复核,发现该处为有砟轨道,及时对吊弦进行了调整。综合检测车对该处所进行了状态跟踪,对处理前后的检测波形进行了分析,调整后接触线高度过度明显平滑,消除了接触线高度超限。

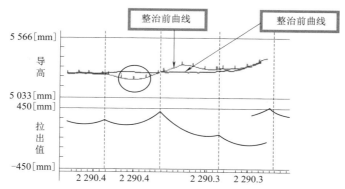

图 5-4-6　某高铁上行线检出的接触线高度曲线（整治前后波形对比）

案例二　定位点附近区域接触线高差超标引起弓网接触力突变

图 5-4-7 为某高铁上行线检出的导高、拉出值、弓网接触力波形。由检测曲线可知，在定位点附近弓网接触力波动较大，最小值接近 0 N，接触线高差达 300 mm，综合分析认为是由于定位处接触线高度偏高，导致定位点两侧跨距内接触线高差偏大，引起弓网接触力波动较大。经过现场静态测量后得到确认，并对该支柱的平腕臂进行了更换。综合检测车再次对该处进行了状态跟踪，对处理前后的检测波形进行了对比分析，接触线高度曲线明显平滑，弓网接触力曲线明显改善。

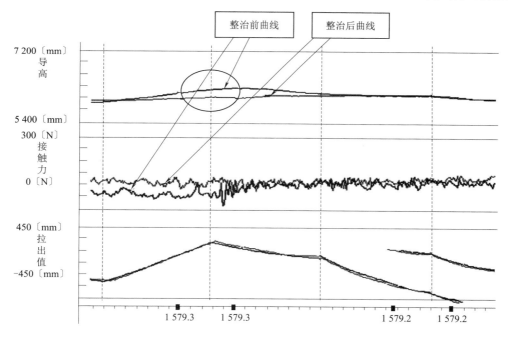

图 5-4-7　某高铁上行线导高、接触力、拉出值（整治前后曲线对比）

案例三　定位器坡度不够

图 5-4-8 为某高铁下行检测出的定位器坡度，定位器坡度只有 0.7°，经过现场静态测量，超限处所得到了复核及确认，超限位于区间 929 号杆，现场测量定位器坡度为 1.0°。经现场缺陷整治后，该处动态检测缺陷消除。综合检测列车再次检测时对调整前后的检测数据进行对比，确认该缺陷已消除，定位器坡度 8.6°，满足相关标准要求。

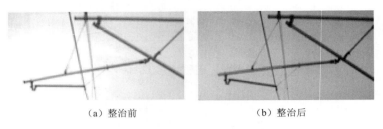

（a）整治前　　　　　　　　　（b）整治后

图 5-4-8　某高铁下行定位器坡度超限

案例四　弓网接触力超限

弓网接触力超限的原因比较复杂，导高波动、集中质量、导线（或钢轨）不平顺、气流扰动、受电弓故障等均会造成接触力不达标，因此，综合分析数据曲线，从系统整体上加以判断，才可能诊断出弓网动态接触力超限的原因，用于指导接触网维修。

从图 5-4-9 中弓网接触力、拉出值、磨耗、导线坡度、动车速度检测曲线可知，动车组以 300 km/h 的速度匀速前进，在跨中（图 5-4-9 中标注处）弓网接触力、导高、坡度变化明显异常，将诊断曲线关联接触网平面图后分析，可知弓网接触力超限处存在吊弦，现场确认吊弦调整不到位，接触线形成明显倒 V 字形结构（见导主曲线），该处接触线高度偏高 132 mm，接触线坡度变化异常，当受电弓高速通过此处时，弓网接触力产生剧烈波动，最大值达到了 250 N 以上，严重影响了弓网动态运行质量，在弓网动态接触力检测曲线形成了一处最大值超限。

通过该案例可知，关联弓网接触力超限处所、导高、坡度、公里标及接触网平面图、支柱装配、吊弦装配等检测参数寻找接触网缺陷是一种常用的分析方法。

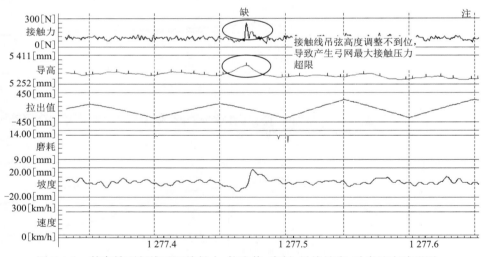

图 5-4-9　某高铁下行线弓网接触力、拉出值、磨耗、导线坡度、动车速度波形图

2.2C 装置应用案例

案例一　补偿装置故障引起吊弦卸载

图 5-4-10 为接触网安全巡检装置发现的某高铁洛阳 L～M 区间第 61 锚段 1227 号—1229 号中心锚结绳两侧各 2 根吊弦不受力。当日天窗点组织上网检查发现该锚段 1201 号导锚棘轮补偿装置发生卡滞，并进行了更换。供电段组织棘轮补偿装置设备厂家共同对卡滞的棘轮补偿装置打开检查，并对存在问题进行了分析。

认定该高铁此处所使用棘轮补偿装置为第一代产品,棘轮转动轴承需通过注油嘴注油维护,轴承内部注油情况无法直接判断(是否注满或注入),且棘轮轴承非全封堵设计,不具备防尘防水功能,不具备自润滑功能。1201 号棘轮补偿装置卡滞原因为棘轮轴承内部进水锈蚀、轴承内部润滑油固化,轴承无法转动造成。

针对此情况,铁路局下发了紧急通知要求对该高铁管内棘轮补偿装置采取网内人工巡视托动及利用作业车转动棘轮本体相结合的方式进行全面排查,同时加强 2C 监测结果分析,对排查和 2C 监测发现的棘轮补偿装置问题分轻重缓急采取针对性安全保障监控措施,对棘轮补偿装置卡滞问题做到随时发现随时处理,具备条件的必须在当日天窗点内处理,不具备条件必须采取安保措施,确保行车安全。

(a)中心锚节绳两侧吊弦不受力　　　　　　　　(b)补偿棘轮装置缺陷

图 5-4-10　2C 监测发现的接触网缺陷

3. 3C 装置应用案例

案例一　定位器打碰受电弓故障诊断

某动车运用所在进行受电弓检查时,发现 6 列动车组受电弓弓角存在不同程度击打痕迹,击打位置基本一致,如图 5-4-11 所示。经对列车运行交路进行综合分析,可初步判定打弓点位于 H~W 站间。通过多次步行巡视、2C 接触网安全巡检装置重点检查,未发现打弓点。为迅速锁定故障点,铁路局协调运输处、调度所、车辆处、机务处等业务部门,调用装备有 3C 装置的 CRH380A 型动车组在 H~W 站间进行了检测。通过 3C 检测装置确认了打弓点位置,发现打弓点位于 H 站 125 号锚段关节中心柱 T 形软定位器根部,如图 5-4-12 所示。通过现场静态检查,发现该支柱 T 形软定位根部有明显划痕,确认为打弓点。

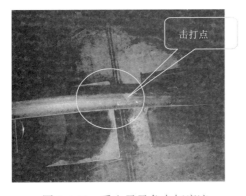

图 5-4-11　受电弓弓角击打痕迹　　　　　图 5-4-12　3C 装置确认的打弓点位置

经检测,此处定位器工作支接触线拉出值 293 mm,T 形软定位器根部拉出值为 875 mm。受电弓弓角与 T 形软定位器根部动态距离处于临界状态。在温差变化较大时间段,补偿器张力使接触网线索偏移加大,导致定位器尾部侵入动车组受电弓动态包络线内,造成碰弓现象,是造成此次故障的直接原因。根据产生原因,调整了该支柱两支接触线拉出值和定位器坡度,调整后,T形软定位器的工作支接触线拉出值为 82 mm,另一支软定位器工作支接触线拉出值为 416 mm,中心柱两工作支水平距离为 498 mm。T形软定位器根部拉出值为 1 078 mm,调整后既保证了绝缘锚段关节中心柱两支接触线垂直水平距离,又满足动车组受电弓动态包络线距离要求。

案例二　受电弓发热故障诊断

图 5-4-13 为受电弓滑板发热图像,最高温度为 136.85 ℃。结合红外图像与可见光图像可知,受电弓滑板持续发热,经检查后发现,受电弓滑板下部安装螺栓明显烧损。进一步检查后发现受电弓滑板下部接触面存在氧化锈蚀现象,导致滑板接触面电气连接不良形成螺栓烧损。确认超限原因后,及时对受电弓滑板下部接触面进行处理,消除了安全隐患。

（a）红外图像　　　　　　　　（b）可见光图像

（c）烧损的滑板下部　　　　　（d）氧化锈蚀的滑板下部接触面

（e）处理后的受电弓滑板下部接触面

图 5-4-13　3C 装置发现受电弓发热故障

4.4C 装置应用案例

案例一　4C 装置在接触网精测精修中的应用

观察分析图 5-4-14 中接触网静态几何参数可以发现,整锚段内的接触线跨中普遍存在负弛度。造成接触线的因素主要有:低温时,线索张力偏大、吊弦长度不合理、弹性吊索张力不合适等因素,对于全补偿链弹性链型悬挂,接触线一般按无弛度设计,引起接触线产生负弛度的因素主要是弹性吊索张力不合适或整体吊弦长度不合理。经现场复核发现,引起此锚段接触线产生负弛度的原因是弹性吊索实际张力小于设计张力。将弹性吊索张力增加到了额定张力后,接触线负弛度现象明显减小;同时按照接触网精测精修标准对接触网静态几何参数进行了调整,如图 5-4-15 所示。图 5-4-16 所示为精修前后静态几何参数对比图,可以看出,精修后接触线负弛度现象基本消失,接触线平顺性明显增强。

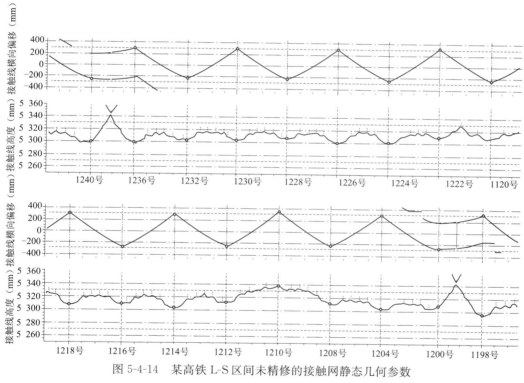

图 5-4-14　某高铁 L-S 区间未精修的接触网静态几何参数

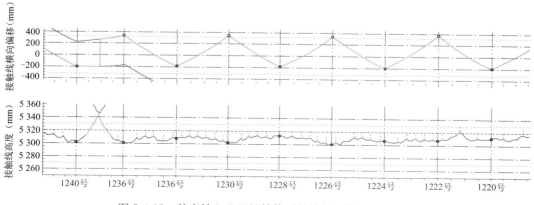

图 5-4-15　某高铁 L-S 区间精修后的接触网静态几何参数

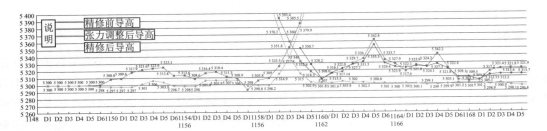

图 5-4-16　某高铁 L-S 区间精修前后接触网静态几何参数对比图

5.5C 和 6C 装置应用案例

案例一　受电弓滑板缺陷（图 5-4-17）

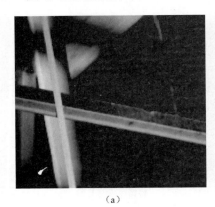

（a）　　　　　　　　　　　（b）

图 5-4-17　受电弓滑板缺陷

案例二　受电弓滑板偏斜（图 5-4-18）

（a）　　　　　　　　　　　（b）

图 5-4-18　受电弓滑板偏斜

案例三　变电所电缆接头温度异常

图 5-4-19 和图 5-4-20 为某牵引变电所利用红外检测装置发现的套管接头温度异常问题，图 5-4-19 为套管接头处温度检测报告。图 5-4-20 为套管接头处温度变化曲线。

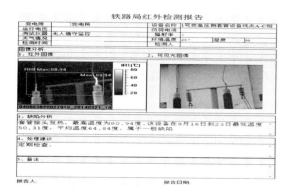
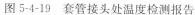

图 5-4-19　套管接头处温度检测报告

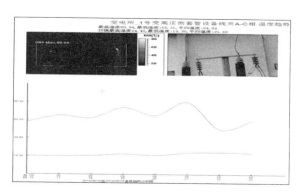

图 5-4-20　套管接头处温度变化曲线

第五节　接触网鸟害的综合治理

接触网鸟害是指因鸟及鸟巢等原因引起的供电故障,如闪络、击穿、短路等。这些故障往往会影响铁路正常运输,严重时还可能造成牵引供电设备的损坏,因此,鸟害防治是接触网运维的重要内容之一,特别是在鸟的繁殖季节(春夏季)。

一、"鸟害"的成因

形成接触网"鸟害"的主要因素有环境因素、筑巢材料和天气因素、设备结构因素、人鸟行为因素等。

1. 环境因素

首先,电气化铁路的大量修建破坏了鸟的栖息环境,使原本搭建在树上的鸟巢转移到接触网等供电设备上,导致供电设备上鸟巢数量增多。其次,鸟的习性是喜欢在视野开阔、利于捕食和生存安全较高的地方寻求栖息平台和猎食平台,电气化铁路接触网高于周围树木(特别是高架线路),很好地满足了鸟类的筑巢习性。

2. 筑巢材料和天气因素

鸟巢一般由外层、内层和垫层三层构成。外层多为粗枯树枝、铁丝等,间杂有杂草及泥土;内层大多为细枝条、细铁丝和泥土等;部分鸟巢的内外层均有细铁丝、焊条等金属导电材料,垫层由麻、纤维、草根、苔藓、羽毛等柔软物。金属导电材料占比越大,发生"鸟害"的概率就越大。天气越坏,如雨天、雾霜天、雷电天等,发生"鸟害"的概率也越大。

3. 人和鸟的行为因素

首先,人类的不当行为进一步诱发了鸟在接触网上筑巢的习性。统计鸟巢在接触网上的搭建位置后发现:格构式结构、硬横梁 V 形悬挂、下锚角钢、平(斜)腕臂底座、大限界框架、隔离开关、避雷器、隧道口悬挂正上方、附加悬挂肩架及斜支撑等处所是鸟巢的主要构建地。因此,接触网设备的某些结构特性诱发并加剧了鸟在接触网上筑巢的行为。

其次,无区别的清除鸟巢行为同样加剧了鸟在接触网上筑巢的行为,将不可能或较小可能造成"鸟害"的鸟巢一并清除,鸟会重新寻找筑巢地点,新建鸟巢反而可能加大不可控风险。应主动在风险可控的地方"为鸟筑巢,引鸟归巢"。

另外,"万物皆有灵",更何况对于在地球上生存时间比人类更长久的鸟类呢,鸟是有学习能力的,通过观察一段时间后,所有固化的防鸟措施对于鸟儿都会失效,这也是接触网防鸟害效果不理想的主要原因,在这个问题上,人类应该学会与大自然和谐相处。

二、鸟害的综合治理方法

在接触网"鸟害"的治理上,应坚持"疏堵结合、以疏为主"的基本治理原则。堵的措施是被动措施,是在发现有"鸟害"的地方安装相应设备、材料等。疏的措施是主动的,从接触网设计开始,就主动为鸟提供"安居之所"。

1. 封堵法

利用防鸟网或防鸟罩对便于鸟儿筑巢的设备空间进行封堵。对于格构式钢柱、硬横梁等可用防鸟网,对于棘轮或滑轮下锚底座框架等可用防鸟罩。优点是效果较好,使用寿命可达3～5年;缺点是对材料要求较高,需解决防腐问题,制造工艺也较复杂,单价较高。

2. 驱离法

涂抹驱鸟剂、安装驱鸟刺、安装驱鸟器,视觉惊吓等。

驱鸟剂是一种胶体,主要通过其黏性刺激鸟类的感觉器官(如足部、羽毛等),使其感觉不适而飞离。同时,鸟在啄去粘在身体上的胶体残留物时,会产生恶心、呕吐,从而产生记忆效应,远离受保护区域,达到防止建巢的目的。由于驱鸟剂对接触网设施无腐蚀,可直接用胶枪涂抹于设备表面,不影响接触网设备外观。使用驱鸟剂的优点是使用方便、不伤害鸟儿,适用范围广;缺点是有效时间较短(3～12个月)。

驱鸟刺是用钢丝焊接而成树权状或倒刺状结构物,将其安装于鸟儿易筑巢的地方,破坏鸟儿筑巢环境。树权状结构用于保护面积较大的地方,如附加导线肩架、转角等位置;倒刺状结构用于受保护面积较小的地方,如腕臂绝缘子、下锚绝缘子、分段绝缘器等处。优点是安装方便、防鸟效果较好;缺点是在恶劣天气下,存在与带电体安全距离不足的隐患,同时也不利于接触网的日常维护。

驱鸟器有风动式、超声波、声光等。

风动式驱鸟器是利用风能驱动风叶与反光镜,对鸟的视觉产生干扰,达到驱鸟的目的。器体多采用轻巧耐磨的绝缘材料,以此规避绝缘间隙不够造成的问题。风动式驱鸟器的优点是适用范围广、可全天候工作、无驱赶盲点;缺点是有效时间短,经过一定时间后,鸟会产生适应性,防治效果明显下降。

超声波驱鸟器通过发射频率的随机变化,模拟鸟类天敌的叫声或同伴的求救、警告、悲鸣声,形成一个鸟类无法适应的空间环境,迫使鸟类离开受保护区域,达到驱鸟的目的。超声波驱鸟器的优点是使用寿命长、维修量小,且超声波对鸟来说是一种无法忍受的刺激,但不会伤害到鸟类的生命,更不会对鸟类产生任何实际损伤,效果较好;缺点是需要独立电源,费用高。

声光驱鸟器是多功能驱鸟设备,综合了风动式驱鸟器与超声波驱鸟器的优点,是在风动式驱鸟器基础上增加了驱鸟声音功能。声光驱鸟器利用太阳能充电,利用风力转动。优点是适用范围较广,驱鸟效果较好;缺点是费用昂贵。

视觉惊吓法是利用鸟类害怕的颜色和天敌造型,采用涂抹红漆、系红绸带、安装猛禽模型等达到驱鸟效果。优点是成本低,便于制作和安装,缺点是恶劣天气时容易被损毁,且鸟类易产生适应性。

3. 人工清除法

充分利用铁路供电安全检测监测系统(6C 系统),随时监测鸟的活动情况,尤其是鸟类繁殖季节,适当增加巡检频次,并在鸟巢清除后做到"工完、料净、场地清",不留隐患。优点是能够较好地清除鸟害,缺点是人工成本高,不能做到提前预防。

4. 引导法

通过大数据统计分析,将鸟巢进行分类,将可能造成鸟害的鸟巢定义为"不可控风险鸟巢",将不易或不会造成鸟害的鸟巢定义为"可控风险鸟巢",不用逢巢必剿,而是把主要精力用于识别"不可控风险鸟巢",建立大数据库,通过大数据分析,找出鸟巢的构筑规律,引导设计师和鸟儿构筑大量"可控风险鸟巢"。对鸟儿喜欢筑巢的处所以及对接触网安全运行危害的大小进行统计分类,在接触网附近人工搭建合适的引鸟处所,引导鸟儿将鸟巢到构筑到对接触网运行无危害的地方。从设计方案上对接触网设备和结构进行优化,减少格构式、大平面、敞开式结构的采用,同时在工程实施中完善必要位置的防鸟、驱鸟措施,减少二次施工。

在对铁道线路两侧树木进行清理时,应避免采伐"可控风险鸟巢",并主动为整治后区段鸟巢的搭建提供场所。利用 4C、2C 设备,辅助进行鸟巢视频分析检索,对所有"鸟巢"建立一处一照片档案,加强比对分析。

细化清除鸟巢作业指导书,以图片的方式对不可控风险鸟巢与可控风险鸟巢进行详细界定,将易造成供电设备故障的鸟巢位置一一列出,并及时逐一处理消号,在鸟巢清除位置采取驱鸟或占位措施。对于已搭建成不易造成跳闸的鸟巢,应予以保留。

做好鸟巢增量分析。对于新增或拆除以后新增的鸟巢要紧盯,确认位置,防止跳闸,要及时采取占位措施,不是让它不搭,而是驱使鸟不在跳闸的位置搭。

做好"鸟害"跳闸预警。每逢"鸟的繁殖季节",及时发布年度"鸟害"预警,在雷、雨、雾等恶劣天气来临前,提示车间班组提前做好"鸟害"跳闸预警防控准备;对不同区段每次清除鸟巢所采取的材料进行详细分析,判断鸟巢内导电金属物的占比,及时发布不同区段"鸟害"清除预警,鸟巢内导电金属物的占比较大的区段,适当缩短检查确认整治周期,减少"鸟害"跳闸概率。

对新建或改造线路,在设计阶段应充分讨论"鸟害"的综合治理方案,依据线路所在地区的既有电气化铁路"鸟害"大数据和防治措施,优化鸟害跳闸较多的格构式硬横梁、硬横梁 V 形悬挂、下锚角钢(含下锚对锚处)、平(斜)腕臂底座、隔离开关、避雷器肩架、隧道口悬挂等关键处所的结构,从杆型选用,结构尺寸、绝缘距离、连接方式、占位封堵措施等方面优化防治方案。

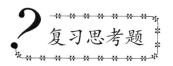
复习思考题

1. 简述接触网的设计流程。
2. 什么是接触网平面图?
3. 如何设计车站接触网平面图?
4. 桥隧预留基础有何规定?

5. 接触网施工的主要流程及主要施工内容有哪些?

6. 什么是项目法施工? 什么是项目法施工管理?

7. 项目法施工对项目经理有哪些要求?

8. 简述接触网施工管理的基本内容。

9. 为什么要对接触线和承力索进行预超拉?

10. 什么是恒张力放线? 为什么高速接触网的接触线必须实施恒张力放线?

11. 什么是接触网运营? 什么是接触网运营管理?

12. 接触网运营管理必须遵守哪些规章制度?

13. 什么是接触网状态修? 实施状态修的必要前提是什么?

14. 请简述接触网检修作业的基本制度。

15. 请简述接触网 PDCA 循环流程的内容与意义。

16. 请简述接触网事故的类别及其特点。

17. 6C 的具体内容是什么? 简述 6C 的基本功能。

18. 为什么要综合分析 6C 曲线?

参 考 文 献

[1] 董昭德,李岚. 接触网工程与设计[M]. 北京:科学出版社,2014.

[2] 吴积钦. 受电弓与接触网系统[M]. 成都:西南交通大学出版社,2010.

[3] 于万聚. 接触网设计及检测原理[M]. 北京:中国铁道出版社,1990.

[4] 于万聚. 高速电气化铁路接触网[M]. 成都:西南交通大学出版社,2003.

[5] 李伟. 接触网[M]. 北京:中国铁道出版社,2000.

[6] 铁道部电气化工程局电气化勘测设计研究处. 高速铁路牵引供电研究[M]. 北京:中国铁道出版社,1995.

[7] 铁道部电气化工程局电气化勘测设计处. 电气化铁道设计手册:接触网[M]. 北京:中国铁道出版社,1987.

[8] 秦沈客运专线工程总结编委会. 秦沈客运专线工程总结:下[M]. 北京:中国铁道出版社,2006.

[9] 赵丽平,董昭德,关振宏,等. 电气工程与自动化生产实习指导[M]. 成都:西南交通大学出版社,2005.

[10] 毛晓桦. 输电线路设计基础[M]. 北京:中国水利水电出版社,2007.

[11] 国家铁路局. 铁路电力牵引供电设计规范:TB 10009—2016[S]. 北京:中国铁道出版社,2016.

[12] 吴积钦. 受电弓—接触网系统电接触特性研究[D]. 成都:西南交通大学,2009.

[13] 刘长利. 隧道内接触网槽道式基础的预埋设计[D]. 电气化铁道,2006,增刊:33-37.

[14] 刘跃鹏. 关于非标线岔定位的讨论[J]. 西铁科技,2003(4):15.

[15] 丁为民. 客运专线接触网线岔形式研究[J]. 电气化铁道,2006(1):26-28.

[16] 张跃新. 高速电气化铁路接触网施工技术研究[D]. 成都:西南交通大学,2006.

[17] 王华荣,董昭德,赵丽平,等. 接触网智能巡检系统的设计与开发[J]. 电气化铁道,2005(5):31-34.

[18] 铁道部电气化工程局一处. 电气化铁道施工手册:接触网[M]. 北京:中国铁道出版社,1983.

[19] 国家铁路局. 高速铁路设计规范:TB 10621—2014[S]. 北京:中国铁道出版社,2015.

[20] 安孝廉. 受电器[M]. 北京:中国铁道出版社,1984.

[21] 荣命哲. 电接触理论[M]. 北京:机械工业出版社,2004.

[22] 程礼椿. 电接触理论及应用[M]. 北京:机械工业出版社,1988.

[23] 徐国政. 高压断路器原理和应用[M]. 北京:清华大学出版社,2000.

[24] 张冠生. 电器基础理论(修订本)[M]. 北京:机械工业出版社,1989.

[25] 国家铁路局. 铁路建设项目系统可行性研究、可行性研究和设计文件编制办法:TB 10504—2018[S]. 北京:中国铁道出版社有限公司,2019.

[26] 中国铁路总公司. 普速铁路接触网安全工作规则[S]. 北京:中国铁道出版社,2017.

[27] 中国铁路总公司. 普速铁路接触网运行维修规则[S]. 北京:中国铁道出版社,2017.

[28] 赵国伟,董昭德. 城市轨道交通接触网系统及其运维技术[M]. 成都:西南交通大学出版社,2019.

附录一 接触网平面图图例

序号	图形符号	名　　称	说　　明
1	─────────(粗)	接触网正线	
2	─ · ─ · ─(细)	加强线	
3	─────────(细)	供电线	
4	←─────────	承力索硬锚	
5	←────────	接触线补偿下锚	
6	←───→────	承力索补偿下锚	
7	←────────	链形悬挂硬锚	
8	←────────	半补偿链形悬挂下锚	
9	←───→────	全补偿链形悬挂下锚	
10	←─ · · ─ · · ─	加强线下锚	
11	←──┼──┼──	回流线下锚	
12	←─ ─ ─ ─ ─	AT 供电线下锚	
13	←─ ─ ─ ─ ─	保护线下锚	
14	◀─ ─ ─ ─ ─	架空地线下锚	
15	←────────	接触线硬锚供电线及分区亭引出线下锚	
16	⌐ 300 ⌐	拉出值	拉出值 300 mm，书写位置即为拉出方向
17	(1) ├── (2) ├╫──	拉线基础	(1)单拉线基础 (2)双拉线基础
18	(1) ┤ (2) ●─ (3) ⊗	区间腕臂钢筋混凝土柱	(1)设计 (2)既有 (3)拆除
19	(1) ┣┤ (2) ■─ (3) ◈	区间腕臂钢柱	(1)设计 (2)既有 (3)拆除

续上表

序号	图形符号	名　　称	说　　明
20		站场腕臂钢筋混凝土柱	圆直径 $d=2.5(1/2\,000)$ 圆直径 $d=4.0(1/1\,000)$
21		站场腕臂钢柱	
22		定位钢筋混凝土柱	
23		双线腕臂钢柱	用于高铁平面图
24		下锚钢柱	
25		钢筋混凝土柱软横跨	
26		钢柱软横跨	
27		钢筋混凝土柱硬横跨	
28		钢柱硬横跨	
29		隧道内接触网悬挂点	
30		隧道内接触网悬挂定位点	
31	(1) (2)	车站雨棚内接触网悬吊	(1)腕臂柱与雨棚柱合架 (2)雨棚内采用吊柱
32	(1) (2)	三跨关节	(1)非绝缘 (2)绝缘
33	(1) (2)	四跨关节	(1)非绝缘 (2)绝缘

序号	图形符号	名　称	说　明
34	(1) (2)	五跨关节	(1)非绝缘 (2)绝缘
35		全补偿链形悬 挂中心锚结	
36		防串中心锚结	
37		分段绝缘子串	
38		分段绝缘器	
39		分相绝缘器	
40		绝缘锚段关节	用于供电分段示意图
41		两断口关节式 电分相	
42		三断口关节式 电分相	
43		氧化锌避雷器	
44		股道间电连接	
45		手动常开隔离开关	
46		手动常闭隔离开关	
47		带接地刀闸隔离开关 （打开状态）	
48		带接地刀闸隔离开关 （闭合状态）	

序号	图形符号	名　称	说　明
49	(1) (2)	单级电动开关	
50	(1) (2)	双级电动开关	(1)常开型 (2)常闭型
51	(1) (2)	单级负荷开关	
52	(1) (2)	双级负荷开关	(1)常开型 (2)常闭型
53		区间隧道	
54		站场内隧道	
55		单线隧道内非绝缘关节	
56		单线隧道内绝缘关节	

序号	图形符号	名　　称	说　　明
57		双线隧道内非绝缘关节	
58		上承桥	
59		下承桥	圆点表示接触网悬挂点
60		小桥、涵	
61		有限界门的平交道	
62		回流线跨越接触网	
63		AT 供电线保护线跨越接触网	
64		吸上线位置	回流线、保护线、自耦变压器中性线与钢轨连接处
65		吸流变压器	
66		接触网起测点	
67		预留锯齿孔	
68		桥电缆孔	
69		手　孔	
70		牵引供电电缆	
71		接触网电缆过轨	
72		接扼流圈中性点	
73		基础综合地线端子	

序号	图形符号	名　称	说　明
74	△	接触网工区	用于供电分段示意图
75	◣	接触网工区附领工区	用于供电分段示意图
76	⏚	接触网普通接地	
77	=	供电分束标志	

附录四　常见支柱型号规格

附表 4.1　钢筋混凝土支柱型号规格

型　号	尺　寸										质量 (kg)	迎风面积(m²)	使用范围
	L (m)	a (mm)	b (mm)	c (mm)	d (mm)	E (mm)	h_1 (mm)	h_2 (mm)	h_3 (mm)	h_4 (mm)			
$H\dfrac{38}{8.7+2.6}$	11.3	267	550	196	290	900	100	200			1 330	2.04	腕臂柱
$H\dfrac{38}{8.2+2.6}$	10.8	280	550	200	290	400	100	200			1 260	2.04	
$H\dfrac{78}{8.7+3}$	11.7	413	705	213	291	900	100	200			1 730	2.11	
$H\dfrac{78}{8.2+3}$	11.2	425	705	217	291	400	100	200			1 620	2.11	
$H\dfrac{48-250}{9.2+3}$	12.2	400	705	210	291	1 400	600	700	150	1 750	1 840	2.21	锚柱
$H\dfrac{48-250}{8.7+3}$	11.7	413	705	213	291	900	600	700	150	1 450	1 730	2.11	
$H\dfrac{90}{12+3.5}$	15.5	300	920	300	430	900	100	3 000			3 670	4.08	软横跨支柱
$H\dfrac{130}{12+3.5}$	15.5	300	920	300	430	900	100	3 000			3 670	4.08	
$H\dfrac{170}{12+3.5}$	15.5	300	920	300	430	900	100	3 000			3 670	4.08	
$H\dfrac{170-250}{12+3.5}$	15.5	300	920	300	430	900	100	3 000			3 670	4.08	软横跨锚柱

注:表内腕臂支柱中露出地面8.7 m高的支柱用于半补偿链型悬挂,8.2 m高的支柱用于全补偿链型悬挂;锚柱中露出地面9.2 m高的支柱用于半补偿链型悬挂,8.7 m高的支柱用于全补偿链型悬挂。

附表 4.2　等径圆形支柱型号规格

型　号	尺　寸			大设计弯矩 (kg·m)	质量 (kg)	备　注
	杆径 (mm)	壁厚 (mm)	长度 (mm)			
$GQ\dfrac{100}{13.5+3}$下段	400	75	14	104.5	2 680	与 $GQ\dfrac{100}{13.5+3}$下段相同

续上表

型 号	尺寸 杆径(mm)	壁厚(mm)	长度(mm)	大设计弯矩(kg·m)	质量(kg)	备 注
$GQ\frac{100}{13.5+3}$ 上段	400	75	2.5	35	479	与 $GQ\frac{100}{13.5+3}$ 上段相同
$GQ\frac{100}{11+3}$	400	75	14	104.5	2 680	与 $GQ\frac{100}{13.5+3}$ 相同
$GQ\frac{80}{13.5+3}$ 下段	400	70	14	81.6	2 540	
$GQ\frac{80}{13.5+3}$ 上段	400	70	2.5	30	454	
$GQ\frac{80}{11+3}$	400	70	14	84	2 540	与 $GQ\frac{60-300}{11+3}$ 相同
$GQ\frac{60}{11+3}$	400	70	14	61.2	2 394	

附表4.3 钢柱型号规格

型 号	尺寸 a(mm)	b(mm)	c(mm)	d(mm)	L(mm)	支柱质量(kg)	使用范围
$G\frac{9}{9.5}\left(G\frac{50}{9.5}\right)$	270	600	210	400	9.5	257	桥支柱
$G\frac{7}{9.5}\left(G\frac{70}{9.5}\right)$	270	600	210	400	9.5	303	
$G\frac{10}{9.5}\left(G\frac{100}{9.5}\right)$	270	600	210	400	9.5	341	
$G\frac{5}{10}\left(G\frac{50}{10}\right)$	250	600	200	400	10	267	
$G\frac{7}{10}\left(G\frac{70}{10}\right)$	250	600	200	400	10	315	
$G\frac{10}{10}\left(G\frac{100}{10}\right)$	250	600	200	400	10	355	
$\left(X\frac{50}{10}\right)$	280	700	200	500	10	286	
$\left(X\frac{100}{10}\right)$	280	700	200	500	10	367	
$G\frac{15}{13}\left(G_s\frac{150}{13}\right)$	500	1 000	400	600	13	342	双线路腕臂支柱

续上表

型　号	尺　寸					支柱质量（kg）	使用范围
	a（mm）	b（mm）	c（mm）	d（mm）	L（mm）		
$G\dfrac{20}{13}\left(G_s\dfrac{200}{13}\right)$	500	1 000	400	600	13	563	双线路腕臂支柱
$G\dfrac{20}{15}\left(G_s\dfrac{200}{15}\right)$	400	1 200	400	800	15	650	软横跨支柱
$G\dfrac{25}{15}\left(G_s\dfrac{250}{15}\right)$	400	1 200	400	800	15	698	
$G\dfrac{35}{15}\left(G_s\dfrac{350}{15}\right)$	400	1 200	400	800	15	762	
$G\dfrac{15-40}{13}\left(G_5\dfrac{150-400}{13}\right)$	400	2 500	500	1 000	13	1 135	
$G\dfrac{20-25}{13}\left(G_m\dfrac{200-250}{13}\right)$	500	1 000	400	600	13	558	软横跨锚柱
$G\dfrac{20-25}{13}\left(G_m\dfrac{200-250}{15}\right)$	400	1 200	400	800	15	632	
$G\dfrac{20-25}{15}\left(G_m\dfrac{200-250}{15}\right)$	400	1 200	400	800	15	681	

注：G—普通钢柱；X—斜腿钢柱；G_s—双线路腕臂钢柱；G_m—带拉线钢柱；G_f—分腿式下锚钢柱。括号内分子数字单位。